U0310973

综采工作面人－机－环境
系统安全性分析

王玉林　杨玉中　著

北　京
冶金工业出版社
2011

内 容 提 要

　　本书运用人–机–环境系统工程理论对综合机械化采煤（综采）工作面的安全性进行了系统分析，针对人的特性，分析人为失误的原因，提出控制人为失误的措施。分析了人的模糊可靠性，工伤事故与人素质的关系，工伤事故与人的心理因素、疲劳的关系。在机的 C – M – D 模型的基础上，分析了机的特性及其可靠度，计算了综采面主要设备组成的生产系统的可靠度的各种指标和故障模式。利用 ETA 和 FTA 对综采面事故进行定性分析和定量计算。对主要因素进行灰色关联分析，对采煤工作面环境状况进行模糊聚类分析并提出改善井下采煤工作面环境状况的建议措施。最后，介绍了几种新的安全性评价方法，并对综采面的安全性进行了综合评价。

　　本书可作为安全技术及工程专业和系统工程专业研究生教材和安全工程专业本科生参考教材，亦可作为采矿工程专业、安全管理人员、生产技术人员和研究人员的参考书。

图书在版编目（CIP）数据

综采工作面人–机–环境系统安全性分析/王玉林，
杨玉中著. —北京：冶金工业出版社，2011.2
　　ISBN 978-7-5024-5495-1

　　Ⅰ.①综…　　Ⅱ.①王…　②杨…　　Ⅲ.①采煤综合
机组—安全性—分析　Ⅳ.①TD421.8

　　中国版本图书馆 CIP 数据核字（2011）第 014889 号

出 版 人　曹胜利
地　　址　北京北河沿大街嵩祝院北巷 39 号，邮编 100009
电　　话　（010）64027926　电子信箱　yjcbs@ cnmip. com. cn
责任编辑　郭冬艳　　美术编辑　彭子赫　　版式设计　葛新霞
责任校对　王贺兰　责任印制　牛晓波
ISBN 978-7-5024-5495-1
北京百善印刷厂印刷；冶金工业出版社发行；各地新华书店经销
2011 年 2 月第 1 版，2011 年 2 月第 1 次印刷
148mm×210mm；10.375 印张；305 千字；318 页
32.00 元

冶金工业出版社发行部　电话：(010)64044283　传真：(010)64027893
冶金书店　地址：北京东四西大街 46 号(100010)　电话：(010)65289081(兼传真)
　　　　（本书如有印装质量问题，本社发行部负责退换）

前　言

　　人-机-环境系统工程是 20 世纪 80 年代发展起来的一门研究人-机-环境系统最优组合的新兴综合性技术科学。它从系统的总体出发，研究人、机、环境各要素本身的性能和三大要素之间的相互关系，找到最佳组合方案，使人-机-环境系统的总体性能达到最佳状态，使系统"安全、高效、经济"。

　　煤炭在我国一次性能源结构中处于绝对主要位置，在 20 世纪 50 年代其比例曾高达 90%。随着大庆油田、渤海油田的发现和开发，一次性能源结构才有了一定程度的改变，但煤仍然占到 70% 以上。在最近完成的《中国可持续能源发展战略》研究报告中，20 多位中国科学院院士和中国工程院院士一致认为，到 2050 年，煤炭所占比例不会低于 50%。可以预见，在未来几十年内，煤炭仍将是我国的主要能源和重要的战略物资，具有不可替代性，煤炭产业在国民经济中的基础地位，将是长期和稳固的。综合机械化采煤是现代化煤炭生产的主要工艺，是煤炭企业高产、高效的出路之一，同时也是一个复杂的人-机-环境系统，由于综采面的环境条件比较恶劣，加之煤矿工人的整体素质比较低，导致各类事故发生较多，严重影响和制约着煤矿的安全生产和经济效益的提高。因此，应用人-机-环境系统工程理论，研究综采工作面的安全性，既具有重要的理论意义，又具有重大的现实意义。

　　本书的主要内容包括如下四部分：

　　(1) 人的方面。主要研究了井下工人的 S-O-R 模型，分析了井下工人的反应特性、行为特性和个性心理特征；详细分析了工人人为失误的原因，提出了控制人为失误的措施；分析研究了井下工人的模糊可靠性问题；分析工伤事故与工人素质、人的心理因素以及疲劳的关系等。

（2）机的方面。主要研究了综采工作面机械设备的 C－M－D 模型，机子系统的可靠性以及故障模式和影响分析；对综采面事故进行了事件树分析和事故树分析。

（3）环境方面。主要研究了顶板、瓦斯、综采面微气候、噪声、粉尘、照明、作业空间、有毒有害气体等作业环境对作业人员的生理、心理影响；对综采面主要环境要素与安全事故进行了灰色关联分析；对采煤工作面进行了模糊聚类分析，最后提出了改善环境的相应措施。

（4）人－机－环境系统安全性综合评价。主要介绍了系统安全评价的基本内容，系统安全评价常用的定性方法，如检查表式安全评价法、作业危险条件评价法、MES 评价法和 MLS 评价法；主要研究了定量化评价方法，如灰熵综合评价法、基于熵权的 TOPSIS 方法、基于 AHP－可拓理论的评价方法、模糊综合评价法、基于粗糙集—属性数学的评价方法和基于神经网络的评价方法等；最后对采煤工作面的安全性进行了综合评价，指出了存在的问题，提出了相应的改进对策。

本书由河南神火煤电股份有限公司的王玉林高级工程师和河南理工大学的杨玉中副教授共同主笔，并得到了河南省重点科技攻关计划（092102310317）、国家安监总局安全生产科技计划（08－152）、河南省教育厅科技攻关计划（2009A620002）、河南省高校青年骨干教师资助计划的资助，在成稿的过程中，河南理工大学的吴立云副教授和研究生王文辉等人也提供了大力帮助，作者在此一并表示感谢。

由于作者的水平所限，书中不当之处，敬请读者批评指正！

杨玉中

2010 年 11 月

目　录

1　综合机械化采煤工作面人－机－环境系统安全性概述

　　人－机－环境系统工程（Man－Machine－Environment System Engineering）是20世纪80年代发展起来的，研究人－机－环境系统最优组合的一门新兴的综合性技术科学。它从系统的总体出发，研究人、机、环境各要素本身的性能和三大要素之间的相互关系，以找到最佳组合方案，使人－机－环境系统的总体性能达到最佳状态，使系统"安全、高效、经济"。综合机械化采煤（简称综采）是现代化煤炭生产的主要采煤工艺，是煤炭企业高产高效的出路之一，同时也是一个复杂的人－机－环境系统，由于综采面的环境条件比较恶劣，各类事故发生较多，严重影响和制约着煤矿的安全生产和效益的提高。因此，应用人－机－环境系统工程理论，研究综采工作面的安全性，既具有重要的理论意义，又具有重大的现实意义。

1.1　人－机－环境系统工程概述

　　1981年，在著名科学家钱学森的系统科学思想的启发和亲自指导下，提出了人－机－环境系统工程的科学概念，标志着这门新兴科学的形成[2]。人－机－环境系统工程是在人机工程学（Man－Machine Engineering）的基础上发展起来的，是研究人－机－环境系统最优组合的一门新兴的综合性边缘科学。它所研究的系统是由人、机和环境组成的一种复合系统。系统中的"人"，是指作为工作主体的人，既包括操作人员，又包括管理人员；"机"是指人所控制的一切对象的总称，如飞机、轮船、汽车、生产设备、工具等；"环境"是指人、机共处的特定条件，包括社会环境、自然环境等[1]。人、机、环境构成了系统的三大要素，每个要素都是一个复杂的系统，它们之间的信息传递、加工和控制就组成了一个非常复杂的人－机－环境巨系统。

1.1.1　人－机－环境系统工程的概念

人－机－环境系统工程是运用系统科学理论和系统工程方法,正确处理人、机、环境三大要素的关系,深入研究人－机－环境系统最优组合的一门科学。其研究对象为人－机－环境系统,通过研究人、机、环境三大要素之间的相互关系、相互作用,找到其最佳组合方案,使人－机－环境系统的总体性能达到最佳状态。

人－机－环境系统工程的特点是把人、机、环境看作是一个系统的三大要素,在深入研究三者各自性能的基础上,着重强调从全系统的总体性能出发,通过人、机、环境三者之间的信息传递、加工和控制,成为一个相互关联的复杂巨系统,并运用系统工程方法,实现系统的"安全、高效、经济"等综合指标[3]。所谓"安全",是指不出现人体的生理危害或伤害,并尽量减少事故的发生;所谓"高效",是指全系统具有最好的工作性能或最高的工作效率;所谓"经济",就是在满足系统技术要求的前提下,系统的建立要花钱最少,即保证系统的经济性。

1.1.2　人－机－环境系统工程与人机工程学的关系

1.1.2.1　人机工程学的定义

人机工程学(Man－Machine Engineering)是20世纪50年代初发展起来的、应用范围极其广泛的新兴的综合性的边缘科学。人机工程学的名称,国际上还未统一。在美国称为人体工程学(human engineering);西欧称为人机工程学(ergonomics);苏联称为工程心理学(engineering psychology);日本则称为人间工学;有的国家也称为人类工程学或机械设备利用学等[4]。目前,在我国使用较多的是人机工程学和工效学。

关于人机工程学的定义,各国人机学者的见解很不统一,目前尚无统一的定义。

美国人查理斯·伍德(Charles Wood)定义为:"设备设计必须适合于人的各方面因素,以便在操作上付出最小的代价而求得最高效率"；而另一美国人伍德森（W. B. Woodson）则认为："人机学是研究人与机器相互关系的合理方案，即对人的信息接受、操纵控制、人机系统的设计及其布置等进行有效的研究，其目的在于获得最高效率，使操作者在作业时安全舒适"；还有一些美国学者认为："人机学是研究人和机器之间相互关系的边缘性科学"；"人机学是在综合各门有关人的科学成果基础上研究人的劳动活动的科学"。

英国人奥波纳（D. J. Oborne）认为："人机学是一个混合物，它综合了解剖学、生理学、心理学、医学、物理学、生物力学和科学技术的成果、原理与数据，最大限度地应用于人机学，使操作者在作业时安全、高效、方便、舒适"；许多英国学者认为："人机学是研究人和环境之间的相互关系的学科"。

苏联人机学者则定义为："人机学是研究人在生产过程中的可能性、劳动的方式、劳动组织安排，从而提高人的工作效率；同时，创造舒适、安全的劳动环境，有益于劳动者的健康，使人从生理和心理上得到全面发展。"

国际人机工程学会（International Ergonomics Association，简称IEA）给人机学下的定义是："研究人在工作环境中的解剖学、生理学和心理学等方面的各种因素，研究人、机器与环境系统中的交互作用着的各组成部分（效率、健康、安全、舒适等），在工作条件下，在家庭生活中，在闲暇时间内，如何达到最优化的问题的一门学科。"

综上所述，人机工程学的定义为：依据人的生理、心理特征，运用系统工程的原理和方法，利用科技成果、数据，去设计机，使机符合人的使用要求，改进环境，使环境对人无害，优化人－机－环境系统，使三者达到最佳配合，从而创造高效、安全、健康、舒适和方便的条件，以最小的劳动代价，换取最大的经济成果。

1.1.2.2　人－机－环境系统工程与人机工程学的关系

人机工程学主要研究内容包括人的效率与疲劳的关系，人在劳动过程中的生理变化和心理变化，人的作业适应性，人才选拔、技能训练，人的作业能力、各种器官功能的限度及影响因素，人机之间的配合和功能分配，人机之间的信息沟通，作业环境对人的影响，人机系统的可靠性等。其目的就是要建立一个合理可行的方案，使人－机－环境系统达到最优化配合，充分发挥人与机的作用，做到人尽其力，机尽其用，环境尽其美，经济效益尽其好，使整个系统安全、高效、可靠，让人类在健康、舒适的环境中工作和生活。

人－机－环境系统工程是在人机工程学的基础上发展起来的，它所研究的内容除了人机工程学所研究的内容外，还研究人－机－环境系统总体性能等。它与人机工程学的最大区别在于对环境因素的看法和研究。人机工程学认为环境是孕育人的不安全行为和物的不安全状态的"土壤"，把环境作为一种干扰因素引入系统，环境对系统的总体功能构成不利的影响，从而要求在设计人机系统时，必须尽力消除环境对系统的不利影响。而人－机－环境系统工程抛弃了把环境作为干扰因素的消极观点，积极主张把环境作为系统的一个环节，一大要素，并按系统的总体要求对环境进行全面的规划和控制，深入研究人－环、机－环之间的关系和环境因素产生的机理。

1.2 国内外研究现状

19 世纪 80 年代以前，处于原始人机学和经验人机学阶段。1884 年德国人莫索（A. Mosso）进行的肌肉疲劳试验、1898 年美国人泰勒（F. W. Taylor）进行的铁锹铲矿石试验和 1911 年美国人吉尔布雷斯（F. B. Gilbreth）进行的砌砖作业试验[4]为人机工程学的诞生起到了前奏的作用。第一次世界大战期间，英国已孕育着人机学科的萌芽，1915 年成立了军工工人健康委员会，其后成立了工业疲劳研究所。在第二次世界大战期间，武器的性能不断提高，威力不断增大，结构更加复杂，但是，人对武器不能适应，由于人的因素而导致的失败屡见不鲜。此时，人们开始认识到只有工程技术知识是不够的，人的因素在设计中是不可忽视的。于是人机学便应运而生了。

1950 年 2 月，英国海军部召开的边缘学科会议正式通过了人机工程学这一学科，并成立了人机学研究协会。

1960 年国际人机工程学会（IEA）成立，并于 1961 年在斯德哥尔摩召开了第一届国际人机学代表会议。到 1988 年已开过 10 届国际代表会议。1975年成立了国际人机工程学标准化技术委员会（ISO/CT—159），至1986年共制定了8个标准草案或建议，发布了《工作系统设计的人类工效学原则》标准。

由于各国工业和科学基础不同，对人机学的研究重点也有所不同。法国侧重于劳动生理；捷克侧重于劳动卫生；保加利亚侧重于人体测量；苏联侧重于工程心理学；英国侧重于环境影响；而美国则侧重于工程技术。

在我国，人机学研究起步较晚，但近年来发展很快。许多院校开设了人机学课程，建立了实验室，已颁布了人机学标准十余项。1980年，机械工业系统成立了人机学会。

1981年，我国根据载人航天预先研究的实践，在对国内外情况进行认真分析的基础上，在钱学森系统科学思想的启发和亲自指导下，概括提出了人－机－环境系统工程的科学概念，标志着这门新兴科学的形成[2]。

人－机－环境系统工程提出后，我国先后在军工及其他有关部门得到了应用和发展[5~7]。国内学术刊物如《自然杂志》、《国际航空》、《工业安全与防尘》等也发表了本科学的有关论文。在有影响的报刊上，如《解放军报》、《中国科技报》、《北京科技报》和《国防科技要闻》等也有这门学科的内容简介和科技短文，人－机－环境系统工程已逐渐被广大科技界所熟悉。

1984年10月，国防科工委成立了人－机－环境系统工程标准化技术委员会；1987年4月，国防科工委成立了人－机－环境系统工程专业组；1988年4月，北京航空航天大学成立了人－机－环境系统工程研究所；1993年10月，中国系统工程学会人－机－环境系统工程专业委员会成立，并于北京召开了第一届全国人－机－环境系统工程学术会议；1995年8月，在湖南张家界召开了第二届全国人－机－环境系统工程学术会议。此后每两年召开一次全国性学术会议，到目前为止，已召开了11届学术会议。许多专家认为，我国今后的研究方向应主攻环境医学工程、噪声生理、生命保障系统、劳动条件和人机学最佳化问题等。研究重点因所属专业而异，工程技术部门侧重于产品人机学，而安全技术和环保单位，则侧重于安全人机学。

综上所述，21 世纪 40 年代以前，是人－机－环境系统工程的萌芽期；40 年代至 70 年代，是准备期；80 年代初，人－机－环境系统工程开始进入真正发展期。目前，人－机－环境系统工程虽处于初期阶段，但其研究足迹已深入到人类生活的各个领域，如航空航天、兵器、电子、交通、劳动保护、体育[8]、医学[9]、机械[10,11]、矿业[12,13]等。

对于煤炭行业来说，人－机－环境系统工程的研究和应用还处于起步阶段。虽然已开始了部分研究，如人的不安全行为分析[14]、井下环境对工效和安全的影响[15]、可靠性方面的研究[16]等，但还没有人深入地研究某一系统的人、机、环境的特性以及人－机、人－环、机－环之间的关系和人－机－环境系统的总体性能。

1995 年，中国矿业大学北京研究生部王岩、汪茹在矿井生产线基本可靠性模型的基础上，采用随机过程理论和线性扩散理论，较好地刻画了煤仓存煤量的连续性变化与采运设备运行和故障维修的状态离散性变化，给出了基本模型可靠性的精确（解析）解。1995 年中国矿业大学徐志胜、韩可琦等人从综采放顶煤工作面人－机－环境系统入手，阐述了人－机－环境系统的故障机理和系统运行机制，用随机过程理论探讨了人－机－环境系统可靠性计算方法并做了定性的分析提高可靠性的方法。1996 年本课题组对矿井运输人－机－环境系统安全性进行了分析，应用灰色理论对井下运输人与事故关系进行关联研究，阐述了矿井运输人－机－环境系统故障机理，建立了数学模型。1999 年湘潭工学院的朱川曲应用神经网络进行研究综采工作面人－机－环境可靠性。建立了神经网络人－机－环境模型并做了定性的分析提高可靠性的方法。2000 年太原理工大学的张贵军应用随机过程和系统控制论的分析方法对水平煤仓的可靠性进行了分析，建立了新的分析模型，为水平煤仓的控制提供了一种理论依据。

在人因可靠性分析方面，以人的失误率预测技术（Technique for Human Error Prediction，THERP）为代表的第一代人因可靠性分析（Human Reliability Analysis，HRA）方法中人的可靠性模型，基本上是描述作为人的绩效形成因子（Performance Shape Factors，PSFs）的函数的人的失误概率的一种线性模型[17]。第二代 HRA 方法是在第一代 HRA 方法的基础上开展的进一步研究。第二代 HRA 方法的模型建立在多种学科（认知心理学、行为科学、可靠性工程相互结合）基础上，着重研究产生人的行为、绩效的情景环境及它们是如何影响人的行为/动作的，并与工业系统的运行经验和现场或模拟机获得的信息紧密结合。目前人因事故分析在煤矿应用较少，只有林泽炎，徐联仓[18]在《煤矿事故中人的失误及其原因分析》中做了描述，张力，黄曙东，何爱武[19]等在《人因可靠性分析方法》中总结分析了人因事故分析方法的发展及应用。

在环境与人的关系方面，前人做了大量研究，主要集中在两个方面，一是研究综采工作面环境因素对操作人员可靠性的影响，以定量计算为主；徐志胜、曹琦等人充分考虑人和工作面环境对整个综采系统的影响，对人－环境系统工作状态进行了确定[20]；朱川曲、王卫军等人，应用系统可靠性和人机工程学理论，建立了人－机－环境系统可靠性模型，对影响井下人员作业可靠性的环境因素，尤其是井下微气候、照明、噪声、煤尘等因素对人员可靠性影响，做出了深入的分析[21~24]。

另一方面，是研究综采工作面环境因素对操作人员生理、心理的影响，以定性分析为主：高建良、吴金刚等人对井下气候环境、噪声、照明等作业环境因素对人为失误的影响，做了深入的阐述[25]；刘卫东通过调查发现，在非高温矿井中，粉尘和噪声对井下作业人员的生理心理影响居于首位，而在高温矿井中，高温成为影响井下作业人员生理、心理的首要因素[26]；梁振福、李传光、韩秀苓等人，阐述了噪声对有机体的影响，对噪声的危害、现状及对策做出了分析[27,28]；李亚洁、廖晓艳、李利对高温高湿环境热应激进行了分析[29]。国内外研究人员还建立了高温高湿实验室，模拟高温、高湿、高热辐射、强噪声、强气流等各种恶劣环境[30]，并研究对抗热应激的装备[31]，以减轻生理应激反应[32]。另外，热应激模型[33]、热应激指标[34]等得到国外的普遍运用，Muir 等人还开发了耳道温度测定器用于热应激研究[35]。

1.3 综合机械化采煤概述

在介绍综采之前，首先介绍几个和采煤有关的基本概念。

（1）采场是用来直接大量采取煤炭的场所，称为采场。

（2）采煤工作面是在采场内进行回采的煤壁，称为采煤工作面（也称回采工作面，简称采面）。实际工作中，采煤工作面与采场是同义语。

（3）回采工作。在采场内，为采取煤炭所进行的一系列工作，称为回采工作。回采工作可分为基本工序和辅助工序。把煤从整体煤层中破落下来，称为煤的破落，简称破煤。把破落下来的煤炭装入采场中的运输工具内，称为装煤。煤炭运出采场的工序，称为运煤。煤的破、装、运是回采工作中的基本工序。为了使基本工序顺利进行，必须保持采场内有足够的工作空间，这就要用支架来维护采场，这项工序称为工作面支护。煤炭采出后，被废弃的空间，称为采空区。为了减轻矿山压力对采场的作用，以保证回采工作顺利进行，在大多数情况下，必须处理采空区的顶板，这项工作称为采空区处理。此外，通常还需要进行移置运输、采煤设备等工序。除了基本工序以外的这些工序，统称为辅助工序。

（4）采煤工艺。由于煤层的自然条件和采用的机械不同，完成回采工作各工序的方法也就不同，并且在进行的顺序上、时间和空间上必须有规律地加以安排和配合，这种在采煤工作面内按照一定顺序完成各项工序的方法及其配合，称为采煤工艺。在一定时间内，按照一定的顺序完成回采工作各项工序的过程，称为采煤工艺过程。

（5）采煤系统。回采巷道的掘进一般是超前于回采工作进行的。它们之间在时间上的配合以及在空间上的相互位置关系，称为回采巷道布置系统，也即采煤系统。

（6）采煤方法。根据不同的矿山地质及技术条件，可有不同的采煤系统与采煤工艺相配合，从而构成多种多样的采煤方法。如在不同的地质及技术条件下，可以采用长壁采煤法、柱式采煤法或其他采煤法，而长壁与柱式采煤法在采煤系统与采煤工艺方面差别很大。由此可以认为：采煤方法就是采煤系统与采煤工艺的综合及其在时间和空间上的相互配合。但两者又是互相影响和制约的。采煤工艺是最活跃的因素，采煤工具的改革，要求采煤系统随之改变，而采煤系统的改变也会要求采煤工艺做相应的改革。事实上，许多种采煤方法正是在这种相互推动的过程中得到改进和发展，甚至创造了新的采煤方法。

采煤是煤矿生产的主要环节，采煤工艺主要可分为综采、普采（普通机械化采煤工艺的简称）和炮采（爆破采煤工艺的简称）。综合机械化采煤工作面是指用滚筒式采煤机或刨煤机、液压支架、可弯曲刮板输送机以及通讯、照明灯附属设备配套生产的工作面。综采由于将破、装、运、支、处五个主要生产工序全部实现机械化，大大减轻了人工体力劳动，极大地提高了工作面的产量，工作效率也上升到新的水平，综采工作面平均效率是普采工作面的近3倍。因此其效率最高，安全性也最好，但环境适应性最差。

综采工作面的主要任务是把赋存在地下的煤炭从煤层中切割下来，然后由综采面的运输设备运至风巷，转由井下运输系统将煤炭运至地面，以供工农业生产和居民生活之用。

综采工作面生产系统和另外两种工作面生产系统相比，要复杂得多。如图1-1所示为综采工作面布置示意图。

综采工作面设备包括工作面和顺槽生产系统中的机械和电气设备，主要有液压支架、双滚筒采煤机、刮板输送机、端头支架、破碎机、桥式转载机、可伸缩胶带输送机、乳化液泵站、冷却灭尘泵、低压磁力启动器、移动变电站、高压防暴开关、综合保护装置以及通讯控制设备等。

要实现矿井的高效综采，成套设备的选型和配套是关键。在设备选型和配套中，又以工作面采煤机、液压支架、刮板运输机"三机"的选型和配套为重点。设备选型和配套不当会对单机性能发挥造成影响，降低综采设备开机率，严重时制约综采生产的运行。综采设备的选型和配套是煤矿矿井采区设计和工艺选择的根本和依据，同时也是各单机设计的依据，好的选型和设计能够使成套设备性能与采煤工艺相适应，使综采成套设备与矿井的产能以及自身地质状况适应。

从设备选型而言，首先，"三机"的几何尺寸要配套[36]。综采工作面，横断面几何配套尺寸是设备间配套关系的反应，必须要注意空顶距、人行道空间、过机过煤空间、采煤机同刮板运输机行走方向间隙以及煤机牵引部和刮板运输机的牵引销轨等的尺寸等。其次，工

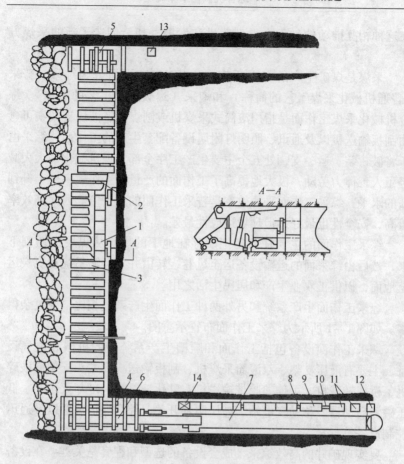

图 1-1 综采工作面布置示意图

1—采煤机；2—刮板输送机；3—液压支架；4—下端头支架；5—上端头支架；

6—转载机；7—可伸缩胶带输送机；8—配电箱；9—乳化液泵站；

10—设备列车；11—移动变电站；12—喷雾泵站；

13—液压安全绞车；14—集中控制台

作面设备性能要配套，采煤机底托架、牵引部、行走滑靴要与刮板输送机配套，刮板输送机和采煤机配套后要保证割透工作面两端头的三角煤，其中步槽的长度应和支架中心距相同，支架的移动速率要和采煤机牵引速度适应，采煤机截深要与液压支架推移步距适应。另外工作面设备生产能力要配套，工作面刮板输送机生产能力要充分保证采煤机采落煤全部运送出，并有适当余量，即遵循：顺槽皮带机运输能力的值为最大，其要高于转载机的运输能力，而转载机要大于刮板运输机的运输能力，刮板输送机运输能力值要比采煤机生产能力大。

对于采煤机而言，它是综采工作面小时生产能力的重要生产设备，目前普遍采用双滚筒，以电牵引来取代液压的方式，电机增多，功率更大并且不断向智能化、自动化、机电一体化、操作简单安全的方向发展，对于提高截割牵引速度、截深、提高单产以及设备运行的可靠性而言是非常有益的。

综采工作面液压支架支撑着工作面的顶板，掩护式和支撑掩护式液压支架以其坚固的掩护梁将工作面和采空区相隔离，把工作面密封成一个工作空间，极大提高了采煤的安全性，减少了人员伤亡事故的发生。对于液压支架来讲，它是影响综采工作面各项参数以及能效的重要设备，要使其支护阻力及强度同工作面矿压适应，支架结构与煤层赋存条件适应，支护断面和通风要求适应，同时要考虑安全生产、工作面推进速度以及设备投资等的因素。简单实用正成为液压支架结构的发展方向，从设计上来讲，倾向于整体顶梁掩护式的结构，选用能够减轻支架自重高强度的钢材，加载试验循环次数的标准更高，支架生命周期更长，支护范围逐步扩大，液压支架额定宽度向 2m 发展，以有效解决支撑高度和工作阻力增大后的稳定性问题。

我国大运量、高强度和可靠性、高质量的工作面刮板输送机以及配套顺槽自动转载机达到了世界先进水平，刮板输送设备中碳锰合金钢整体铸造槽帮中部槽逐步取代了轧制槽帮以及分体槽帮中部槽，有利于提高整机实用寿命的高强度耐磨板也广为采用。能够极大增强刮板链的动力性能和安全系数的大规格、高强度圆环链和接连环以及新型的传动装置都在设计和使用，对于调高刮板输送设备的运行可靠性起到了举足轻重的作用。

煤矿的综合机械化采煤主要有以下几种方式。

(1) 人工假顶分层综采。人工假顶分层综合机械化采煤是将厚煤层分成若干层，顶分层为下分层铺设人工假顶的一种采煤方法，该方式适用于煤层顶板中等冒落，直接顶具有一定厚度的缓倾斜及倾斜厚煤层。采用该方式煤炭回收率高，厚煤层回采率可达 95% 以上，但存在推进速度较慢，下分层顶板及巷道不易于维护，反复揭露采空区易燃大火的问题，此外，铺设假顶人工成本高、耗时耗力，工艺复杂。随着更先进采煤方式的推行，人工假顶分层开采方式的采用日趋下降，在高产高效的矿井中，由于能够极大提高工作面单产水平，创造突出经济和社会效益，条件许可的状况下，尽量采用放顶煤综采或大采高综采。

（2）一次采全高放顶煤综采。放顶煤综采采煤法是在厚或特厚煤层的底部布置回采工作面，采用滚筒式采煤机、放顶煤液压支架、刮板输送机及其他附属设备进行的配套联合生产作业，使用采煤机正常割煤，并利用矿山压力或辅以人工松动方式破碎工作面上方顶煤，使之随工作面推进从液压支架的上方或后方放出并回收的一种采煤方法。近几年来，随着综采放顶煤设备的技术进步和功能完善，并因其高适应性、低能耗性、安全稳定、高产高效的特点越来越成为厚煤层、厚度变异系数大的厚煤层首选采煤方法。

与传统的分层综采相比，放顶煤综放工作面比分层综采面更为高产，产量能提高一半或更高，综放工作面也更为高效，采全厚综放的掘进率比分层综采巷道的减少将近一半，相应降低了巷道维护费用；综采放顶煤与分层综采相比，金属网、坑木、油脂、巷道支护材料等消耗量大量减少，吨煤成本得以降低，同时减少了综采设备的搬家次数与费用，节约大量的搬移资金。另外，综采放顶煤与分层综采相比，吨煤可节电率提高，同时也更加安全，该方式对煤厚变化大、构造比较复杂的地质条件有较好的适应性。但与分层综采相比，煤炭回收率稍低，工作面设备多、投资大管理复杂，易混入矸石，造成原煤灰分高，工作面作业条件差。

（3）大采高综采。大采高综采指分层高度和采煤机割煤高度大于 3.5m 的综采。大采高采煤法适合煤层厚度为 3.5m 至 5.5m，煤层及顶底板中硬以上的地质条件。随着大采高设备技术和功能的进步与完善，大采高综采已成为我国高产高效矿井的主要采煤方法之一。

该方式工作面单产高，增产潜力大，工作面设备少，工序简单且易管理，与放顶煤综采相比，含矸率低，成本低，初期经济效益好。该方式设备投资较高。采高大，工作面煤壁松软时易片帮。下分层工作面易发生漏顶事故。此外，推进速度快要求更快的移架速度。

1.4 本书的意义及主要内容

1.4.1 煤矿采煤工作面人－机－环境系统的特点

随着采掘活动的不断进行，开采深度越来越大，环境条件不断恶化，因此，煤矿井下回采工作面是一个复杂多变的人－机－环境系统。它具有一般系统的特征，但也有其自身的特殊性，归纳起来，主要有如下三点：

（1）煤矿工人素质低。在人－机－环境系统中，人是主体，是决定因素。由于煤矿井下工作环境恶劣，工作时间长，工资水平又不太高，因而难以吸引文化、技术素质比较高的工人，不得不招收大量的农轮工、农协工和临时工，这些工人的文化、技术素质比较低，加上短期行为，给改善安全环境带来更大的困难，从而导致安全工作的恶性循环。因此，煤矿工人素质低是煤矿企业本身带来的，也是煤矿事故多发的重要因素之一。

（2）煤矿自动化、信息化程度低。随着科学技术的进步，机的可靠性得到了很大的提高，而人受主客观因素的影响比较大，一般说来，机的可靠性要高于人的可靠性，而且机不会从事设计规定以外的运动。因此，用自动化、信息化代替机械化、手工操作是保证安全、防止误操作的根本途径。目前，我国煤矿的机械化、自动化程度还很低，信息化刚刚起步。就国有大中型煤矿而言，其采掘机械化程度还达不到70%[14]，自动化程度更低，只有少数煤矿开始着手信息化工作，地方和乡镇煤矿更差，绝大部分工序还是依靠笨重的手工操作，加上其他物质条件的不可靠性和不安全性，形成了煤矿事故多发的又一潜在因素。

（3）煤矿井下环境条件恶劣、多变。随着采掘活动的不断进行，井下工作环境也在不断改变和恶化。井下工作空间狭窄，温度高，湿度大，矿尘和噪声污染严重，视觉环境差，瓦斯问题日益突出，此外，矿工经常受到"六大"自然灾害的威胁，精神上常有一种压抑感，以致精神不振，工作厌烦，对所处工作环境的危险因素反应迟钝，甚至视而不见。所以，井下恶劣、多变的环境条件是引发煤矿事故的潜在危险因素。

1.4.2　采煤工作面人－机－环境系统的安全性

采煤工作面人－机－环境系统，除了具有职工素质低、自动化、信息化程度低、环境条件恶劣之外，还有其自身的一些特殊性。采煤工作面由于空间狭小，机械设备较多，照明基本上依靠矿灯，四周基本为黑色，视觉环境极差，而工作面的自然危险因素又比较多，因此，工作面事故发生频繁。

通过对现场事故的调查，在诸多事故中，大部分伤亡事故发生在采煤工作面。从对一些局（矿）的统计分析中也不难发现，采面发生的事故占有相当大的比例，如：河南神火煤电股份有限公司新庄矿在采煤工作面发生的事故造成死亡的占死亡总数的28.6%，造成轻伤的占47.1%，居各类事故之首；兖州矿区15年来采煤工作面死亡事故列第二位，占35.8%，重伤事故列第一位，占33.6%；近几年来，我国国有大中型煤矿伤亡事故中，发生在采煤工作面的事故占20%~40%。在非伤亡事故中，采煤工作面发生的事故占40%左右。

由上述统计数据可以看出，在采煤工作面发生的事故已严重影响和制约了煤矿的安全生产，严重影响了煤矿效益的提高，究其原因，实质是人－机－环境系统失调以及管理上存在的缺陷而造成的。

1.4.3　本书特色

能源是人类社会发展进步的物质基础。在当代，能源同信息、材料一起构成了现代文明的三大支柱。发展速度与能源供应，是中国经济现在和未来都必须面对的一个难题。改革开放以来，我国经济连续二十多年的高速增长，特别是2003年以来，连续四年实现了两位数高增长。由于增长方式粗放，经济结构不合理，能源消耗强度大，社会生产和生活的各个领域浪费严重，加之我国现在又处在能源消耗比较多的工业化中期阶段，能源需求量急剧增加。同时，由于经济全球化和国际贸易壁垒等因素，未来20年将是中国能源消耗强度最大的时期，能源安全已成为国家经济安全的核心问题。

在我国现有的能源资源中，煤炭储量占世界储量的 11%，原油储量占世界储量的 2.4%，天然气储量占世界储量的 1.2%，是一个贫油少气的国家。中国现有煤炭精查保有剩余储量有 900 亿吨，储采比可达百余年，目前中国的能源消费结构中煤炭占 68%，石油占 23.45%，天然气仅占 3%。相对于石油和天然气，煤炭在我国既具有储量优势，又具有成本优势，且分布也最广泛，因此煤炭是我国战略上最安全和最可靠的能源。在可预见的未来，在国际形势动荡、石油价格严重不稳定的情况下，煤炭仍将是我国的主要能源和重要的战略物资，具有不可替代性。尽管煤炭在能源结构中的比例呈不断下降的趋势，但煤炭工业在国民经济中的基础地位，将是长期的和稳固的。据专家预测，在我国未来一次能源消费中煤炭仍将占有主导地位，预计到 2015 年，煤炭占一次能源消费的比例为 60%，到 2050 年也不会低于 50%[5]。由此看出，我国未来的经济发展始终脱离不了煤炭工业强有力的支持，煤炭工业仍然是本世纪我国能源工业的主力军。能源资源条件决定了中国以煤为主的能源消费结构在短期内难以转变，未来煤炭仍将在整个能源过程中发挥不可替代的作用。

我国煤炭产量已居世界第一位，2009 年占世界煤炭总产量的 40%。2003 年我国的原煤产量达到 16.67 亿吨，2004 年为 19.56 亿吨，2005 年为 21.9 亿吨，2006 年为 23.8 亿吨，2007 年为 25.23 亿吨，2008 年为 27.16 亿吨，2009 年全国煤炭产量达到 29.73 亿吨。但是，我国煤炭开采技术装备总体水平还比较低，综合机械化程度不高。随着煤炭开采技术的不断发展和开采机械的不断更新，综合机械化采煤（简称"综采"）成为我国煤炭生产中一种重要的生产方式。综采设备的大量使用，高科技、大设备高度集约化生产，使综采工作面成为煤矿生产的核心部分。"十一五"期间，国家将加大煤矿建设项目的支持力度，建成 140 个高效安全的现代化矿井。届时，大型煤矿采掘机械化程度将达到 95%，中型煤矿的机械化程度也将达到 80% 以上，这意味着我国煤矿企业将会拥有越来越多的综采工作面。

我国煤矿工人在为国家经济建设做出巨大贡献的同时，饱受艰苦作业环境的折磨。煤矿作业环境复杂，危险因素众多，特别是在井下，温度、湿度、噪声、粉尘、照明、有毒有害气体等作业条件恶

劣,对作业人员身心造成了严重的影响和伤害,患职业病和死亡人数
居高不下,如我国的煤矿事故死亡人数是全球其他产煤国家煤矿死亡
人数总和的 3 倍。特别是进入 21 世纪以来,我国煤矿重特大事故发
生频繁,如图 1 – 2 ~ 图 1 – 5 所示,在国内外造成了极其恶劣的影
响。2003 年 5 月 25 日,国际煤炭组织谴责中国煤炭企业在没有劳动
保护的条件下,强迫工人从事煤炭生产,以平均每天死亡 15 人的恶

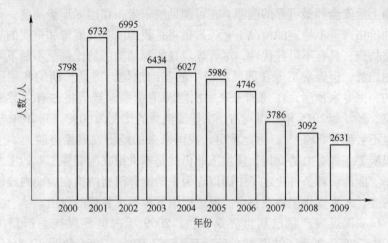

图 1 – 2   2000 ~ 2009 年煤矿死亡人数分布图

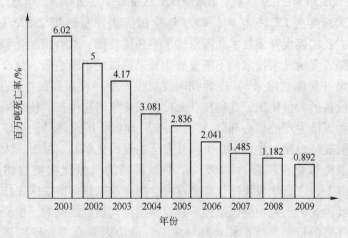

图 1 – 3   2001 ~ 2009 年全国煤矿百万吨死亡率分布图

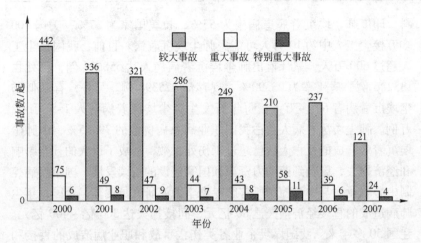

图 1-4 2000~2007 年重大事故分布图

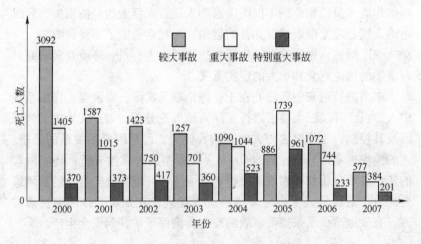

图 1-5 2000~2007 年重大事故死亡人数分布图

劣记录,名列世界各国煤炭行业事故死亡率榜首。该组织强烈要求中国政府尊重煤矿工人的基本人权,为他们提供必要的劳动保护措施,否则该组织将考虑呼吁世界各国抵制中国煤炭。

在我国,煤矿作业人员由于遭受恶劣的作业环境影响而患上各种各样的职业病,如肺尘埃沉着病等。肺尘埃沉着病是煤矿作业工人健康的最主要疾病,为国家法定职业病。据国际劳工组织(ILO)的资料，印度肺尘埃沉着病患病率为 55%，拉美国家为 37%，美国 100 多万接尘工人中约 10 万人可能患肺尘埃沉着病。目前，我国接尘工人超过 600 万人，累计检出肺尘埃沉着病病人达 558624 例，已死亡 133226 例，病死率为 23.90%，现存活 425398 例。另外，有疑似肺尘埃沉着病者 60 多万人，每年新发生肺尘埃沉着病病人 1.5 万 ~ 2 万例。肺尘埃沉着病人数占我国职业病总病例数的 79.55%，由肺尘埃沉着病造成的死亡人数已超过工伤死亡数，造成了巨大的社会影响和经济损失，影响到劳动力资源和国家建设的持续发展。国家疾病控制中心职业病与中毒控制所首席专家李德鸿研究员测算，全国每年尘肺病造成的直接经济损失达 80 亿元，间接损失达 300 亿 ~ 400 亿元。建国 50 多年来，我国煤炭企业各类伤亡事故和职业病造成的直接和间接经济损失累计超过 4000 多亿元，给国家造成了巨大的经济损失。煤矿作业人员的职业病不仅给国家和人民带来巨大的经济损失，同时也给人民心理上带来难以弥补的创伤，对社会造成了不良影响。

综上所述，做好综采工作面事故致因的人、机、环境要素研究具有重要的理论意义和重大的现实意义。

本书的特色和创新之处在于：理论联系实际，对采煤工作面系统中人、机、环境三大要素进行了深入地理论分析，如：人为失误的原因及其控制；工伤事故与人的素质、疲劳、心理因素的关系的分析；人的模糊可靠性分析；机的 C – M – D 模型及可靠性分析；环境因素的灰色关联分析和模糊聚类分析；人 – 机 – 环境系统安全性的灰熵综合评价。通过将人 – 机 – 环境系统工程理论在采煤工作面中付诸实施，有效地减少了采掘面事故的发生，确保了矿井的安全生产。

1.4.4　本书的主要内容

本书运用人 – 机 – 环境系统工程理论，深入剖析了综采面安全性与人、机、环境三大要素之间的关系，同时还介绍了采煤工作面的整体安全状况。主要内容为：

（1）人的方面。主要介绍了井下工人的 S – O – R 模型，人的反应特性、行为特性以及个性心理特征；提出了人为失误的概念，详细分析了井下工人人为失误的原因，提出了控制人为失误的措施；分析研究了井下工人的模糊可靠性问题；分析工伤事故与工人素质的关系、与人的心理因素的关系、与生物节律的关系、与疲劳的关系。

（2）机的方面。主要介绍了综采工作面机械设备的 C－M－D 模型和机子系统的可靠性，故障模式和影响分析；对综采工作面事故进行了事件树分析（ETA）和事故树分析（FTA）；对综采面设备进行了故障模式和影响分析。

（3）环境方面。主要介绍了自然环境各因素对综采工作面安全性的影响，并进行了灰色关联分析；对井下采煤工作面的整体环境状况进行了模糊聚类分析；提出了改善井下环境的措施。

（4）人－机－环境系统安全性综合评价。建立了影响采煤安全的三大要素 12 种因素的评价指标体系，建立了灰熵综合评价模型、基于熵权的 TOPSIS 评价模型、基于可拓理论的评价模型等，对采煤工作面的安全性进行了综合评价。

通过对采煤工作面人－机－环境系统安全性的分析和研究，加强了薄弱环节，提高了系统的安全可靠性。

参 考 文 献

[1] 夏亢美. PC 机"信、集、闭"系统在矿井运输中的应用 [J]. 中州煤炭, 1993, (1)：33~35.

[2] 龙升照. 人－机－环境系统工程的过去、现在与未来——纪念人－机－环境系统工程创立 20 周年 [A]. 人－机－环境系统工程研究进展（第五卷）[C]，北京：海洋出版社, 2001.

[3] 陈信, 龙升照. 人－机－环境系统总体分析方法 [J]. 自然杂志, 1985, 8 (3)：181~187.

[4] 陈毅然. 人机工程学 [M]. 北京：航空工业出版社, 1990.

[5] 陈信, 龙升照. 人－机－环境系统工程学概论 [J]. 自然杂志, 1985, 8 (1)：36~39.

[6] 陈信, 龙升照. 人－机－环境系统工程学在军事武器装备研制中的地位 [J]. 自然杂志, 1985, 8 (5)：351~354.

[7] Chen Xin. Application of Man－machine－Environment System Engineering Theory to Aerospace Research [J]. 32nd International Congress of Aviation and Space Medicine, 1984.

[8] 龙升照. 人－机－环境系统工程研究进展（第五卷）[M]. 北京：北京科学技术出版社, 2001.

［9］Aras A. Ergonomic intervention – relationship to health and economy ［J］. Ergonomics, 1994.

［10］Bjoristain etc. Hand and shoulder ailments among laboratory technicians modern Plunger – operated pipettes. Applied Ergonomics, 1994, 25（2）：121～125.

［11］T A Landzweerd. Ergonomics System Design in two Maintenace Departments Theory and Practice. Ergonomics, 1992.

［12］Torlach J M. Safety – mining community environment ［J］, 1994 Mine Safety Symposium （Port Macquarie）.

［13］Torlach J M. Mining Safety：Yesterday – today – tomorrow ［J］. Department of Minerals and Energy, Western Australia, Sept. 3, 1995.

［14］谢进伸. 采煤人－机系统产生人的不安全行为因素的分析. 人－机－环境系统工程研究进展（第一卷）［M］. 北京：北京科学技术出版社, 1993.

［15］李铁磊. 煤矿井下环境对矿工工效与安全的影响. 人－机－环境系统工程研究进展（第一卷）［M］. 北京：北京科学技术出版社, 1993.

［16］徐志胜等. 综采工作面人－机－环境系统可靠性研究. 人－机－环境系统工程研究进展（第二卷）［M］. 北京：北京科学技术出版社, 1996.

［17］高佳, 黄祥瑞. 第二代人的可靠性分析方法的新进展［J］. 中南工学院学报, 1999, （2）：139～156.

［18］林泽炎, 徐联仓. 煤矿事故中人的失误及其原因分析［J］. 人类工效学, 1996, （2）：17～19.

［19］张力, 黄曙东, 何爱武. 人因可靠性分析方法［J］. 中国安全科学学报, 2001, 11（3）：6～16.

［20］徐志胜, 曹琦, 等. 综采工作面人－机－环境系统可靠性研究. 人－机－环境系统工程研究进展（第二卷）［M］. 北京：北京科学技术出版社, 1996.

［21］朱川曲, 陈良棚. 巷道放顶煤人－机－环境系统可靠性研究［J］. 中国安全科学学报, 2000, 10（6）：57～62.

［22］朱川曲. 放顶煤综采工作面人－机－环境系统可靠性［J］. 中南工学院报, 1999, 13（2）：102～108.

［23］王卫军. 综采工作面人－机系统可靠性与作业环境的研究［J］. 中国安全科学学报, 1998, 8（4）：13～16.

［24］王卫军, 施式亮. 影响综采面人员作业可靠性的环境因素分析［J］. 人类工效学, 1998, 4（3）：37～39.

［25］吴金刚, 高建良等. 井下环境因素对人为失误的影响［J］. 煤炭工程, 2005, （9）：40～41.

［26］刘卫东. 高温环境对煤矿井下工人生理、心理影响调查［J］. 职业危害防治, 471～475.

［27］梁振福. 舰船舱室噪声环境现状及其对机体的影响［J］. 人－机－环境系统工程研

究进展，252～257.

[28] 李传光，韩秀苓等. 噪声的危害、现状及对策 [J]. 人－机－环境系统工程研究进展，240～243.

[29] 李亚洁，廖晓艳，李利. 高温高湿环境热应急研究进展 [J]. 护理研究，2004，18 (9)：1514～1517.

[30] Moran D S, Shitzer A, Pandolf K B. A physiological strain index to evaluate heat stress [J]. Am J Physiol, 1998, 275 (44)：8129～8134.

[31] Shapiro Y, Pandolf K B, Sawka M N, et al. Auxiliary cooling：Comparison of air－cooled vs water－cooled vests in hot－dry and hot－wet environments [J]. Aviat Space Environ Med, 1982, 53 (8)：785～789.

[32] Muza S R, Pimental N A. ambient air micro－climate cooling in simulated desert and tropic conditions [J]. Aviat Space Environ Med, 1988, 59 (6)：553～558.

[33] Cadarette B S, Montain S J, Kolka M A, et al. Cross validation of USARLEM heat strain prediction models [J]. Aviat Space Environ Med, 1999, 70 (10)：996～1006.

[34] Smolander J, I lmarinen R, Korhonen O. An evaluation of heat stress indices (ISO 7243, ISO/DIS 7933) in the prediction of heat strain in unacclimated men [J]. Int Arch Occup Environ Health, 1991, 63 (1)：39～41.

[35] Muir I H, Bishop P A, Lomax R G, et al. Prediction of rectal temperature from ear canal temperature [J]. Ergonomics, 2001, 44 (11)：962～972.

[36] 李晓宇. 综采方式比较及综采工作面设备的选型初探 [J]. 中小企业管理与科技，2010，(6)：212.

2　人的特性分析

在人－机－环境系统中，人是主体，是决定因素。事故致因理论认为：事故是人、物失配造成的。日本劳动省在调查的 50 万例工伤事故中，因为人的不安全行为和物的不安全状态相组合导致的事故高达 87% [1]，而物的不安全状态也往往是由于人的不安全行为导致的，所以有必要先分析人的特性。

2.1　事故致因理论

事故致因的系统理论，是具有普遍指导意义的客观规律，它是事故调查、分析、预防的指导思想和科学依据。

2.1.1　概述

2.1.1.1　事故的概念

人在活动过程中（包括日常生活、工作和社会活动等）经常会遇到各种各样大大小小的意外事件，如火灾、交通事故，高空作业时人从脚手架上坠落，搬运重物不慎扭伤手脚，使用电器时触电，使用冲床、车床等机械时发生手指伤残等。此外，还有如洪涝、台风、地震、海啸等不可抗拒的自然灾害。这些对人类的安全构成严重的威胁，危险始终存在于人类之中，在人类活动的各个方面都有发生事故的可能性。

那么，怎样理解事故，给事故下定义呢？各国学者对此作过各种各样的定义，定义涉及法律、医学、科学、安全、经济各个方面。比较完整的定义通常包括性质和后果两个部分，性质包括事件的多因素关系和事件的进程；后果包括伤害、疾病、物资损失和经济损失等。

我国《辞海》对事故的定义是："意外的变故或灾祸。今用以称工程建设、生产活动与交通运输中发生的意外损害或破坏。"事故有的是由于自然灾害或其他原因，而当前人力所不能全部预防的；有的由于设计、管理、施工或操作时人的过失引起的，这称为"责任事故"，这些事故可造成物资上的损失或人身的伤害。

劳伦斯认为："事故可定义为'干扰一个有计划活动的意外或不希望有的事件'，事故可能或不一定导致人身伤害或财产损失，但往往有造成人身伤害或财产损失的潜在可能"。例如一个人在较高处操作时无意掉下一个扳手，如果扳手是掉在地上，它不会造成伤害、可能也不会造成财产损失；如果扳手先砸到工人的身上，再碰坏工作台上的精密仪器，这就造成了人身伤害和财产损失。

美国安全工程师学会（American Society of Safety Engineers，ASSE）把事故定义为："事故是人们在实现其目的的行动过程中，突然发生的，迫使其有目的的行动暂时或永远中断，并有时造成人身伤亡或设备损毁的一种意外事件。"这定义有三层意思：

（1）事故是发生在人们有目的的行动（如生产某种产品）之中；

（2）事故是随机事件；

（3）事故的后果可能会造成人身伤亡或设备损毁。

苏赫曼（E. A. Suchman）认为，一个事件若要称为"事故"，必须至少具备三个条件，即：可预见的程度低；可避免的程度低；有意造成事故的程度低。这三个条件的程度越低，就越可能成为一场"事故"。也就是说，事故是人对环境缺乏预见性，难以避免和无意引起的灾害。

日本学者青岛贤司认为，事故主要是指工程建设、生产活动和交通运输中发生的意外损害和破坏，其后果可能造成物质上的损失或人身伤害。

原国家经贸委 2001 年 12 月 20 日颁发的《职业安全健康管理体系审核规范》中将事故定义为："事故是造成死亡、疾病、伤害、财产损失或其他损失的意外事件。"也就是造成主观上不希望看到的结果的意外事件，其发生所造成的损失分为五大类。这里边疾病是指职业病及与工作有关的疾病。职业病是指劳动者在生产劳动及其他职业过程中，接触职业性危害因素而引起的疾病。按我国 1987 年颁布的《职业病范围和职业病患者处理办法的规定》确定。

综上所述，事故是在人们生产、生活活动过程中突然发生的、违反人们意志的、迫使活动暂时或永久停止，可能造成人员伤害、财产损失或环境污染的意外事件[2]。

2.1.1.2　事故的主要影响因素

从宏观上看，工伤事故的产生可分为由于自然界的因素（如地震、山崩、海啸、台风等）影响以及非自然界的因素影响两类。后者也被称为人为的事故，前者往往非人力所能左右。这里着重研究后者，即着重研究非自然界的因素影响所造成的工伤事故。目前认为，工伤事故是由于不安全状态或不安全行为所引起的。它是物质、环境、行为等诸因素的多元函数。具体地说，影响事故是否发生的因素有五项：人、物、环境、管理和事故处置。

（1）人的原因。所谓人，包括操作工人、管理干部、事故现场的在场人员和有关人员等。他们的不安全行为是事故的重要致因。主要包括：

1）未经许可进行操作，忽视安全，忽视警告；

2）危险作业或高速操作；

3）人为地使安全装置失效；

4）使用不安全设备，用手代替工具进行操作或违章作业；

5）不安全地装载、堆放、组合物体；

6）采取不安全的作业姿势或方位；

7）在有危险运转的设备装置上或移动着的设备上进行工作；不停机、边工作边检修；

8）注意力分散，嬉闹、恐吓等。

（2）物的原因。所谓物包括原料、燃料、动力、设备、工具、成品、半成品等等。物的不安全状态有以下各种：

1）设备和装置结构不良，材料强度不够，零部件磨损和老化；

2）存在危险物和有害物；

3）工作场所的面积狭小或有其他缺陷；

4）安全防护装置失灵；

5）缺乏防护用具、服装或有缺陷；

6）物质的堆放、整理有缺陷；

7）工艺过程不合理，作业方法不安全。

物的不安全状态是构成事故的物质基础。没有物的不安全状态，就不可能发生事故。物的不安全状态构成生产中的隐患和危险源。当它满足一定条件时就会转化为事故。

（3）环境的原因。不安全的环境是引起事故的物质基础。它是事故的直接原因，通常指的是：

1）自然环境的异常，即岩石、地质、水文、气象等的恶劣变异；

2）生产环境不良，即照明、温度、湿度、通风、采光、噪声、振动、空气质量、颜色等方面的缺陷。

以上物的不安全状态、人的不安全行为以及环境的恶劣状态都是导致事故发生的直接原因。

（4）管理的原因。管理的原因即管理的缺陷。它有：

1）技术缺陷。指工业建、构筑物及机械设备、仪器仪表等的设计、选材、安装布置、维护维修有缺陷；或工艺流程、操作方法存在问题；

2）劳动组织不合理；

3）对现场工作缺乏检查指导，或检查指导错误；

4）没有安全操作规程或不健全，挪用安全措施费用，不认真实施事故防范措施，对事故隐患整改不力；

5）教育培训不够，工作人员不懂操作技术或经验不足，缺乏安全知识；

6）人员选择和使用不当，生理或身体有缺陷，如有疾病，听力、视力不良等。

管理上的缺陷是事故的间接原因，是事故的直接原因得以存在的条件。

（5）事故处置情况。事故处置情况是指：

1）对事故前的异常征兆是否能做出正确的判断和反应；

2）一旦发生事故，是否能迅速地采取有效措施，防止事态恶化和扩大事故；

3）抢救措施和对负伤人员的急救措施是否妥善。显然，这些因素对事故的发生和发展起着制约作用，是在事故发生过程中出现的。

2.1.1.3　事故的特征

（1）事故的因果性。因果，即原因和结果。因果性即事物之间，一事物是另一事物发生的根据，这样一种关联性。事故是许多因素互为因果连续发生的结果。一个因素是前一个因素的结果，而又是后一因素的原因。也就是说，因果关系有继承性，是多层次的。

（2）事故的偶然性、必然性和规律性。从本质上讲，伤亡事故属于在一定条件下可能发生，也可能不发生的随机事件。就某一特定事故而言，其发生的时间、地点、状况等均无法预测。

事故是由于客观存在不安全因素，随着时间的推移，出现某些意外情况而发生的，这些意外情况往往是难以预知的。因此，事故的偶然性是客观存在的，这与是否掌握事故的原因毫无关系。换言之，即使完全掌握了事故原因，也不能保证绝对不发生事故。事故的偶然性还表现在事故是否产生后果（人员伤亡，物质损失），以及后果的大小如何都是难以预测的。反复发生的同类事故并不一定产生相同的后果。

事故的偶然性决定了要完全杜绝事故发生是困难的，甚至是不可能的。

事故的因果性决定了事故的必然性。事故是一系列因素互为因果、连续发生的结果。事故因素及其因果关系的存在决定事故或迟或早必然要发生。其随机性仅表现在何时、何地、因什么意外事件触发产生而已。

掌握事故的因果关系，砍断事故因素的因果连锁，就消除了事故发生的必然性，就可能防止事故发生。

事故的必然性中包含着规律性。既为必然，就有规律可循。必然性来自因果性，深入探查、了解事故因素关系，就可以发现事故发生的客观规律，从而为防止发生事故提供依据。应用概率理论，收集尽可能多的事故案例进行统计分析，就可以从总体上找出带有根本性的问题，为宏观安全决策奠定基础，为改进安全工作指明方向，从而做到"预防为主"，实现安全生产的目的。

由于事故或多或少地含有偶然的本质，因而要完全掌握它的规律是困难的。但在一定范畴内，用一定的科学仪器或手段却可以找出它的近似规律。从外部和表面上的联系，找到内部决定性的主要关系却是可能的。

从偶然性中找出必然性，认识事故发生的规律性，变不安全条件为安全条件，把事故消除在萌芽状态之中。这就是防患于未然，预防为主的科学根据。

（3）事故的潜在性、再现性和预测性。事故往往是突然发生的，然而导致事故发生的因素，即所谓隐患或潜在危险是早就存在，只是未被发现或未受到重视而已。随着时间的推移，一旦条件成熟，就会显现而酿成事故。这就是事故的潜在性。

事故一经发生，就成为过去。时间是一去不复返的，完全相同的事故不会再次显现。然而没有真正地了解事故发生的原因，并采取有效措施去消除这些原因，就会再次出现类似的事故。应当致力于消除这种事故的再现性。这是能够做到的。

人们根据对过去事故所积累的经验和知识，以及对事故规律的认识，并使用科学的方法和手段，可以对未来可能发生的事故进行预测。

事故预测就是在认识事故发生规律的基础上，充分了解、掌握各种可能导致事故发生的危险因素以及它们的因果关系，推断它们发展演变的状况和可能产生的后果。事故预测的目的在于识别和控制危险，预先采取对策，最大限度地减少事故发生的可能性。

2.1.1.4 事故的分类

根据事故发生后造成后果的情况，在事故预防工作中把事故划分为伤害事故、损坏事故、环境污染事故和未遂事故。

（1）按事故类别分类。

国标《企业职工伤亡事故分类》（GB 6441—1986）按致害原因将事故类别分为20类，详见表2-1。

表 2 - 1　按致害原因的事故分类

序号	类　别	备　　注
1	物体打击	指落物、滚石、捶击、碎裂、崩块、砸伤，不包括爆炸引起的物体打击
2	车辆伤害	包括挤、压、撞、颠簸等
3	机械伤害	包括铰、碾、割、戳
4	起重伤害	各种起重作业引起的伤害
5	触　电	电流流过人体或人与带电体间发生放电引起的伤害，包括雷击
6	淹　溺	各种作业中落水及非矿山透水引起的溺水伤害
7	灼　烫	火焰烧伤、高温物体烫伤、化学物质灼伤、射线引起的皮肤损伤等，不包括电烧伤及火灾事故引起的烧伤
8	火　灾	造成人员伤亡的企业火灾事故
9	高处坠落	包括由高处落地和由平地落入地坑
10	坍　塌	建筑物、构筑物、堆置物倒塌及土石塌方引起的事故，不适用于矿山冒顶、片帮及爆炸、爆破引起的坍塌事故
11	冒顶片帮	指矿山开采、掘进及其他坑道作业发生的顶板冒落、侧壁垮塌
12	透　水	适用于矿山开采及其他坑道作业时因涌水造成的伤害
13	爆　破	由爆破①作业引起，包括因爆破①引起的中毒
14	火药爆炸	生产、运输和储藏过程中的意外爆炸
15	瓦斯爆炸	包括瓦斯、煤尘与空气混合形成的混合物的爆炸
16	锅炉爆炸	适用于工作压力在 0.07MPa 以上、以水为介质的蒸汽锅炉的爆炸
17	压力容器爆炸	包括物理爆炸和化学爆炸
18	其他爆炸	可燃性气体、蒸汽、粉尘等与空气混合形成的爆炸性混合物的爆炸，炉膛、钢水包、亚麻粉尘的爆炸等
19	中毒和窒息	职业性毒物进入人体引起的急性中毒、缺氧窒息性伤害
20	其　他	上述范围之外的伤害事故，人冬伤、扭伤、摔伤、野兽咬伤等

①在 GB 6441—1986 标准中为"放炮"。"放炮"在《煤炭科技名词》中已规范为"爆破"。

（2）按伤害程度分类。

在伤亡事故统计的国家标准 GB 6441—1986 中，把受伤害者的伤害分成 3 类：

1）轻伤。损失工作日低于 105d 的失能伤害。

2）重伤。损失工作日等于或大于 105d 的失能伤害。

3）死亡。发生事故后当即死亡，包括急性中毒死亡，死亡损失工作日为 6000d。

（3）按事故严重程度分类。

国务院 2007 年 3 月 28 日公布，2007 年 6 月 1 日开始实施了《生产安全事故报告和调查处理条例》中，根据生产安全事故（以下简称事故）造成的人员伤亡或者直接经济损失，事故一般分为以下等级：

1）特别重大事故，是指造成 30 人以上死亡，或者 100 人以上重伤（包括急性工业中毒，下同），或者 1 亿元以上直接经济损失的事故；

2）重大事故，是指造成 10 人以上 30 人以下死亡，或者 50 人以上 100 人以下重伤，或者 5000 万元以上 1 亿元以下直接经济损失的事故；

3）较大事故，是指造成 3 人以上 10 人以下死亡，或者 10 人以上 50 人以下重伤，或者 1000 万元以上 5000 万元以下直接经济损失的事故；

4）一般事故，是指造成 3 人以下死亡，或者 10 人以下重伤，或者 1000 万元以下直接经济损失的事故。

（4）按事故经济损失程度分类。

根据国标《企业职工伤亡事故经济损失统计标准》（GB 6721—1986）的规定，将事故分成以下 4 类：

1）一般损失事故。经济损失小于 1 万元的事故。

2）较大损失事故。经济损失大于等于 1 万元，但小于 10 万元的事故。

3）重大损失事故。经济损失大于等于 10 万元，但小于 100 万元的事故。

4）特大损失事故。经济损失大于等于 100 万元的事故。

2.1.1.5 事故法则

事故法则即事故的统计规律，又称 1∶29∶300 法则。即在每 330 次事故中，会造成死亡重伤事故 1 次，轻伤、微伤事故 29 次，无伤事故 300 次。这一法则是美国安全工程师海因里希（H. W. Heinrich）统计分析了 55 万起事故提出的，得到安全界的普遍承认。人们经常根据事故法则的比例关系绘制制成三角形图，称为事故三角形。

事故法则告诉人们，要消除 1 次死亡重伤事故以及 29 次轻伤事故，必须首先消除 300 次无伤事故。也就是说，防止灾害的关键，不在于防止伤害，而是要从根本上防止事故。所以，安全工作必须从基础抓起，如果基础安全工作做得不好，小事故不断，就很难避免大事故发生。

上述事故法则是从一般事故系统中得出的规律，其绝对数字不一定适用于行业事故。因此，为了进行行业事故的预测和评价工作，有必要对行业事故的事故法则进行研究。有关作者曾对这一问题做过一些初步研究，得到煤矿事故的结论是：

对于采煤工作面所发生的顶板事故，其事故法则为：

死亡∶重伤∶轻伤∶无伤 = 1∶12∶200∶400

对于全部煤矿事故，事故法则为：

死亡∶重伤∶轻伤 = 1∶10∶300

2.1.1.6 事故的预防原则

A 事故的发展阶段

如同一切事物一样，事故亦有其发生、发展以及消除的过程，因而是可以预防的。事故的发展可归纳为三个阶段：孕育阶段、生长阶段和损失阶段。孕育阶段是事故发生的最初阶段，此时事故处于无形阶段，人们可以感觉到它的存在，而不能指出它的具体形式；生长阶段是由于基础原因的存在，出现管理缺陷，不安全状态和不安全行为得以发生，构成生产中事故隐患的阶段，此时，事故处于萌芽状态，人们可以具体指出它的存在；损失阶段是生产中的危险因素被某些偶然事件触发而发生事故，造成人员伤亡和经济损失的阶段。

安全工作的目的，是要避免因发生事故而造成损失，因此要将事故消灭在孕育阶段和生长阶段。为达到这一目的，首先就需要识别事故，即在事故的孕育阶段和生长阶段中明确识别事故的危险性，所以需要进行事故的分析和评价工作。

B 事故的预防原则

事故是有其固有规律的，除了人类无法左右的自然因素造成的事故（如地震、山崩等）以外，在人类生产和生活中所发生的各种事故都是可以预防的。

海因里希把造成人的不安全行为和物的不安全状态的主要原因归结为 4 个方面的问题：

（1）不正确的态度，即个别职工忽视安全，甚至故意采取不安全行为；

（2）技术知识不足，即缺乏安全生产知识，缺少经验或操作技术不熟练；

（3）身体不适，生理状态或健康状况不佳，如听力、视力不良，疾病，反应迟钝，醉酒或其他生理机能障碍；

（4）工作环境不良，工作场所照明、温度、湿度或通风不良，强烈的噪声、振动，物料堆放杂乱，作业空间狭小，设备、工具缺陷等不良的物理环境，以及操作规程不合适、没有安全规程及其他妨碍贯彻安全规程的事物。

针对这 4 个方面的原因，海因里希提出了以下 4 种对策，以避免产生人的不安全行为和物的不安全状态：

（1）工程技术方面的改进；

（2）说服教育；

（3）人事调整；

（4）惩戒。

这 4 种安全对策后来被归纳为众所周知的 3E 原则，即：

（1）Engineering——工程技术，运用工程技术手段消除不安全因素，实现生产工艺、机械设备等生产条件的安全；

（2）Education——教育，利用各种形式的教育和训练，使职工树立"安全第一"的思想，掌握安全生产所必需的知识和技能；

（3）Enforcement——强制，借助于规章制度、法规等必要的行政，乃至法律的手段约束人们的行为。

一般地讲，在选择安全对策时应该首先考虑工程技术措施，然后是教育和训练。实际工作中，应该针对不安全行为和不安全状态的产生原因，灵活地采取对策。

根据轨迹交叉论的观点，消除人的不安全行为可以避免事故。但是应该注意到，人与机械设备不同，机器在人们规定的约束条件下运转自由度较少；而人的行为受各自思想的支配，有较大的行为自由性。这种行为自由性一方面使人具有搞好安全生产的能动性；另一方面也可能使人的行为受到许多因素的影响，控制人的行为是十分困难的工作。

消除物的不安全状态也可以避免事故。通过改进生产工艺，设置有效的安全防护装置，根除生产过程中的危险条件，使得即使人员产生了不安全行为也不致酿成事故。在安全工程中，把机械设备、物理环境等生产条件的安全称作本质安全。在所有的安全措施中，首先应该考虑的就是实现生产过程、生产条件的本质安全。但是，受实际的技术、经济条件等客观条件的限制，完全地杜绝生产过程中的危险因素几乎是不可能的。我们只能努力减少、控制不安全因素，使事故不容易发生[3]。

2.1.2　事故致因理论的发展过程

事故致因理论是安全科学的主要内容之一，因而与安全科学一样，事故致因理论也是随着工业生产的发展而发展，随着人们对于安全问题的逐渐深入而深入的。

在20世纪50年代以前，工业生产方式是利用机械的自动化迫使工人适应机器，一切以机器为中心，工人是机器的附属和奴隶。与这种情况相对应，人们往往将生产中的事故原因推到操作者的头上。

1919年，英国的格林伍德（M. Greenwood）和伍兹（H. Woods）经统计分析发现工人中的某些人较其他人更容易发生事故。进而，在1939年，法默（Farmer）等人据此提出了事故频发倾向的概念。其基本观点是：从事同样的工作和在同样的工作环境下，某些人比其他人更易发生事故，这些人即为事故倾向者，他们的存在会使生产中的事故增多，如果通过人的性格特点等区分出这部分人而不予雇佣，就可以减少工业生产中的事故。

1936 年，美国人海因里希（W. H. Heinrich）在《工业事故预防》一书中提出了事故因果连锁理论，认为伤害事故的发生是一连串的事件按一定因果关系依次发生的结果，并用多米诺骨牌来形象地说明了这种因果关系。这一理论建立了事故致因的事件链的概念，为事故机理研究提供了一种极有价值的方法。

第二次世界大战后，科学技术有了飞跃性的进步，不断出现的新技术、新工艺、新能源、新材料及新产品给工业生产及人们的生活带来了巨大的变化，也带来了更多的危险，同时也促进了人们安全观念的变化。

1949 年，葛登（Gorden）利用流行病传染机理来论述事故的发生机理，提出了"流行病学方法"。葛登认为流行病病因与事故致因之间具有相似性，可以参照分析流行病因的方法分析事故。按照流行病学的分析，流行病的病因有 3 种，即当事者的特征，如年龄、性别、心理状况、免疫能力等；环境特征，如温度、湿度、季节、社区卫生状况、防疫措施等；致病媒介特征，如病毒、细菌、支原体等。这三种因素的相互作用，可以导致人的疾病发生。与此相类似，对于事故，一要考虑人的因素，二要考虑环境的因素，三要考虑引起事故的媒介。这种理论比早期事故致因理论有了较大的进步，明确地提出了事故因素间的关系特征，认为事故是几种因素综合作用的结果，并推动了关于上述三种因素的研究和调查。但是，这种理论也有明显的不足，主要是关于致因的媒介。

1961 年由吉布森（Gibson）提出，并由哈登（Hadden）引申的能量转移论，是事故致因理论发展过程中的重要一步。该理论认为，事故是一种不正常的、或不希望的能量转移，各种形式的能量构成了伤害的直接原因。因此，应该通过控制能量或控制能量载体来预防伤害事故，并提出了防止能量逆流人体的措施。

1969 年由瑟利（J. Surry）提出的瑟利模型，以人对信息的处理过程为基础描述了事故发生的因果关系。该理论认为，人在信息处理过程中出现失误从而导致人的行为失误，进而引发事故。而 1970 年海尔（Hale）的"海尔模型"，1972 年威格里沃思（Wigglesworth）的"人失误的一般模型"，1974 年劳伦斯（Lawrence）提出的"金矿山人失误模型"，以及 1978 年安德森（Anderson）等人对瑟利模型的扩展和修正等，都从不同角度探讨了人失误与事故的关系问题。

　　1972 年，本纳（Benner）提出了扰动起源事故理论，即 P 理论，指出在处于动态平衡的系统中，是由于"扰动"的产生导致了事故的发生。此后，约翰逊（W. G. Johnson）于 1975 年提出了"变化——失误"模型，塔兰茨（W. E. Talanch）在 1980 年介绍了"变化论"模型，佐藤吉信在 1981 年提出了"作用——变化与作用连锁"模型，都从动态和变化的观点阐述了事故的致因。

　　80 年代初期，人们又提出了轨迹交叉论。该理论认为，事故的发生不外乎是人的不安全行为和物的不安全状态两大因素综合作用的结果，即人、物两大系列时空运动轨迹的交叉点就是事故发生的所在。预防事故的发生就是设法从时空上避免人、物运动轨迹的交叉，使得对事故致因的研究又有了进一步的发展。

　　值得指出的是，到目前为止，事故致因理论的发展还很不完善，还没有给出对于事故致因进行预测、预防的普遍而有效的方法。某个事故致因理论只能在某类事故的研究、分析中起到指导或参考作用。

2.1.3　事故致因理论

　　事故致因理论是人们对事故机理所作的逻辑抽象或数学抽象，是描述事故成因、经过和后果的理论，是研究人、物、环境、管理及事故处理这些基本因素如何作用而形成事故的隐患、造成损失的。即事故致因理论是从本质上阐明工伤事故的因果关系，说明事故的发生发展过程和后果理论，它对于人们认识事故本质，指导事故调查、事故分析及事故预防等都有重要的作用。

　　目前，世界上有代表性的事故致因理论有十几种，对我国影响较大的主要有如下几种。

2.1.3.1 轨迹交叉论

轨迹交叉论的基本思想是，在一个系统中，人的不安全行为和物的不安全状态的形成过程中，一旦发生时间和空间的轨迹交叉就会造成事故。这就是说，事故是由人的不安全行为和物的不安全状态共同造成的，是大多数事故的发生规律。

根据轨迹交叉论描绘的事故模型如图 2 - 1 所示。

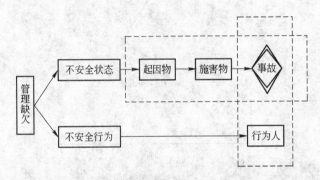

图 2 - 1 人与物两系列形成事故的模型

就一般情况而言，由于企业管理上的缺欠，如：领导对安全工作不重视，各级干部对安全不负责任，安全规章制度不健全，职工缺乏必要的安全教育和训练等，职工就有可能产生不安全行为；或者产生对机械设备缺乏维护、检修，以及安全设备设施不足，建筑设施、作业环境不符合安全要求等，以致形成不安全状态，进而孕育了事故的起因物，产生施害物。当采取不安全行为的行为人与因不安全状态而产生的施害物发生时间、空间的轨迹交叉时，就必然会发生事故。

值得注意的是，人与物两种因素又互为因果，有时物的不安全状态能导致人的不安全行为，而人的不安全行为也可能使物产生不安全状态。因此，在考查人的系列或物的系列时不能绝对化。

总体来看，构成伤亡事故的人与物两大系列中，人的原因占绝对的地位。纵然伤亡事故完全来自机械、设备或物质的危害，但这些还是由人设计、制造、使用和维护的，其他物质也受人的支配，整个系统中的人、物、环境的安全状态都是人管理的。

轨迹交叉论也可以理解为：具有危害能量的物体（或人）的运动轨迹与人（或物体）的运动轨迹，在某一时刻的交叉就发生事故。当然，两种运动轨迹均在三维空间的运动轨迹，如图 2－2 所示。

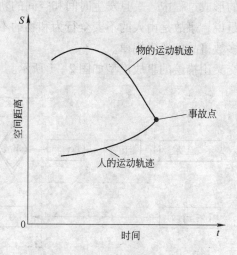

图 2－2　轨迹交叉事故模型

按照轨迹交叉论的观点，构成事故的要素为：人的不安全行为、物的不安全状态和人与物的运动轨迹交叉。但是，这种交叉也必须有足以致害的能量转移为前提。从这一点考虑，轨迹交叉论实际上是能量转移论的扩展。当前世界各国之所以普遍采用这种事故致因理论，是因为它能更详细、更贴切地描述事故的成因，更具有实用性。

根据这种事故致因理论及其由此而产生的事故模型，我们也可以分析伤亡事故的原因，探索事故的发生规律，提出防止事故的具体措施。

由该理论出发，考虑预防或控制事故的措施可以从三个方面入手。

A　防止人、物发生时空交叉

运动着的、不安全行为的人和不安全状态的物的时空交叉点就是事故点。因此，防止事故的根本出路就是避免两者的轨迹交叉。防止时空交叉的措施类似于能量转移论提出的隔离、屏蔽措施。另外，也有单纯从防止空间交叉或时间交叉的防护措施。如繁华街道的人行过街天桥和地下通道（防止空间交叉）以及十字路口车辆、行人的交通指挥灯（防止时间交叉）。危险设备的连锁保险装置、电气维修中切断电源、挂牌、上锁、工作票制度也属于防止时间交叉的措施。

B 控制人的不安全行为

控制人的不安全行为的目的是切断人和物两系列中人的不安全行为的形成系列。人的不安全行为在事故形成的原因中占重要位置。但人的行为是系统中最难控制的因素。人的失误概率比任何机械、电气、电子组件故障概率要大得多。因为人的失误是多方面的，因此，要从多方面入手来解决人的不安全行为的问题。概括起来，控制人的不安全行为的措施主要有：

（1）职业适应性选择。选择合格的职工以适应职业的要求。由于工作的类型不同，对职工素质的要求亦不同。尤其是职业禁忌症应加倍注意。在招工和作业人员的配备时就根据工作的要求认真考虑职工素质，特别是特殊工种应严格把关。避免因生理、心理素质的欠缺而发生工作失误。

（2）创造良好的工作环境。良好的工作环境，首先是良好的人际关系，积极向上的集体精神。创造融洽和谐的同事关系、上下级关系，使工作集体具有凝集力，这样，才能使职工心情舒畅地工作，积极主动地相互配合。为此，企业要实行民主管理，使职工参与管理，另外，要关心职工生活，解决实际困难，做好职工家属工作，形成重视安全的社会风气，以社会环境促进工作环境的改善。

良好的工作环境还应包括安全、舒适、卫生的工作环境。尽一切努力消除工作环境中的有害因素，使机械、设备、环境适合人的工作，使人适应工作环境。这就要按照人机工程的设计原则进行机械、设备、环境以及劳动负荷、劳动姿势、劳动方法的设计。

（3）加强教育与培训，提高职工的安全素质。实践证明，事故与职工的文化素质、专业技能和安全知识密切相关。因此，企业招工应根据我国普及教育的发展情况，提出对文化程度的具体要求。而且要对在职职工进行系统的继续教育，使他们进一步掌握必要的文化知识和专业知识，许多事故的原因分析中知识贫乏或无知占有相当比重，这是值得注意的严重问题。特别是安全教育和训练，入厂三级教育、特种作业人员教育、中层以上干部教育、全员教育、班组长教育、资格认证等安全教育制度，必须强调其有效性，使广大职工提高安全素质，减少不安全行为。这是一项根本性措施。

（4）健全管理体制，严格管理制度。加强安全管理是有效控制不安全行为的有力措施，加强管理必须有健全的组织，完善的制度并严格贯彻执行。企业安全不仅仅是安全部门的事，而且也是企业全体职工的事。因此，企业安全管理应当采取"分级管理，分线负责"的体制，使安全组织体系在企业系统中，"横向到边，纵向到底"，层层把关，线线负责，形成全面安全管理的格局。而安全部门只是作为领导在安全方面的参谋、贯彻领导安全决策、监督各系统各部门认真执行安全规章、制度、要求的机构，加强安全管理必须有一整套完善的规章制度，坚持"三同时"、"五同时"、"三不放过"等行之有效的管理方法，加强事故管理，对事故及事故原因进行科学的调查、统计、分析、报告、归档等工作，掌握事故规律，从管理上控制职工的行为。

C　控制物的不安全状态

控制物的不安全状态主要从设计、制（建）造、使用、维修等方面消除不安全因素，创造本质安全条件。

工程设计包括工艺设计、产品设计和建筑设计等。工艺设计应考虑尽量排除或减少一切有毒、有害、易燃、易爆等不安全因素对人体的影响；产品设计应充分考虑产品的可靠性和安全性；建筑设计除了要根据工艺要求考虑建筑物本身基础、结构的强度和稳定性及内装修的合理性以外，还要考虑生产和人员在安全方面的特殊要求。总之，工程设计要满足人机工程的设计要求和其他安全要求。制（建）造必须严格按照设计要求，使用合格的材料和工艺技术，在严格的技术监督下，并经过认真负责的质量检验才能投入使用。特别是新建、扩建、改建及新工艺、新产品、新技术项目必须经过"三同时"验收。

应严格按照设计规定的要求精心操作，坚持反对违章指挥、违章操作。特别要反对脱岗、睡岗、超负荷运转、任意拆除安全装置设施等不良行为。

维护和检修是保障机械设备正常运转的重要环节。因此，应坚持日常维护、检修制度，把物的不安全状态消灭在萌芽状态，减少因机械设备的缺陷引发的事故。

2.1.3.2 能量转移论

能量是物体做功的本领，人类社会的发展就是不断地开发和利用能量的过程。但能量也是对人体造成伤害的根源，没有能量就没有事故，没有能量就没有伤害。所以吉布森、哈登等人根据这一概念，提出了能量转移论。其基本观点是：不希望或异常的能量转移是伤亡事故的致因。即人受伤害的原因只能是某种能量向人体的转移，而事故则是一种能量的不正常或不期望的释放。

能量按其形式可分为动能、势能、热能、电能、化学能、原子能、辐射能（包括离子辐射和非离子辐射）、声能和生物能等。人受到伤害都可归结为上述一种或若干种能量的不正常或不期望的转移。在能量转移论中，把能量引起的伤害分为两大类。

第一类伤害是由于施加了超过局部或全身性的损伤阈值的能量而产生的。人体各部分对每一种能量都有一个损伤阈值。当施加于人体的能量超过该阈值时，就会对人体造成损伤。大多数伤害均属于此类伤害。例如，在工业生产中，一般都以 36V 为安全电压，这就是说，在正常情况下，当人与电源接触时，由于 36V 在人体所承受的阈值之内，就不会造成任何伤害或伤害极其轻微；而由于 220V 电压大大超过人体的阈值，与其接触，轻则灼伤，或某些功能暂时性损伤，重则造成终身伤残甚至死亡。

第二类伤害则是由于影响局部或全身性能量交换引起的。譬如因机械因素或化学因素引起的窒息（如溺水、一氧化碳中毒等）。

能量转移论的另一个重要概念是：在一定条件下，某种形式的能量能否造成伤害及事故，主要取决于：人所接触的能量的大小，接触的时间长短和频率，力的集中程度，受伤害的部位及屏障设置的早晚等。

用能量转移的观点分析事故致因的基本方法是：首先确认某个系统内的所有能量源，然后确定可能遭受该能量伤害的人员及伤害的可能严重程度；进而确定控制该类能量不正常或不期望转移的方法。

用能量转移的观点分析事故致因的方法，可应用于各种类型的包含、利用、储存任何形式能量的系统，也可以与其他的分析方法综合使用，用来分析、控制系统中能量的利用、贮存或流动。但该方法不适用于研究、发现和分析与能量不相关的事故致因，如人失误等。能量转移论与其他的事故致因理论相比，具有两个主要优点：一是把各种能量对人体的伤害归结为伤亡事故的直接原因，从而决定了以对能量源及能量输送装置加以控制作为防止或减少伤害发生的最佳手段这一原则；二是依照该理论建立的对伤亡事故的统计分类，是一种可以全面概括、阐明伤亡事故类型和性质的统计分类方法。能量转移论的不足之处是：由于机械能（动能和势能）是工业伤害的主要能量形式，因而使得按能量转移的观点对伤亡事故进行统计分类的方法尽管具有理论上的优越性，在实际应用上却存在困难。它的实际应用尚有待对机械能的分类作更为深入细致的研究，以便对机械能造成的伤害进行分类。

2.1.3.3 骨牌理论

骨牌理论又称海因里希模型。最早是由海因里希（Heinrich）提出的。其基本思想是，一种可防止的伤亡事故的发生是一系列事件顺序发生的结果。它引用了多米诺效应的基本含义，认为事故的发生，犹如一连串垂直放置的骨牌，前一个倒下，导致后面的一个个倒下，当最后一个倒下，就使人体受到了事故伤害，也就是发生了人身伤亡事故，如图2-3所示。

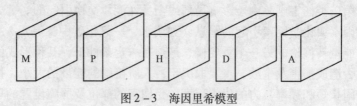

图2-3 海因里希模型

海因里希模型这5块骨牌依次是：

（1）遗传及社会环境（M）。遗传及社会环境是造成人的缺点的原因。遗传因素可能使人具有鲁莽、固执、粗心等不良性格；社会环境可能妨碍教育，助长不良性格的发展。这是事故因果链上最基本的因素。

（2）人的缺点（P）。人的缺点是由遗传和社会环境因素所造成的，是使人产生不安全行为或使物产生不安全状态的主要原因。这些缺点既包括各类不良性格，也包括缺乏安全生产知识和技能等后天的不足。

（3）人的不安全行为和物的不安全状态（H）。即造成事故的直接原因。

（4）事故（D）。即由物体、物质或放射线等对人体发生作用，使人员受到伤害或可能受到伤害的、出乎意料的、失去控制的事件。

（5）发生人的伤害（A）。直接由于事故而产生伤害。

该理论的积极意义在于，如果移去因果连锁中的任一块骨牌，则连锁被破坏，事故过程即被中止，达到控制事故的目的。海因里希还强调，企业安全工作的中心就是要移去中间的骨牌，即防止人的不安全行为和物的不安全状态，从而中断事故的进程，避免伤害的发生。当然，通过改善社会环境，使人具有更为良好的安全意识，加强培训，使人具有较好的安全技能，或者加强应急抢救措施，也都能在不同程度上移去事故连锁中的某一骨牌或增加该骨牌的稳定性，使事故得到预防和控制。

当然，海因里希理论也有明显的不足，它对事故致因连锁关系描述过于简单化、绝对化，也过多地考虑了人的因素。但尽管如此，由于其的形象化和其在事故致因研究中的先导作用，使其有着重要的历史地位。

2.1.3.4 人因事故模型

人因事故模型主要是从人的因素考虑研究事故致因的理论。在事故致因中人的因素具有重要的作用，正如轨迹交叉论所指出的，尽管事故是由于人的不安全行为和物的不安全状态共同造成的，但起主导作用的始终是人的因素，因为物是人创造的，环境是人能够改变的。所以，在研究事故致因理论时，必须着重对人的因素进行深入的研究。这就出现了事故致因理论的另一个分支，人因事故模型。

第一种人因事故模型是威格里沃思提出的，如图 2-4 所示。人在从事某种活动时，会接受来自系统和外界的各种刺激（信息），凭视觉、听觉、触觉、嗅觉等感受这些刺激，通过大脑判断系统是否正常，并做出适当反应：或正确处理，不发生失误，没有危险发生；或发生失误，使系统不能正常运行，轻则造成系统故障，发生无伤害事故，重则造成能量的意外释放，波及到人就会发生伤亡事故。这取决于机会因素，即发生伤亡事故的概率。而这种伤亡事故和无伤亡事故又会给人以强烈刺激，促使人们对原来的错误行为进行反思，使其树立安全观念，增强安全意识，主动地去掌握安全知识、安全技能，以驾驭系统，提高其安全性。

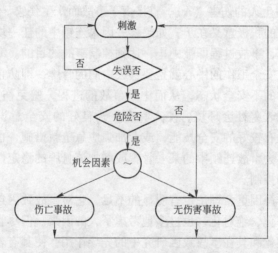

图 2-4 威格里沃思的事故模型

从这种事故模型出发防止伤亡事故，首先要预先熟悉并掌握来自系统及外界的各种刺激，能够正确辨识系统存在的各种危险因素。其次是熟练掌握对各种刺激做出正确反应的能力，防止失误发生。因为事故从发现苗头到发生，以至结束，时间往往很短，如果没有熟练，以至形成条件反射的反应能力，事故来不及控制就已经发生了。这就要求行为者具备很强的事故紧急处理能力。因此，企业除了要进行必要的安全知识、安全技能教育外，还应经常进行紧急事故演练，把危险操作过程中可能出现的各种事故情况都纳入演练内容，使操作者牢记，遇到什么情况应当如何处理，怎样才能把事故消灭在萌芽状态。这样就可以避免一些不必要的事故损失。第三，对于因危险辨识失误，反应错误而不可避免地发展为可能造成人员伤亡的危险因素，则应当从工艺技术、设备结构上考虑防止事故的最后一道防线。如连锁、紧急开关、自动灭火、触电保护等。同时注重工艺改造、设备更新等，使事故发生朝无伤亡的方向发展。

第二种人因事故模型是瑟利模型，它是对上述模型的具体化。这种模型把事故过程分为两个阶段：第一阶段是人会不会面临危险，第二阶段是危险会不会造成伤害、损失。如图 2-5 所示。

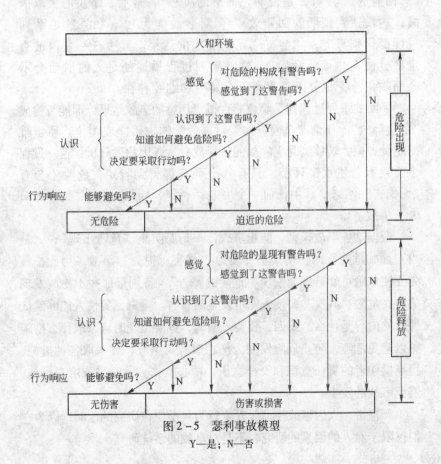

图 2-5 瑟利事故模型

Y—是；N—否

人在某一环境中从事某种活动，可能会有各种危险因素，这些危险因素有各种表现形式，如声、光、温度、压力显示等信息。这些信息，有的是显在的，可以发现的，构成"危险的警告"；有的是潜在的，不能发现，就不能构成"危险的警告"，于是"危险出现"，使人"面临危险"。当警告发出，通过人的感觉器官，接收了警告信号，则进入了"警告的知觉"，但也可能因种种原因，人体并未接受这种信号，就没有"警告的知觉"，人又进入"面临危险"状态。当人知道警告，还要认识警告是什么意思（"警告的认识"），知道如何排除决心采取措施避免危险（"回避的认识"），是否下"回避的决心"，最后，下决心采取措施，达没达到预期的回避效果（"回避的能力"）。如果这一系列过程都得到肯定，才会有"无危险"的后果。其中任一过程被否定都会使人"面临危险"。这一系列过程描述的是人的活动会不会面临危险，也就是隐患会不会发生和继续存在。

下面的系列过程则是隐患能否造成伤害的事故结果，即能否构成"危险释放"。所谓"危险释放"就是危险的物质（或物体）所携带的能量失控，转移到受害者的能量释放。从人因角度分析，这一过程也要经历上述六个环节。只有六个环节都得到肯定，危险才会有"无伤害"结果，其中任何一个失败（否定），都会造成"伤害、损失"事故。

根据这种事故模型，防止事故，一是要防止"危险出现"；二是当"面临危险"时，使其不发展为"伤害、损失"事故。为此，首先要使危险可知，即能发现"危险的警告"，特别是那些不易被发现的潜在危险。其次，要使人知道发生的警告。第三，要使人能够确认警告的内容是什么。第四，要使人明确，危险出现时应采取什么措施可以避免危险，防止危险发展为伤亡事故。第五，要采取各种措施，提高操作者的责任意识和安全意识，精心操作，及时采取恰当措施，避免事故的发生。

严格讲，人因事故模型属安全行为科学应该研究的范畴，因为它们仅限于对人的因素的研究，不是对事故的系统研究。

2.1.4 事故致因理论的应用

2.1.4.1 由事故致因理论得出的基本结论

（1）工伤事故的发生是偶然的、随机的现象，然而又有其必然的统计规律性。事故的发生是许多事件互为因果，一步步组合的结果。事故致因理论揭示出了导致事故发生的多种因素，以及它们之间的相互联系和彼此的影响。

（2）由于产生事故的原因是多层次的，所以不能把事故原因简单地归咎为"违章"二字。必须透过现象看本质，从表面的原因追踪到各个深层次，直到本质的原因。只有这样，才能彻底认识事故发生的机理，真正找到防止事故的有效对策。

（3）事故致因的多种因素的组合，可以归结为人和物两大系列的运动。人、物系列轨迹交叉，事故就会发生。应该分别研究人和物两大系列的运动特性。追踪人的不安全行为和物的不安全状态。研究人、物都受到哪些因素的作用，以及人、物之间的互相匹配方面的问题。

（4）人和物的运动都是在一定的环境（自然环境和社会环境）中进行的，因此追踪人的不安全行为和物的不安全状态应该和对环境的分析研究结合起来进行。弄清环境对人产生不安全行为，对物产生不安全状态都有哪些影响。

（5）人、物、环境（环境也可包含在物中）都是受管理因素支配的。人的不安全行为和物的不安全状态是造成伤亡事故的直接原因，管理不科学和领导失误才是本质原因。防止发生事故归根结底应从改进管理做起。

2.1.4.2 根据事故致因理论应如何防止发生事故

根据事故致因理论可知事故的发生是人和物两大系列轨迹交叉的结果。因此，防止发生事故的基本原理就是使人和物的运动轨迹中断，使二者不能交叉。具体地说：如果排除了机械设备或处理危险物质过程中的隐患，消除了物的不安全状态，就砍断了物的系列的连锁，如果加强了对人的安全教育和技能训练，进行科学的安全管理，从生理心理和操作上控制住不安全行为的产生，就砍断了人的系列的连锁。这样，人和物两系列轨迹则不会相交，伤害事故就可以得到避免。

在上述两系列连锁中，砍断人的系列的连锁无疑是非常重要的，应该给以充分的重视。首先，要对人员的结构和素质情况进行分析，找出容易发生事故的人员层次和个人以及最常见的人的不安全行为。然后，在对人的身体、生理、心理进行检查测验的基础上合理选配人员。从研究行为科学出发，加强对人的教育、训练和管理，提高生理、心理素质，增强安全意识，提高安全操作技能，从而在最大程度上减少、消除不安全行为。

应该看到，人有自由意志，容易受环境的干扰和影响，生理、心理状态不稳定，其安全可靠性是比较差的。往往会由于一些偶然因素而产生事先难以预料和防止的错误行动。人的不安全行为的概率是不可能为零的，要完全防止人的不安全行为是无法做到的，因此必须下大力气致力于砍断物的系列的工作。与克服人的不安全行为相比，消除物的不安全状态对于防止事故和职业危害具有更加根本的意义。

为了消除物的不安全状态，应该把落脚点放在提高技术装备（机械设备、仪器仪表、建筑设施等）的安全化水平上。技术装备安全化水平的提高也有助于安全管理的改善和人的不安全行为的防止。可以说，在一定程度上，技术装备的安全化水平就决定了工伤事故和职业病的概率水平。这一点也可以从发达国家在工业和技术高度发展后伤亡事故频率才大幅度下降这一事实得到印证。

人物轨迹交叉是在一定环境条件下进行的，因此除了人和物外，为了防止事故和职业危害，还应致力于作业环境的改善。此外，还应开拓人机工程的研究，解决好人、物、环境的合理匹配问题。使机器设备、设施的设计、环境的布置，作业条件、作业方法的安排等符合人的身体、生理、心理条件的要求。

人、物、环境的因素是造成事故的直接原因；管理是事故的间接原因，但却是本质的原因。对人和物的控制，对环境的改善，归根结底都有赖于管理,关于人和物的事故防止措施归根结底都是管理方面的措施。必须极大地关注管理的改进,大力推进安全管理的科学化、现代化。应该对安全管理的状况进行全面系统地调查分析,找出管理上存在的薄弱环节,在此基础上确定从管理上预防事故的措施。

2.2 人的S-O-R模型

人的S-O-R(Stimulation - Organic - Reaction)模型,也称为操作者模型,即刺激人的大脑的反应。人的各类感受器接受来自外界的各种刺激信号,通过传入神经将信息传送至大脑,经加工处理后,再通过传出神经,命令效应器做出反应。

根据控制论[4]可知,人的S-O-R系统是一个闭环系统。人在接受刺激后,经过大脑分析做出判断,然后做出反应,操纵控制装置或处理环境隐患,从而引起"机"或环境发生变化,出现新的刺激,如此往复,便构成一个闭环系统。如图2-6所示。

图2-6 人的S-O-R模型

采煤工作面工作人员的行动是S-O-R的组合,是一个闭环系统。工作人员到达工作地点后,首先观察"机"的情况和环境的情况,将接受到的刺激信号经大脑分析判断,即内部响应,然后做出反应,开始工作或处理异常情况。在工作过程中,新的刺激信号会不断地出现,井下工人会不断地进行分析判断,做出新的反应。如:综采工作面采煤机司机,当他接收到开机信号时,大脑便识别信号并做出判断,即响应,指挥手做出反应,即启动采煤机。在采煤机运行过程中,他还会不断地接收新的刺激,如速度的快慢、停机等,经大脑皮层分析判断后,做出新的反应,如加速、减速、停机等。这就是人的S-O-R过程,是一个闭环系统。

2.3　人的反应特性

外界的物理和化学因素所产生的信息对人类的感觉器官首先引起刺激，然后由脑的综合、调节和控制，使之上升到正确的感觉，最后按一定的方式以量的形式反映出来，此即为人的反应特性。其中调节时间周期、刺激量与感觉量、反应时间等因素从不同侧面来表现人的反应特性，下面我们从不同的侧面来详细阐述。

2.3.1　调节时间周期

操纵过程的调节时间周期，就是从对象（刺激物）到"调节器"的信息传递，又从"调节器"到对象的控制活动的转换时间。也就是此人－机－环境系统经过一个循环所需的时间，可用下式表示：

$$T = \sum_{i=1}^{n} t_i \qquad (2-1)$$

式中　T——调节时间周期调节作用总时间，ms；

　　　t_i——信息在第 i 个环节中的停滞时间，ms；

　　　n——控制系统中的环节数，$i = 1, 2, \cdots, n$。

在人－机－环境系统中，人起着"调节器"的作用。调节时间周期的长短，主要取决于人的反应时间。要使人－机－环境系统高效运转，必须从缩短人的反应时间入手，从而缩短调节作用总时间，才能获得预期的效果。

2.3.2　刺激量与感觉量

在系统中，人要从外界接受各种各样的感觉信息，如触觉、嗅觉、视觉、听觉等信息，即刺激，经大脑皮层分析、判断，才能做出反应。外界刺激量的多少（即感觉量）由人做出内部判断。人的感觉量不仅取决于外界刺激量的大小，它与人的生理反应特性也密切相关。例如，到了冬天，没有安装暖气的人家要生蜂窝煤炉子来取暖，由于煤的不充分燃烧而产生的煤气的味道有的人感觉非常刺鼻，很不适应，即感觉量很大，而有的人感觉则一般，这是由于不同人的生理差异所致。但对同一个人，感觉量和刺激量之间存在着一定的关系。

外界刺激量和人的感觉量之间的关系可以用著名的韦伯 - 费奇涅（Weber - Fechner）表达式来表示[5]。感觉量的最小变化量与刺激量的相对变化量成正比。即：

$$\Delta R = K \cdot \frac{\Delta S}{S} \qquad (2-2)$$

式中 K——比例常数。

式（2-2）用微分表示为：

$$dR = K \cdot \frac{dS}{S} \qquad (2-3)$$

两边同时进行积分

$$\int dR = K \cdot \int \frac{dS}{S} \qquad (2-4)$$

$$R = K \cdot \ln S + C$$

式中 C——积分常数；

R——感觉量；

ΔR——能感觉出 R 的最小变化量；

ΔS——刺激量的变化量。

由式（2-4）可知，感觉量和刺激量的对数呈线性关系。

此外，感觉量和刺激量之间的关系还可以用斯蒂芬斯（Stevens）指数法来表示，其表达式为：

$$R = \beta \cdot S^n \qquad (2-5)$$

式中 β——比例常数；

n——幂指数。

由式（2-5）可知，感觉量和刺激量的幂指数成正比。

2.3.3 反应时间

操作者从识别信号到操纵设备都有一个反应时间（reaction time）。反应时间的长短与外界的刺激量和刺激状态等许多因素有关。人自接受外界刺激到做出反应，即由接受信息，经大脑分析、判断，做出反应，开始执行动作前的时间，称为反应时间（RT），也称为感知时间。它由知觉时间 t_d（即自出现刺激到分析、判断的时间）和

动作时间 t_z（即从运动中枢传至效应器，开始动作前的时间）两部分构成。即：

$$RT = t_z + t_d \qquad\qquad (2-6)$$

科学实验证明，人的大脑皮层不能同时处理两种以上的信息。人的这种信息处理机制称为单通道机制。文斯（M. Vince）曾进行过下述实验[6]：对人分别施加两种刺激，并测定其反应时间，然后在短时间内，连续施加这两种刺激，这时，大脑皮层对后一种刺激的反应时间比单独刺激时要长。大脑皮层先对施加的信息 S_1 处理完成后，才对后面施加的信息 S_2 进行处理。S_2 的处理时间 TR_2 可表示为：

$$TR_2 = TR_1 + TD_2 - I \qquad\qquad (2-7)$$

式中　TR_1——对信息 S_1 的处理时间，ms；

　　　TD_2——单独施加刺激 S_2 时的反应时间，ms；

　　　I——S_1 和 S_2 两种刺激的施加时间间隔，ms。（$I \leqslant TR_1$）。

图 2-7 表示了 TR_2 和 I 的关系。

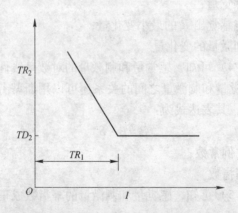

图 2-7　反应时间和时间间隔的关系

人的反应时间的长短，或者说反应速度的快慢，是受很多因素影响的。

（1）反应时间随感觉通道的不同而异。实验证明[5]：听觉通道的反应时间最短，其次是触觉、视觉、嗅觉、味觉，反应视觉最长的是深部感觉。因此，在采煤工作面环境中，较多的采用声信号是合理的。

（2）反应时间与刺激的性质、强度有关。如对声音刺激的平均反应时间为142ms，而对光刺激的平均反应时间为176ms。一般情况下，刺激的强度越大，反应时间越短。

（3）若以两种颜色作为刺激物，当其对比强烈时，反应时间短；色调接近时，反应时间就比较长。这就是行车信号灯为什么采用对比强烈的红色和绿色的原因之一。

（4）显示装置符合人的心理和生理特征和习惯时，反应时间短，反之，反应时间则长。

（5）年龄增加，反应时间也增加。年龄在25～45岁之间的反应速度最快。训练可以加快反应速度，缩短反应时间。据测定，经过训练的人，反应时间可缩短10%左右。

（6）当有两个以上的刺激时，其反应时间随刺激个数的不同而异。如果时间充分，人可以准确无误地处理各种信息，但若几种信息互相交错，人就无法正确处理，将会出现下述各种反应：

1）未处理（信息未处理就过去了）；

2）处理失误（进行了错误处理）；

3）处理延误（未及时处理）；

4）曲解信息内容（只处理了信息的某一特征）；

5）降低信息质量（将信息内容进行简单处理）；

6）借用其他处理方法（使用规定外的处理方法）；

7）放弃信息（根本不进行处理）。

人在接受大量信息后，将会出现上述哪种反应，是由工作内容和性质以及工作人员的身心活动状态所决定的。

（7）人的反应速度是有限度的。当连续工作时，由于人的神经传递存在着0.5s的不反应时，所以，需要感觉指导的间断操作，其间隙期一般应大于0.5s。刺激所负荷的信息量越大，反应时间就越长。反应时间与刺激所负荷的信息量之间的关系为：

$$RT = a + bx \qquad (2-8)$$

式中　a，b——常数，由年龄、经验、性格等人的个性条件和刺激的施加条件所决定；

　　　x——信息量。

2.4　人的行为特性分析

2.4.1　人的行为模式

　　所谓人的行为，是人对自然和社会环境做出运动、说话、表情、情绪、思考等可观察到的心理反应。从心理学的角度讲，行为起源于脑神经的反射，形成精神状态，亦即所谓意识；由意识表现为动作时，便形成了行为。美国心理学家勒温认为，人的行为是个人与环境交互作用的函数或结果。他据此提出了人的行为公式，即：

$$B = f\ (P \cdot E) \qquad\qquad (2-9)$$

式中　B——行为；

　　　P——个人，指内在的心理因素；

　　　E——环境，指自然与社会环境。

　　人的行为的基本模式如图2-8所示。

图2-8　人的行为基本模式

　　刺激对于每个人，由于生活经历、知识水平、身体情况、情绪作用等而有不同的认识。因此，人的行为是千差万别的。通常，刺激与（行为）之间有3种形式：

　　（1）在同一环境中，同一刺激对不同的人，引起相同的行为。其行为模式如图2-9所示。

　　（2）对同样的刺激，由于各人的情况不同，引起不同的行为。其行为模式如图2-10所示。

　　（3）不同刺激，作用于不同的人，引起相同的行为。其行为模式如图2-11所示。

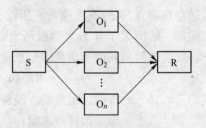

图2-9　人的行为模式一

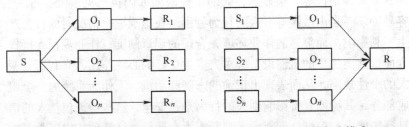

图 2 - 10　人的行为模式二　　　　图 2 - 11　人的行为模式三

关于与事故有关的行为，前人提出过多种行为模式。比较有价值的是拉姆西（Ramsey）由消费生产的潜在危险提出导致事故的连续步骤模式[7]。他认为：人处在有潜在危险的环境中活动时，首先，如果不能觉察发生事故的危险，事故发生率则增加；其次，若危险被人所感知，则事故是否能避免取决于能否采取有效对策，这取决于当事人对工作有无责任感、对事故的态度和个性心理特征及其生理特征。有的人发现危险，马上想到可能发生可怕的后果，立即行动，制止危险发展成事故；有的人虽感到危险，但心存侥幸，满不在乎，以致酿成事故。由于事故的发生受多种因素的影响，具有一定的偶然性，因此，即使当事人经过严格的避免危险的训练和练习，也不能百分之百地避免事故的发生。相反，即使没有意识到危险，没有采取措施或措施不力，也不一定发生事故。

2.4.2　人的行为特性

在人 - 机 - 环境系统中，人既作为安全因素，又是生产中要保护的对象。人在系统中的作用主要有作为劳动者、控制者和监视者这三种形式[8]，人的行为直接影响着系统的安全。从系统安全的角度而言，人的行为可分为安全行为与不安全行为。人的行为一般经过接受信息、处理信息并做出判断、动作反应付出实施三个过程，每一过程都与人的中枢神经活动水平紧密相关。

在人 - 机 - 环境系统中，人的行为受主观因素和客观因素的影响。主观因素有人的个性、态度、动机、人的能力、技能水平等，客观因素有机械设备、操作规程、规章制度、环境因素、作业方式、管理、教育和培训等。很显然，人的个性缺陷如固执己见、大胆冒失、容易冲动、自由散漫等对人的行为特别是在出现危险情况时的行为产生不利影响，而舒适的作业环境，合理的规章制度、作业规程，操作方便、性能优良的机器设备等对人产生良好的心理作用，有利于克服人的个性缺陷，从而表现出正确的态度和动机。人作为系统的一个组成部分，其特征直接影响到人的行为是否安全，这些特征包括人的信息感知能力、信息处理能力、判断能力、运动神经活动能力、学习的能力、生理和心理上的需求、协同行动的能力等。每种能力在实现安全活动或操作时所起的作用取决于人所从事工作的复杂程度。信息感知能力是人的安全行为的基础，如果感知能力差，就可能不能发现危险；信息处理能力和判断能力是人作为系统的组成部分所特有的重要特征；人不断地学习，思维的灵活性形成了人的另一个独特功能，即临时处理问题的能力；人有一定的生理和心理上的需求，这种需求得不到满足时，人的行为就会退化，人的作用也会降低；人的许多能力是联系在一起的，并且是同时进行的，这就需要协调。从本质上说，人的行为是人的技巧和动机的产物，是人与机器设备、环境交互作用的函数，是人的内在因素和外在因素影响的结果。

2.4.3　与安全有关的行为特征

以下讨论几种与安全有关的人的行为特征。

（1）惯用一侧。通常把惯用右侧或惯用左侧，使机能不对称的现象称为惯用一侧。世界上无论哪个国家或地区，习惯用右手的人占多数，用左手的人约占3%～6%，因此，一般设计的工具、机器设备的大部分适用于右手，对左手不方便，造成工效降低，容易疲劳，尤其与别人一起作业时易导致事故的发生。

（2）从众行为。使个人的行动符合其他人的意见、态度的行为称为从众行为。从众行为到处可见，其对安全的影响既有有利的一面，又有不利的一面。如果一个人所在的班组大部分能自觉遵守操作规程，无"三违"现象，那么这个人也会自觉地遵守操作规程，一般也不会出现"三违"现象；反之，若大部分人只凭经验盲目蛮干，"三违"不断，则这个人也会跟随大家一起盲目蛮干。从众心理对年轻人尤为明显。在安全管理上利用这种心理的正面作用是很有必要的。

（3）捷径反应。在日常生活中，人总喜欢走捷径，如直接伸手取物；靠扶手一侧上楼；穿越空地走斜线等。在实际工作中，省略正常的操作顺序亦是捷径反应心理造成的。

（4）躲避行为。当灾难发生时，人们为了谋求自身安全，争先恐后地逃离现场，只有少数具有良好品质或训练有素的人能镇定自若，果断迅速地辨明情况，正确地做出判断，并立即付诸于行动，采取必要的措施。

日本国铁劳动科学研究所曾做实验表明[23]：当受到前方飞来物打击时，约80%的人会发生躲避行动，且无论危险物从哪个方向飞来，均显示向左躲避的倾向。当上面有危险物落下时，只有17%的人离开危险物的落下地点，向后方及旁边躲开。由此可见，躲避来自上方的危险物比来自前方的行动概率小得多。因此，在作业场地必须戴安全帽是最低限度的安全措施。若发现落下危险物，应瞬即行动，即使只偏离落下物半步也可；其次，尽量缩小身体与危险物接触的表面积，将身体蜷曲。在有条件的矿井，除必要的安全措施外，平时应进行严格地避免危险能力训练，使作业者均有足够的心理准备。

2.5　人的个性心理特征分析

所谓个性心理特征就是人在性格、气质和能力等心理方面经常的、稳定的特征总和。人的个性心理特征与事故的发生与否有密切的关系，不良的个性心理特征经常是酿成事故的直接原因。

2.5.1　性格

性格是指人在生活过程中所形成的对现实的稳定的态度以及与之相适应的习惯化了的行为方式。性格是个性心理最重要的组成部分，具有核心意义，它是将一个人与其他人区分开来的最明显、最突出、最主要的标志和特征。每个人都有这样或那样的一些性格特征，有些是积极的，如认真负责、勤劳、勇敢等，有些是消极的，如吊儿郎当、懒惰、胆怯等。

人的性格虽然受到遗传的影响，但主要是后天和社会实践中通过与环境的交互作用形成的。因此，性格是可以改变的。不断地对工人进行安全思想教育，经过生产和社会实践的锻炼，就能使他们摒弃各种与安全生产不相适应的性格特征，逐渐形成对工作认真负责和重视安全的性格特征。

性格是十分复杂的心理构成物，它包含许许多多的性格特征。这些特征相互联系、相互制约，在不同的人身上具有不同的结构，各自形成一个独特的性格系统。

（1）性格的态度特征。人对现实的态度体系是构成一个人的性格的重要部分，所以，现实的态度的性格特征是性格的核心部分；

（2）性格的意志特征。主要是指人对自己行为的调节方式或水平方面的性格特征；

（3）性格的情绪特征。是指人的情绪活动的强度、稳定性、持久性和主导心境4个方面；

（4）性格的理智特征。是指人在感知、记忆、想象、思维等认识过程方面的个别差异，所以又称为性格的认识特征。

性格的类型是指在一类人身上共有的性格特征的独特结合。由于性格本身的复杂性，至今尚无一个公认的分类方法。常见的分类有以下几种：

（1）机能类型说。按理智、意志和情绪三者哪一个在性格结构中占优势来确定性格类型，分为理智型（用理智衡量一切和支配一切）、意志型（行动目标明确，积极主动）和情绪型（情绪体验深刻，举止受情绪左右）。

（2）向性说。按人倾向于内部世界还是外部世界，分为内倾型和外倾型。内倾型人注意和兴趣集中于内部世界，富于想象、沉静、少言寡语、不善交际；外倾型人注意和兴趣倾向于外部世界，开朗、活泼、善于交际、心直口快，但大多数人属于中间型。

（3）独立－顺从型说。按照人独立的程度分成顺从型和独立型。顺从型人独立性差，易受暗示，往往屈服于权势，按照别人的意见办事，紧急情况下表现为惊慌失措；独立型人能善于独立发现和解决问题，有主见、不易受暗示，在紧急情况下不慌张，能独立发挥自己的力量，喜欢把自己的意志强加于人。

了解人的性格类型，在安排工作时，应尽可能考虑作业人员的性格特征，做到知人善任，人尽其才。

2.5.2　气质

气质即本性，又称脾气，它是指人的心理活动的动力特征。这种动力特征主要表现在人的情绪、行动发生的速度、强度和稳定性等方面。气质与心理活动的动机、目的和内容无关，只是使整个心理活动涂上了个人独特的色彩。它是高级神经活动类型在人的心理活动和行为中的表现，是个性心理特征的基础，是人生来就有的，在后天环境教育下也会有所改变，但气质的改变很缓慢，而且很困难。

传统的方法将人的气质类型分为胆汁质、多血质、黏液质和抑郁质四种类型[9]。然而，实际上绝大多数人都是各种气质的某些特征的结合，属于混合型。巴甫洛夫根据对人和动物的研究，认为气质是高级神经活动类型特点在人和动物行为中的表现，提出4种基本的高级神经活动类型：兴奋型、活泼型、安静型和弱型。

任何一种气质类型都有积极和消极的方面，本身并无好坏之分，都可能成为有成就的人，也可能一事无成。所以，一个人没有必要改变自己的气质类型，但要注意克服个人气质类型的消极因素，才能使自己有所成就。

2.5.3　能力

能力是直接影响活动效率，使活动顺利完成的心理特征的综合，通常指完成某种活动的本领。能力这种个性心理特征是和活动密切联系的，是完成活动任务的心理可能性或必要条件。在实践活动中，影响活动效率的最重要因素是能力。

知识、技能和能力三者是有联系又有区别的心理条件。知识是人类社会历史经验的总结与概括；技能是以知识为基础，通过练习而形成的能顺利完成某种任务的动作活动方式；能力是在掌握知识、技能的过程中形成和发展起来的，而一定的能力又是进一步掌握知识和技能的必要条件。

能力的形成需要一定的条件。遗传素质是能力形成的自然物质基础和前提条件，没有一定的遗传素质是无从发展一定的能力的，如：天生的耳聋就无从发展音乐能力。但素质本身不是能力，它只是提供形成能力的可能性，把这种可能性变为现实，完全取决于后天的条件。教育对能力的形成起主导作用，同时，人的能力形成和发展离不开社会实践活动。实践活动是能力发展的基本途径。随着社会生产力的发展、科学技术的进步和社会活动领域的扩大，人也不断地形成和发展了多种多样的能力，活动越多样，能力越在多方面得到发展。

参 考 文 献

[1] [日] 浅居喜代治. 现代人机工程学概论 [M]. 北京：北京科学技术出版社，1992.

[2] 景国勋，杨玉中. 煤矿安全系统工程 [M]. 徐州：中国矿业大学出版社，2009.4.

[3] 景国勋，杨玉中，张明安. 煤矿安全管理 [M]. 徐州：中国矿业大学出版社，2007.11.

[4] 杜栋. 管理控制论 [M]. 徐州：中国矿业大学出版社，2000.12.

[5] 陈毅然. 人机工程学 [M]. 北京：航空工业出版社，1990.

[6] M Vince. The intermittency of Control Movements and the Psychological Refractory Period [J]. Brit. J. Psychol. 1948, 38: 121~138.

[7] 洪国珍，等. 安全心理学 [M]. 北京：中国铁道出版社，1995.

[8] 徐向东，等. 人的行为与系统安全. 人－机－环境系统工程研究进展（第一卷）[M]. 北京：北京科学技术出版社，1993.

[9] 侯贤文. 煤矿安全心理学 [M]. 北京：中国工人出版社，1991.

3 综采面作业人员的人为失误
及其可靠性分析

随着科学技术的进步，机械设备的可靠性得到了大幅度提高，工作环境得到了较大的改善，人的可靠性在人－机－环境系统中的影响越来越大。事故致因理论说明，造成事故的直接原因是人的不安全行为和物的不安全状态两种因素。在现代社会生产生活中，物的不安全因素具有一定的稳定性，而人则由于其自身及社会的影响，具有相当大的随意性和偶然性，是激发事故的主要因素。如何控制人为失误已成为世界性难题。据有关资料报道：美、日等国的伤亡事故中，属于人的能力范围内可以预防的分别达到98%和96%。英国的健康与安全执行局（Health and Safety Executive，HSE）的统计显示：在工作中90%的事故在某种程度上是人为失误引起的。我国煤炭系统历年发生的死亡事故中90%以上起因于"三违"。我们在对新庄矿建矿以来的事故资料统计分析中发现，在事故主要原因中，直接由人的不安全行为引起的约占85%以上。可见，人为失误是事故发生的首要原因，研究人为失误的原因及其控制对策，对控制事故发生具有重要意义。

3.1 人为失误的概念

什么是人为失误？文献［1］认为：人为失误系指人为地使系统产生故障或发生机能不良的事件，是一种违背设计或作业规程的错误行为。文献［2］认为：人为差错（即人为失误）就是要求操作者所应完成的机能和实际完成的机能之间的偏差。文献［3］认为：人为失误是在规定的精确性、指令序列或时间内执行一项规定行为中人产生的错误，这种错误能够导致设备和财务的损失或者破坏既定的操作程序。文献［4］认为：人为失误是指虽然人们进行了一系列的心理操作或身体活动，但没有达到预期结果的一种现象，并且这种失败结果不能归结为外界因素的介入，即是由人本身造成的。文献［5］认为：人为失误是指在没有超越人－机系统设计功能的条件下，人为了完成任务而进行的有计划行动的失败。文献［6］认为：人为失误是人未发挥自己本身所具备的功能而产生的失误，它有可能降低人机系统的功能。

综上所述，人为失误是指在规定的条件下，操作者未能完成或未能及时完成规定的功能，从而使系统中的人、机或环境受到一定程度的损害。

虽然人们对人为失误的表述各异，但其实质内容均包含了[7,8]：

（1）未发挥所具备的功能；

（2）错误地发挥了所具备的功能；

（3）按错误的顺序或错误的时机发挥了所具备的功能；

（4）发挥了不曾具备的功能。

3.2   人为失误的分类

人为失误的分类方法很多，从不同的角度出发，可以形成不同的分类方法。以下是几种常见的分类方法。

（1）Meister 分类法。Meister 分类法是从工程的观点进行的分类，共分为六类：1）设计失误；2）安装失误；3）装配失误；4）操作失误；5）维修失误；6）检查失误。

（2）Rasmussen 分类法。Rasmussen 从人的行为特点进行人为失误分类，共分为三类：

1）技能型的行为差错。这种行为是指在信息输入与人的响应之间存在非常密切的耦合关系的行为，它不完全依赖于给定任务的复杂性，而只依赖于人员的培训水平和完成该任务的经验。这种行为的重要特点是它不需要人对显示情况进行解释。

2）规则型的行为差错。规则型的行为是由一组规则或协议所控制的、所支配的，如果规则没有很好地经过实践检验，那么人们就不得不对每项规则进行重复和校对。在这种情况下，人的响应就有可能由于时间短、认识过程差或对规则理解不够而产生失误。

3）知识型的行为差错。当症状不清楚、含糊或比较复杂的情况下，仪表显示为一种间接的反应，操作人员必须依靠自己的知识经验，进行认识并确定情况的一种行为。

（3）行为标定分类法。将人的行为独立于任务或系统之外，人的行为失误包括：

1）输入失误，即感知过程中的失误；

2）调解失误，即调解或信息处理中的失误；

3）输出失误，即身体反应中产生的失误。

3.3 综采工作面作业人员人为失误的原因分析

在人－机－环境系统中，人起主导作用。减少人为失误，就可以有效地减少事故的发生。由于煤矿井下环境条件恶劣多变、职工素质低、自动化程度低等，人为失误率很高，导致事故发生频繁。要控制事故的发生，必须控制人为失误，而分析人为失误产生的原因是控制人为失误的基础。归纳起来，产生人为失误的原因主要有以下八种[8,9]：

（1）安全观念差，不按"章"办事。领导干部尤其是基层干部和工人，对安全工作重要性认识不足，对安全工作持"讲起来重要、干起来次要、忙起来不要"的态度。由于思想认识差，行动上就会违反客观规律，出现人为失误，导致事故的发生。

（2）个性差异。在实际工作中，性格活泼、冷静的人很少出现人为失误，而性格轻浮、急躁、迟钝的人出现人为失误很多，经常发生事故。尤其性格轻浮的人，做事马虎，不求甚解，心猿意马，因而失误率很高。

（3）生理因素。人的生理上的某些"弱点"是人为失误的根源之一。人的生理"弱点"主要体现在：

1）人具备一定的感觉阈限，不能感受外界一切信息，甚至不能感知生产过程和生产环境中的一些事故征兆；

2）人的记忆能力具有局限性；人不能记住所有应记住的事情；

3）人的注意力具有局限性，即使努力集中注意力，也不可避免出现瞬时溜神，注意力仍达不到百分之百；

4）人的反应能力具有局限性，不能分析判断所感受的一切信息，对部分信息的反应靠自律系统完成，其失误率较高；

5）人抵抗不安全情绪和不安全条件的能力较差。

如果井下工人有生理缺陷，其智力低下，不能正确认识和适应环境，不能及时发现"机"或环境中的危险因素和事故的各种预兆，那么这种人的失误率更高，更容易发生事故。

（4）心理障碍。人的心理上的某些"弱点"是人为失误的根源之一。人的心理"弱"点主要体现在：

1）人具有捷径反应的特性，容易省略动作，愿意找捷径，总是企图以最小的能量取得最大的效益，因此，在工作中常有人漏掉正常工序，出现人为失误；

2）人往往按自己的意愿判断事物，常因侥幸、自信、麻痹等心理导致失误；

3）人不容易发现自身缺点，有时即使察觉到了，也往往找借口原谅自己；

4）人愿意表现自己，工作中常有人因冒险逞能，发生伤亡事故。

上述"弱点"人皆有之，均可导致失误。无心理障碍（心理障碍指作业人员由于种种原因引起情绪的急躁、烦躁或过度紧张、过度兴奋）的人，对客观事物反应迅速而准确，一般不会发生各类失误；有心理障碍的人就变得急躁、烦躁或过度紧张，对客观事物不能正确认识，容易造成人为失误。对安全生产影响最大的心理障碍主要有：

1）烦躁。当一个人烦躁时，往往表现沉闷、不愉快、精神不集中、心猿意马、白日做梦，严重的往往连自身器官都不能很好协调，更谈不上适应外界环境。因此，很难发现事故的预兆，很容易发生事故。

2）急躁。情绪急躁，不仅会压抑创造性思维，而且会影响正常的判断，造成工作失误。当一个人情绪急躁时，干活快，但很粗糙，极易出现人为失误。

3）过度紧张或兴奋。由于各种原因造成的过度紧张或兴奋会影响对危险因素的分析和预见，精神不能集中在工作之中，容易发生人为失误，如新工人下井时的紧张心理、急于完成任务后去干私活、中年得子的过度兴奋等都易诱发人为失误。

（5）经验和技能不足。很多企业（煤矿）追求短期效应，对岗前培训和上岗后的"传、帮、带"工作抓得不紧，要求不严，重视不够。再加上煤矿工人素质低，以致在上岗后缺乏应知应会的基本常识，有的甚至在工作多年后还不了解安全生产操作规程，常常由于判断失误，处置不当等原因而发生事故。

（6）疲劳、异常状态及其他特殊条件造成人为失误。人体疲劳时，机能下降，行为可靠性一般在0.9以下。由于采面工人的体能负荷比较大[10]，劳动强度大，工作环境恶劣，工作时间长，容易疲劳，出现人为失误，导致事故的发生。

人在异常状态时，特别是当发生意外事件、生命攸关之际，接受信息的瞬间十分紧张，接受信息的方向性不能选择和过滤，只能将注意力集中于眼前的事物之一，而无暇旁顾。此时，失误率较高，容易发生事故。

在其他特殊条件下，也可能出现人为失误，如酗酒导致自我控制力降低，研究表明，酗酒者事故率比一般人高出3倍；人睡眠初醒时，可靠性一般在0.9以下；单调作业缺乏刺激，作业环境中的某些因素似乎具有催眠作用，使工作兴趣逐渐减退，处于朦胧状态，稍有意外情况出现，极易失误。

（7）设备缺陷。由于设备缺陷尤其是人机界面缺陷造成的人为失误比较常见，主要有：信号显示不够完善或噪声太大，使人看错听错信号，致使输入的信号紊乱而失误；设备或工具的设计不尽合理，在操作上采用了与人的习惯相反的方法而使操作者出现失误。

（8）环境因素。人在一定的环境中生活和工作，人的行为和思想必然受到环境因素的影响。对人为失误有直接影响的有：

1）社会环境的影响。由于社会环境影响人的素质、道德观念、思想和精神状况，而这些又影响人为失误，所以社会环境与煤矿生产安全密切相关。虽然就某一特定事故，往往不易找出社会环境与事故发生的直接关系，但统计分析大量事故，可以发现社会环境是造成管理缺陷、人的不安全行为和物的不安全状态的重要原因。

2）家庭环境的影响。家庭环境不仅影响人的思想道德观念、心理和行为，更主要的是家庭是调节情绪和消除疲劳的场所。如果家庭不和睦，不悦事件繁多，容易造成矿工意志消沉，情绪低落，人为失误增多。

3）工作环境的影响。工作环境对人的工作态度、生产效率和行为产生不同程度的干扰和影响。良好的工作环境会使人产生心理安全感，反之，容易引起人体疲劳，注意力不集中，妨碍信息的获取与传输，易出现人为失误。采煤工作面昏暗狭窄、条件恶劣的工作环境是事故频发的一个重要因素。

4）行为环境的影响。生产过程中与个人有直接联系和接触他人行为造成的刺激环境称为行为环境，主要指劳动群体中人与人之间行为的相互影响。行为环境对人的生理和心理的刺激影响力比工作环境要大，造成的心理作用更大。如果一个人处于不良的行为环境中，社会人际关系紧张，容易产生心理紧张和不安全感，失误率就高。劳动群体心理与行为符合安全生产要求时，个体违章极少见。

3.4 人为失误的控制

人为失误是引发事故的主要因素，是制约煤矿安全生产的一大隐患。由于任何人都会出现失误，所以，在掌握人为失误原因的基础上，就可以采取一定的措施来减少人为失误，控制人为失误发展成事故。

3.4.1 建立以人为中心的安全管理体制

在人－机－环境系统中，人是主体，是决定因素。因此，在各种管理活动中，应坚持人本原则，以人为中心，以人为根本，以调动人的主观能动性和创造性为前提，把人的因素放在第一位，实现从重点管物向重点管人转变。应尊重人，关心人，信任人，合理使用人，合理考核人，组织矿工参加各种安全管理活动，鼓励矿工提出安全建议，尽量满足矿工的各种安全需要[11]。

3.4.2 人的安全化

人的安全化工作是煤矿企业生产中党、政、工、青、妇领导的共同责任，需要社会、家庭、单位多方面的努力，通过政治思想工作和教育训练实现。

（1）安全法制教育。国家为了保障矿工的安全健康而制定的一系列法令、标准和法规都是贯彻"安全第一，预防为主，综合治理"的法令性文件，是针对过去发生的事故，作为强制性措施提出，应该共同遵守的标准。因此，必须教育井下作业人员自觉遵守。

法规一般只是从正面规定了哪些可以做，哪些不可以做，是带有强制性的规定。为了使矿工真正理解为什么不允许做，做了以后有什么后果，如何避免不安全行为，还需借助于安全知识教育和安全技能教育。

（2）安全知识教育和训练。为了使矿工适应煤矿井下的特殊作业环境，特别是新入矿的工人，首先对他们要进行安全知识教育。安全知识教育是将安全理论知识传授给矿工，解决"应知"问题。这是一种安全知识普及教育，把教材的内容逐步储存在人的记忆之中，成为井下作业人员知道或了解的东西。

（3）安全技能教育和训练。懂得了安全知识，还必须通过安全技能教育和训练，使矿工达到"应会"的目的。安全技能教育需要反复多次地进行实际操作演练，直至生理上形成条件反射，按程序和要求完成规定的操作。使矿工不仅知道，而且在作业过程中"会干"，干得好，又不发生危险。通过安全技能教育和训练，使每个矿工都应具有作业纠错能力、辨识危险的能力、排除事故（故障）的能力、事故应急和处置操作的能力。

（4）安全态度教育。通过听讲、理解、示范、评论和奖惩环节，针对作业人员的不同性格特点，采取相应对策，使他们牢固树立"安全第一"的思想。

（5）典型事故案例教育。以血的事实鲜明、生动地进行教育，尤其是受害者亲自讲，能够触及人的灵魂，使人印象深刻、牢记不忘。选择案例应注意其代表性，并有针对性地提出预防措施，使矿工感到照着措施做，就能够防止事故，保证安全。

3.4.3 生物节律与人为失误

生物节律是一种自然现象。人体生物节律理论是 1960 年冷泉港国际生物节律座谈会以后建立起来的一门新兴学科。生物节律理论认为，在人的近百种节律中，最重要的节律有三种，即体力节律、情绪节律和智力节律（妇女多一种月经周期）。人的一生都受这三种节律的影响。人在生物节律的不同时期，其行为可靠性有很大差别。因此，研究人体生物节律理论对减少人为失误具有重要的意义[12]。

3.4.3.1　人体生物节律理论概述

人体生物节律理论是关于生命活动周期与人的体力、情绪、智力状态的关系的理论。体力、情绪、智力这三种节律都存在着明显的周期性变化，每个周期分别为 23 天、28 天、33 天。各周期变化相当于正弦曲线变化，各自的周期节律都存在着高潮期、临界期和低潮期。

在人的三种节律周期中，体力节律主要反映人的体力状况、抗病能力、身体各部分的协调能力以及动作速度和生理上的变化。高潮期时体力充沛，浑身有劲，反应敏捷；在低潮期时，四肢无力，容易疲劳，做事拖拉；临界期时抵抗能力下降，容易生病，劳动能力下降。情绪节律主要反映人的合作性、创造性、对事物的敏感性、情感、精神状态和心理方面的一些机能变化规律。高潮期时心情舒畅、精神愉快、情绪乐观；低潮期时喜怒无常、情绪低落、烦躁沮丧；临界期时情绪不稳定，易出差错，发生事故。智力节律主要反映人的记忆力、敏感性、对事物的接受能力、思维的逻辑性和分析能力。高潮期时头脑灵敏、思维敏捷、记忆力强、有旺盛的创造力和解决复杂问题的能力；低潮期时注意力不易集中，思维迟钝、健忘，判断力降低；临界期时判断能力差，干事粗枝大叶，易出差错和事故。这些不同的节律状态，对人的行为和心理状态有着完全不同的影响。它揭示了人们的体力、情绪、智力发生周期性波动的原因。

人体生物节律理论能及时地、清楚地揭示人们所处的节律状态，从而可以利用它来有效地指导我们的工作、生活和学习。

3.4.3.2　人体生物节律状态的测算

根据生物节律理论，可测算每个人的任何一天的节律状态。其计算步骤为：

（1）求出某人从出生日（公历）到测算日的总天数 N：

$$N = 365A \pm B + C \qquad (3-1)$$

式中　A——测算年份与出生年份之差，即周岁数；

　　　B——本年生日到测算日的天数，测算日若未到生日为"$-$"号，反之，为"$+$"号；

　　　C——经过的闰年数。

（2）总天数 N 分别被23、28、33除，得出三个正整数 D、E、F 及三个正整余数 a，b，c。

体力节律状态：$N/23 = D \cdots a$

情绪节律状态：$N/28 = E \cdots b$

智力节律状态：$N/33 = F \cdots c$

（3）根据三个余数 a，b，c 查生物节律状态表3－1，就可得出某日的生物节律状态。

表3－1　生物节律状态表

生物节律	高潮期	临界期	低潮期
体力节律	2~10	0, 1, 11, 12, 22, 23	13~21
情绪节律	2~12	0, 1, 13, 14, 15, 27, 28	16~26
智力节律	2~15	0, 1, 16, 17, 32, 33	18~31

3.4.3.3　生物节律与事故的关系

现在世界各国都在迅速开展生物节律理论的研究和应用工作，我国近几年来有些行业已开始应用生物节律理论来进行安全管理工作，进行伤亡事故预防，降低事故发生率。

国内外大量研究资料表明，处于临界期的人容易发生事故，有的甚至高达90%以上。这说明了人体生物节律与发生事故之间存在着密切的关系，而且生物节律对不同行业、不同事故的影响具有同一的规律。在临界期和低潮期，尤其是临界期，是发生事故的危险时期。

3.4.3.4　运用生物节律理论指导安全生产

事故的发生，绝大多数与人的因素有关。人可以出现不安全行为，可以使物处于不安全状态，使安全管理出现缺陷以及其他事故隐患。实践证明，煤矿事故不是不可避免的。运用生物节律理论，可以增强工人的自觉性和积极性，从而可以减少事故的发生，提高系统的安全。

在运用生物节律理论指导煤矿安全生产时，可以采用以下几种具体的做法：

（1）及时公布生物节律图表。贴在墙上：每月末在班前会议室张贴全队矿工下月的生物节律图表；拿在手上：印发矿工全年的生物节律手册，人手一册，供随时查看；记在心上：在班前会上，对处于低潮期和临界期的矿工点名提醒其注意安全，并提醒班组其他同志对此人加强监督和互保。

（2）挂警钟牌。除了在墙上张贴生物节律图表外，还可以增设警钟牌。在班前会议室挂一块写着当天生物节律处于低潮期或临界期的矿工名字的警钟牌，以引起大家注意，促使人们自觉地控制不安全行为。

（3）坚持互保制。对当天处于低潮期或临界期的矿工，班组实行互保制，加强联系，发现问题，及时解决。

（4）合理安排工作。对处于临界期，尤其是双临界期或三临界期的矿工，尽可能安排其休假或从事地面工作。

运用生物节律理论指导安全生产，有利于安全管理工作。虽然生物节律有规律地支配着每一个人，但不能应用生物节律进行事故预测。生物节律虽然与安全生产密切相关，但并不是说，处于低潮期或临界期就一定会发生事故，高潮期就万无一失。因为是否发生事故与人的心理状态是密切相关的。即使在高潮期，如果盲目乐观，忘乎所以，违章蛮干，麻痹大意，也会发生事故。相反，处于低潮期或临界期，如有人提醒关照，自己加倍小心，有意识地控制情绪，也完全能够避免事故，做到安全生产。因此，在安全管理工作中，生物节律必须与其他预防和控制措施联合使用，才能有效地降低事故发生率。

3.4.4 作业标准化

把管理、技术和作业有机地融为一体，使管理有章可循，作业有程序，动作有标准。

制定安全工作标准程序和作业方法时，唯一的依据是生产的客观规律。制定规程时，必须处理好安全与生产的关系，确定作业方法应减轻作业人员的疲劳程度，规章制度应符合生产客观规律而又切实可行。

作业标准化的功能，是对从事生产活动的人以及与人有关的物、环境、方法、程序等生产要素，经过简化、优化，统一规定到作业标准中去，成为工人工作（操作）的准则。煤矿企业执行作业标准化，是加强三基（基层、基础、基本功）的重要手段，是落实安全生产责任制、岗位责任制、经济责任制及各项规章制度的归宿，是"三大规程"和质量标准化的保证。

（1）依据作业内容，全面系统地考虑技术、设备、作业环境等条件，合理地编制作业程序，准确规定操作顺序及其应达到的标准。

（2）作业人员素质是保证安全生产的首要条件，没有自我保护能力的操作者是不可能保证安全完成生产任务的。

（3）作业动作标准是保证安全生产的基本功，每个动作都达到安全生产的最佳动作，不仅会使作业轻松，同时还会加快作业速度，提高效率。做到指挥标准化：任务具体、语言简练、易懂易记、表达准确、注重时间概念；操作姿势标准化：站、坐、蹲、卧姿势标准，目视作业对象，动作标准。

作业标准化程序的编制流程如图3-1所示。

3.4.5 改善环境

人生存和工作的环境包括社会环境、家庭环境、工作环境和行为环境。社会环境的改善需要全社会的共同努力，这是一项长期的任务；家庭环境的改善既需要矿领导的关心，又需要家人的积极配合，只有这样，才能形成和睦的家庭关系，给矿工一个温暖的家；工作环境，尤其是煤矿井下这种特殊的工作环境，对人为失误的影响很大，所以应大力改善井下环境，尽可能为矿工创造一个安全、舒适的工作环境，以减少人为失误；行为环境对人的影响也很重要，倡导员工的爱岗敬业精神，提高员工对企业的责任感和使命感，创造一个轻松愉快的良好的行为环境，可以大大减少人为失误。总之，无论哪一种环境有缺陷，都将对人的身心产生不良的影响，增加人为失误。因此，要减少人为失误，在安全管理工作中，必须注意改善矿工所处的环境

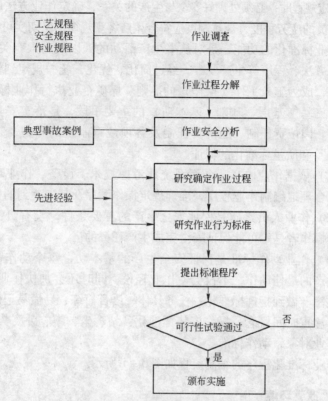

图 3 - 1 标准化程序编制流程图

条件，积极为矿工营造一个良好的社会环境，和睦的家庭环境，舒适的工作环境，和谐的行为环境。

3.4.6 设计良好的人机界面

在人机界面设计时，应充分考虑人的因素，如力量、身高、动作幅度、反应速度、视觉、听觉等能力，力求人机界面简洁色彩化、设备或仪表排列布局合理化、操作方向一致化等，实现人机匹配的最佳化，以降低人为失误的概率。

3.4.7 倡导企业安全文化

企业安全文化是企业文化的重要组成部分，它强调人的价值与生产价值的统一，安全价值与经济效益、社会效益的一致性。虽然这几年企业安全文化建设取得了一定进展，但仍然任重而道远[13]。对煤矿而言，企业安全文化建设就是要在煤矿企业的一切方面、一切活动、一切时空、一切生产经营活动的过程中，形成一个强大的安全文化氛围。每一个矿工在这种氛围之中，其一切行为将自然地规范在这种安全价值取向和安全行为准则之中，别无选择。建设企业安全文化，就是用安全文化造就具有完善的心理素质、科学的思维方式、高尚的行为取向和文明生产生活秩序的现代矿工。从而可以有效地减少人为失误，控制事故的发生。

企业安全文化把实现生产的价值和实现人的价值统一起来，以实现人的生命价值为制约机制；以实现生产的社会价值及经济效益为动力机制；建立起完善的企业安全生产的经营机制和管理机制；保护广大员工的身心安全与健康，珍惜、爱护和尊重员工的生命，实现每个人的人生价值和奋斗目标。从安全的意识、思维、观点、态度、行为、方法形成深层次的安全文化素质，付诸于创造企业精神，表现于维护和完善企业安全文明生产的社会形象；同时也使企业文化得到丰富和发展[14]。

3.4.7.1 企业安全文化概述

企业安全文化是企业（行业）在长期安全生产经营活动中形成的，或有意识塑造的又为全体职工接受、遵循的，具有企业特色的安全思想和意识、安全作风和态度、安全的规章制度与安全管理机制及行为规范；企业安全生产的奋斗目标和企业安全进取精神；保护职工身心安全与健康而创造的安全而舒适的生产和生活环境和条件；防灾避难应急的安全设备和措施以及企业安全生产的形象，安全的价值观、安全的审美观、安全的心理素质、企业的安全风貌、习俗等种种企业安全物质财富和安全精神财富之总和。

企业安全文化包括保护职工在从事生产经营活动中的身心安全与健康，既包括无损、无害、不伤、不亡的物质条件和作业环境，也包括员工对安全的意识、信念、价值观、经营思想、道德规范、企业安全激励进取精神等安全的精神因素。

企业安全文化是多层次的复合体，由安全物质文化、安全行为文化、安全制度文化、安全精神文化组成。

企业安全文化是以人为本，提倡对人的"爱"与"护"，以"灵性管理"为中心，以员工安全文化素质为基础所形成的，群体和企业的安全价值观（即生产与人的价值在安全取向上的统一）和安全行为规范，表现于员工在受到激励后的安全生产的态度和敬业精神。

建立起"安全第一，预防为主，综合治理"、"尊重人、关心人、爱护人"、"珍惜生命、文明生产"、"保护劳动者在生产经营活动中的身心安全与健康"的安全文化氛围，不断完善"以人为本"的安全文明生产经营机制，结合企业生产经营活动的实际，在安全文化的各个层面上制定出不同的追求目标，通过宣传、教育，在生产实践中不断完善、提炼，达到预期安全目标。企业安全文化也是广施仁爱、积德行善、尊重人权、保护人权高雅文化，是与当今社会保护生产发展生产力相适应的文化。也是人类生存、繁衍和发展的大众安全文化。要使企业职工建立起自护、互爱、互救，心和人安，以企业为家，以企业安全为荣的企业形象和风貌，要在职工的心灵深处树立起安全、健康、高效的个人和群体的共同奋斗意识。当今倡导和弘扬企业安全文化，提高企业员工安全文化素质的最根本的方法和途径就是通过对员工长期不懈的安全知识和技能教育、安全文化教育，从法制、制度上保障员工受教育的权利，国家及生产经营单位有义务为从业人员提供学习条件，不断创造和保证提高员工安全技能和安全文化素质的机会。

根据企业的特点、安全管理的经验，以创造和建立保护职工身心健康的安全文化氛围为首要条件，依靠先进的安全科技和现代安全防灾的风险控制方法，建立全新的安全生产营运机制，发展生产效益，实现共同的安全价值观，形成具有时代特色的企业安全文化。

3.4.7.2　安全文化发展的背景及目的

对于现代的安全系统工程，企业的事故预防不仅充分依靠安全技术、安全工程设施等安全的硬手段，更需要安全管理、安全法制、安全教育等安全科学的软技术。尽管过去做了很多工作，采取了很多措施，工业社会还是经历着各种各样的事故痛苦，特别是像核工业这样的高技术。在经过深刻的反省和系统科学的分析后，人们发现，在安全文化提出之前，我们在事故致因的认识中，对于"人因"的认识还存在着深层次上的欠缺，这就是：在常规认识到的人的安全知识、安全技能、安全意识以外，还应正视观念、态度、品行、道德、伦理、修养等更为基本和深层的人文因素和人文背景。这些因素的全面归纳，就是人的文化，人类的安全文化，它全面、深刻地影响着人的观念、思维和行为，从而形成客观的物态和环境的安全质量。由此，要保证人的行为、设施和设计等物态和生产环境的安全性，需要从人的基本素质出发，即建立安全文化建设的思路、策略，进行系统的安全文化建设。

安全文化的起源与发展概括为：

（1）17世纪前：远古的安全文化：宿命论与被动型；

（2）工业革命至20世纪80年代：近代的安全文化：系统论与经验型；

（3）20世纪80年代：现代的安全文化：本质论与预防型。

从安全生产各要素出发，进行全方位、立体式的有效协调、管理和建设，是安全文化建设的目标，是企业安全生产的立命之基本。建设良好的安全文化氛围，保障企业安全生产，是安全文化建设的基本目的。

3.4.7.3　企业安全文化的特点

企业安全文化是安全文化在生产经营活动领域的特殊表现形式，是为保护企业员工在生产经营活动中，生命安全与身体健康的安全文化实践活动而创造的安全的物质和精神的财富。它继承了前人的安全文化，它是企业文化范畴的安全文化先进成分，同时融合了企业文化的内容，它明显具有以下三个特点：

（1）企业安全文化是指企业在生产经营过程中，为保障企业安全生产，保护员工身心安全与健康所涉及的种种文化实践及活动。

（2）企业安全文化与企业文化目标是基本一致的，都着重于培养人的科学精神，突出人的先进思想和意识，发挥人的积极因素和主人翁责任感，即以人为本，以人的"灵性"管理为基础。

（3）企业安全文化更强调企业的安全形象、安全奋斗目标、安全激励精神、安全价值观和安全生产及产品安全质量、企业安全风貌及商誉效应等，是企业凝聚力的体现，对员工有很强的吸引力，对员工有一种无形的约束作用，能激发员工产生强烈的责任感。

3.4.7.4　企业安全文化的作用

通过充分发挥企业安全文化机制的作用，创造企业安全文化形象和宜人的安全文化氛围，企业员工建立正确的安全价值观念和思维方法，树立科学的安全意识和态度，遵章守纪的安全行为准则，正确地规范安全生产经营活动和安全生活方式，使企业安全文化向更高的层次发展，安全文化对企业、社会和员工及其家庭，甚至全民会产生深刻的影响，发挥其十分重要的作用。

（1）安全认识的导向作用。通过企业安全文化的建设，逐渐明白了为当代科学而进步的安全的意识、态度、信念、道德、伦理、目标、行为准则等，在安全生产、生活、生存活动中的重要作用，从而给企业员工在生产经营和日常生活活动中提供科学的指导思想和精神力量，使企业员工都能成为生产和生活安全的创造者和保障人。正确的认识是正确行动的基础。存在决定认识，认识与理念来源于文化和实践，安全文化的导向作用是安全行为的重要动力。

没有正确的理念，就会迷失方向，没有革命的理论，也就没有革命的运动，安全文化理念对企业安全生产活动有重要的引导和导向作用。

（2）安全思维的启迪和开发作用。企业安全文化建设，实际上是不断地教育、培养、启迪、开发员工的唯物、科学的思维方法。正确掌握人思维的机理及规律性，不断启迪和开发员工对安全（或不安全）认知和判断力。最后，产生相应的安全反响或行动。没有正确的思维方法，其意识和行为就是不完美的，甚至是错误的。安全的思维方法决定了人的安全意识及安全行为，正确认识和科学处理安全生产或安全活动，离不开科学的思维方法。

（3）安全意识的更新作用。企业安全文化建设不断给员工提供适应深化改革，发展市场经济，推动企业安全生产的新理论、新观点、新思路、新方法，从而提出了企业安全生产经营活动的新举措、新观点、新途径、新手段。这就必然要求员工，从思维方法、安全的意识和观念产生相应的修正或更新，不断完善和提高员工安全意识和自护能力。

安全意识是一种潜在的安全自护器，表现在生产、生活、生存的一切活动中，安全意识已成为安全习俗、安全信仰的基础，是安全行为的第一道防线。安全意识的更新，标志着人们对安全本质及其运动规律的认识深化，自我保护意识的提高或增强。通过安全文化的潜移默化，影响人的安全意识，更新人的安全认识是极为有效的。

社会和企业有了正确的企业安全文化机制逐渐形成了宜人的安全文化氛围，员工的安全意识和安全行为成了企业安全生产经营活动的根本保障。安全是员工最基本需求并受到国家法律保护。人的安全价值和人的权利得到最大限度的尊重和保护。正确的安全理念和安全意识，人的安全行为和活动从被动消极的状态变成一种自觉、积极的行动，通过安全文化的宣传教育、培训手段，转变思维，提高安全意识，不断更新安全意识，从而对人的安全行为起到激励和完善的作用。

（4）安全行为的规范作用。安全文化的宣传和教育，使员工懂得"以人为本"要从我做起，保护自己的安全与健康是公民的权利和义务。因此，使员工加深对安全规章制度的理解和认识自觉性，学习和掌握安全生产技能，从而对员工生产过程的安全操作和生产劳动，以及社会公共交往和行动起到安全规范的作用或对不安全的行为形成了无形的约束力量。

（5）安全生产的动力作用。安全文化建设的目的之一是树立安全文明生产的思想、观念及行为准则，使员工形成强烈的安全使命感和激励推动力量。心理学表明：越能认识行为的意义，行为的社会意义越明显，越能产生行为的推动力。安全文化建设是提高生产力要素中人的安全素质，员工们科学的安全意识和规范的安全行为，自护意识和自律规章表现必然成为安全生产的原动力。

倡导安全文化正是帮助员工认识安全文化活动的意义，宣传"安全第一、预防为主"、"关爱人生、珍惜生命"的理念就是要求员工从"要我安全"转变为"我要安全"，进而发展到"我会安全"的心灵深层次人因工程的开发过程。既能不断提高安全生产水平又能保护员工安全与健康，员工文化素质体现了安全生产的动力作用，同时又推动了文明生产。

（6）安全知识的传播作用。通过安全文化的教育功能，因地制宜，采用各种传统的现代的文化教育方式，对员工进行各种安全科技文化教育，例如：各种安全常识、安全技能、事故案例、安全意识、安全法规等安全知识的教育和科普宣传，从而广泛地宣传和传播安全文化知识和安全科学技术，提高公众安全技术文化意识和保护安全意识。

（7）安全文化的其他功能。当然企业安全文化还有极大凝聚力和向心力的功能；融合功能；示范、信誉、辐射功能等。不断地发挥其导向、激励、规范、约束、凝聚、融合、自控、协调、塑造形象、信誉、辐射等功能，结合实际，有的放矢，就能更好地发挥企业安全文化的重要作用。

企业安全文化建设具有安全生产务实作用和文明生产的战略意义。归根结底，企业安全文化是"以人为本"，是"关爱生命、珍惜生命"，是保护生产力、发展生产力，是尊重人、爱护人，是安康文明生产，是心灵深层次人因工程开发的、与时俱进的先进文化。安全文化建设是保障企业安全生产，保护员工安全与健康，提高大众安全生活质量和水平的根本途径，也是全面建设小康社会，全国人民安全健康奔小康的人文基础和精神动力。

3.4.7.5　企业安全文化的重要性

安全文化应用于工业领域就成了企业安全文化。企业安全文化建设就是要在企业的一切方面、一切活动、一切时空过程之中，形成一个强大的安全文化氛围，一个企业员工在这种氛围之中，其一切行为将自然地规范在这种安全价值取向和安全行为准则之中，别无选择。

安全文化建设是企业文化建设的重要内容。企业在生存和发展过程中，其战略、机制、人员、作风、技能、结构、共同价值观决定了企业管理的系统、综合的全部功能，企业管理的核心在于企业的价值观的实现。企业要实现自己的价值观，重点在于企业文化的开发和提高。企业运营的全过程，又在于生产的安全。要做到安全生产，实现文明生产，其关键在于开发和发展企业安全文化。安全文化是企业管理的灵魂，是企业管理科学的升华。安全文化既是企业文化之本，也是企业文化的归宿。

安全文化提出："安全第一"的工作原则、"安全第一"的行为准则、"安全第一"的企业经营方针，体现出安全已成为人的第一需要，也是人类的最高追求。企业安全文化建设，可激发广大员工在生产活动中的安全思维、安全行为、安全道德规范，最终实现安全价值。

搞好企业安全文化建设，用安全文化造就具有完善的心理程序、高尚的行为取向和文明生产生活秩序的现代人，是企业在生产、经营、发展中的长期一贯的追求。

因此，企业安全文化建设是企业预防事故的基础性工程；企业安全文化建设具有保障人类安全生产和安全生活的战略性意义；企业安全文化建设具有安全手段的系统性，不仅包括安全宣传、文艺、管理、教育、文化、经济等软手段的建设，还包括安全科技、安全工程、安全设备、工具等硬技术的建设，所以具有综合、全面性和可操作性的意义。

3.4.7.6 企业安全文化的范畴

安全文化是一个大的概念，她包含的对象、领域、范围是广泛的。对于企业的安全生产主要关心的是企业安全文化的建设。企业安全文化是安全文化最为重要的组成部分。企业安全文化与社会的公共安全文化既有相互联系，更有相互作用。

（1）企业安全文化的形态体系。

1）安全观念文化：当代我们需要建立预防为主的观念；安全也是生产力的观点；安全第一的观点；安全就是效益的观点；安全性是生活质量的观点；风险最小化的观点；最适安全性的观点；安全超前

的观点；安全管理科学化的观点等。同时需要树立自我保护的意识；保险的意识；防患于未然的意识等。

2）安全行为文化：行为既是时代文化的反映，同时又作用和改变社会的文化。现代工业社会，我们需要发展的安全行为文化是：进行科学的安全思维；强化高质量的安全学习；执行严格的安全规范；进行科学的安全指挥；掌握必需的应急自救技能；进行合理的安全操作等等。

3）安全管理（制度）文化：从建立法制观念、强化法制意识、端正法制态度，到科学地制定法规、标准和规章，严格地执法程序和自觉地执法行为等。同时，管理文化建设还包括行政手段的改善和合理化；经济手段的建立与强化等等。

4）安全物质文化：物质是文化体现，又是文化发展的基础。生产中的安全物质文化体现在：一是人类技术和生活方式与生产工艺的本质安全性；二是生产和生活中所使用的技术和工具等人造物及与自然相适应有关的安全装置、用品等物态本身的可靠性。

（2）企业安全文化的对象体系。

从对象的角度可分为：法人代表的安全文化；企业生产各级领导的安全文化；安全专职人员的安全文化；职工的安全文化；职工家属的安全文化。其中，企业法人的安全文化素质中应该建立的观念文化有：安全第一的哲学观；尊重人的生命与健康的情感观；安全就是效益的经济观；预防为主的科学观。

（3）企业安全文化的领域体系。

企业的安全文化建设，涉及的领域分为：

1）企业外部社会领域的安全文化：如家庭、社区、生活娱乐区等方面的安全文化。

2）企业内部领域的安全文化：厂区、车间、岗位等区域的安全文化。

3.4.7.7 企业安全文化的建设体系

实践表明"企业安全文化"不仅包括企业安全物质文化和企业安全精神文化，还应进一步细化，分为：企业安全的物质文化、企业安全的制度文化、企业安全的观念文化和企业安全的行为文化等四个部分，企业安全文化建设应该从这四个部分入手。

(1) 建设稳定可靠的安全物质文化。

1) 加强"三同时"审查，确保新建、改建、扩建装置安全；

2) 加大投资力度，加快隐患治理，确保现有装置安稳运行；

3) 加紧安全科研，采用新技术、新成果，提高设备安全可靠度；

4) 开展"5S"活动，搞好现场管理，建设一个安全舒适的物质文化环境。

(2) 建设切实可行的安全制度文化。

1) 将国家、省（市）企业现有的安全卫生制度落到实处；

2) 对有关安全制度进一步加以修订、充实和完善；

3) 编写企业安全制度汇编；

4) 制定相应的安全奖罚条例。

(3) 建设形式多样的安全观念文化。

1) 对现有的安全管理经验加以规范整理，发扬光大；

2) 开展安全文学、艺术的创作；

3) 对安全知识和三级安全教育的内容进行更新和整理；

4) 开展安全知识、安全技术的普及工作。

(4) 建设规范有序的安全行为文化。

1) 加强职业安全道德教育，做到"三不伤害"；

2) 坚决反对"习惯性违章"，树立良好的工作习惯；

3) 树立安全先进个人和集体的典型，做到"以点带面"；

4) 加强精神文明建设，制定企业职工的安全行为准则。

随着企业经营机制转换和现代企业制度的逐步实施，企业的安全生产所面临的任务将更加繁重，安全生产的难度也越来越大，"企业安全文化"建设的内容会得到不断充实提高。

安全生产是企业各项工作的基础，是促进企业稳步发展的重要条件，是企业不可动摇的永恒的主题。人是万物之灵，是实现安全生产的关键，对"安稳长满优"生产起着决定性作用。因此，必须通过文化途径，对人施加和强化宣传教育，提高人的安全文化素质，是实现企业安全生产的根本之所在。

总之，通过一系列的控制措施，可以增强矿工在作业过程中的安全意识和安全行为的自觉性，提高其操作的准确可靠性，有效地减少人为失误，实现安全生产。

3.5 人的可靠性分析

3.5.1 概述

人的可靠性有两方面含义，一方面是发挥其期望能力的可能程度，另一方面是坚守岗位、忠于职守的可能程度，它与人的积极性、工作态度以及对工作的满意程度有关。

现代心理学[15]认为，人是社会人，除了物质因素之外，还有社会的和心理的因素影响着人的积极性，家庭和社会生活以及集体中人与人的关系影响人的工作态度。著名的心理学家赫茨伯格的双因素理论指出，引起工作满意的是内在的心理因素，包括成就、责任感和晋升等，这些因素可以满足个人心理成长的需要，起着激励的作用，称为激励因素；引起工作不满意的因素是外在的或物质的因素，如政策管理、工作条件和工资等。这些因素只能防止个人对工作的厌恶，起着"保健"的作用，称为保健因素。

美国心理学家马斯洛（A. H. Maslow）从内在的需要研究行为的驱动力，提出了需要层次理论。该理论认为人的需要可分为五个层次[16]：

（1）生理需要，即维持生命的需要，希望解决基本生活保障问题；

（2）安全需要，希望有一个身体和财产不受侵犯的生活环境，以及职业有保障，福利条件较好的工作环境；

（3）社交需要，包括友谊和归属感；

（4）尊重需要，指自尊和受尊重的需要；

（5）自我实现需要，指实现抱负、发挥人的潜在能力的需要。

每个人都有这五种需要，只是各有所侧重。

井下工人虽然从事的工作有其特殊性，但他们也是社会人，也具有一般人的特性，也有这五种需要，如新录用的矿工主要考虑工资问题，希望满足生理和安全需要；中年矿工希望有满意的职位和待遇，侧重于尊重和自我实现的需要；长期从事煤矿工作者则考虑升级、提薪、子女上学与就业、退休金和住宅等问题，侧重于安全需要、社交需要和尊重需要。当矿工的各种正当需要得到较好的满足时，他们的可靠性就高，反之，可靠性就低。

3.5.2　人的模糊可靠性的计算

3.5.2.1　人的模糊可靠性计算模型

综合赫茨伯格的双因素理论和马斯洛的需要层次理论，可以得到研究人的模糊可靠性的层次结构图，见图 3 - 2。

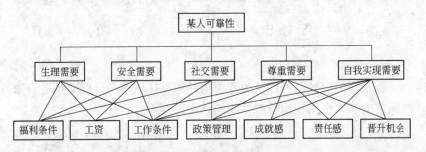

图 3 - 2　某人可靠性分析层次结构图

一般说来，每个人的情况都不尽相同，但可以根据年龄、学历、思想状况、职位等将人分为几类。对于每类人，根据专家经验确定出图 3 - 1 中各项指标的权重，然后再由最底层的实际值就可计算出某人（某类人）的可靠度。

3.5.2.2　指标权重的确定

为了确定指标的权重，需要由从事组织、人事工作且经验丰富的人员组成专家组，根据层次分析法原理，进行两两比较的指标必须是同一层的，而且都属于上一层的同一指标。在对指标重要性程度进行判断时，按"同等重要"、"稍微重要"、"明显重要"、"重要得多"

四种分别赋以标度 0、1、2、3。如果判断者认为第 i 个指标比第 j 个指标稍微重要，就记做 $b_{ij}=1$，$b_{ji}=-1$；若判断者认为第 i 个指标比第 j 个指标似乎稍微重要，似乎同等重要，此时需对标度进行插值，记做 $b_{ij}=0.5$，$b_{ji}=-0.5$，其余的依此类推。

设专家组共有 s 位专家参与判断，第 l 位专家对一组（m 个）指标两两比较判断所得的结果用如下的矩阵表示：

$$\boldsymbol{B}^{(l)} = \begin{pmatrix} 0 & b_{12}^{(l)} & \cdots & b_{1m}^{(l)} \\ -b_{12}^{(l)} & 0 & \cdots & b_{2m}^{(l)} \\ \vdots & \vdots & \vdots & \vdots \\ -b_{1m}^{(l)} & -b_{2m}^{(l)} & \cdots & 0 \end{pmatrix} \quad (l=1,\cdots,s) \qquad (3-2)$$

分析专家的意见时，计算总体标准差：

$$\sigma_{ij} = \sqrt{\frac{1}{s-1}\sum_{i=1}^{s}\left[b_{ij}^{(l)} - \frac{1}{s}\sum_{t=1}^{s}b_{ij}^{(t)}\right]^2} \qquad (i,j=1,\cdots,m)$$

$$(3-3)$$

若 σ_{ij} 均小于 1，可以认为专家组的意见比较统一，此时用各专家判断值的算术平均作为群组判断的结果，即得：

$$\boldsymbol{B} = \begin{pmatrix} 0 & b_{12} & \cdots & b_{1m} \\ -b_{12} & 0 & \cdots & b_{2m} \\ \vdots & \vdots & \vdots & \vdots \\ -b_{1m} & -b_{2m} & \cdots & 0 \end{pmatrix} \qquad (3-4)$$

式中　　　$b_{ij} = \dfrac{1}{s}\sum_{l=1}^{s}b_{ij}^{(l)}$　　　$(i,j=1,\cdots,m)$

为了克服传统的层次分析法需对判断矩阵进行一致性检验，尤其是在不能通过一致性检验时，对判断矩阵的调整带有主观性和盲目性的不足，利用最优传递矩阵的概念对判断矩阵进行变换，得：

$$\boldsymbol{C} = [c_{ij}]_{m\times m} \qquad c_{ij} = 10^{\frac{1}{m}\sum_{k=1}^{m}(b_{ik}-b_{jk})} \qquad (3-5)$$

显然 $\boldsymbol{C}$ 是 $\boldsymbol{B}$ 的一致最优传递矩阵，由它可以直接求出权重，不必进行一致性检验。因为判断矩阵有相当的误差，求其特征向量时不需追求很高的精度，故用方根法求它的最大特征值对应的向量并归一化，各分量值就可以作为对应指标的权重。

若 $\sigma_{ij} \geqslant 1$，则表明专家的意见分歧较大，此时不能简单地用各专家判断值的算术平均值作为群组判断的结果，可用"最优传递矩阵法"，即求得使

$$J = \sum_{i=1}^{m} \sum_{j=1}^{m} \sum_{l=1}^{s} [b_{ij} - b_{ij}^{(l)}]^2 \qquad (3-6)$$

最小的最优传递矩阵 B

$$B = [b_{ij}]_{m \times m}, b_{ij} = \frac{1}{m \cdot s} \sum_{t=1}^{m} \sum_{l=1}^{s} [b_{it}^{(l)} - b_{jt}^{(l)}]^2 \qquad (3-7)$$

令 $C = [a^{b_{ij}}]_{m \times m} = [c_{ij}]_{m \times m}$，其中 a 是相邻两级评语的客观重要比率，可取为 1.1 ~ 1.3。

矩阵 C 就是所求的群组比较判断矩阵，它是一致的。然后可以求出指标的权重。

用上述方法求得各指标对上一层的权重后，在有层次总排序求出第三层对第一层的权重，归一化后得 $W = (\omega_1, \omega_2, \cdots \omega_m)$。

3.5.2.3 实际值评估和数据检验及异常值处理

在计算可靠度之前，应对被评者的实际状况值进行评价。设有 n 位参评人员，第 k 位参评人员对被评者第 i 层指标评语为 $D_{i,k}$，$0 \leqslant D_{i,k} \leqslant 1$，$i = 1, 2, \cdots, 7$；$k = 1, 2, \cdots, N$。若参评人认为被评者对第 i 个指标的实际状况很满意，就记 $D_{i,k} = 1$，否则，用 0 ~ 1 的小数来表示不同程度的满意。

由于每个参评人对指标的认识不同，掌握的标准有差别，所以应对评价值 $D_{i,k}$ 进行检验。根据数理统计原理，如果数据足够多，并且是随机抽样，那么数据 $D_{i,k}$ 服从正态分布。因此，按样本容量分别采用 W 检验（$3 \leqslant k \leqslant 50$）或 D 检验（$50 \leqslant k \leqslant 1000$）来进行正态检验。不服从正态分布的数据不能采用。对服从正态分布的数据还需要进一步做异常值检验。然后用通过检验的数据 $D_{i,k}$ 的算术平均 D_i 作为被评者第 i 项指标的实际值。

3.5.2.4　人的模糊可靠度的计算

确定了图 3–1 中指标的权重和实际值后，就可按下式计算某人（或某类人）的模糊可靠度。

$$\Psi = \sum_{i=1}^{7} W_i D_i \qquad (3-8)$$

Ψ 是一个 0 ~ 1 的数值，由一定的截集水平就可得到此人的可靠性评语：很可靠、较可靠、一般可靠、较不可靠、不可靠等。

计算某群体的可靠性时，可以先按照一定的条件将群体分为几类人，按上述方法计算出每类人的模糊可靠度后，再由下式计算该群体的模糊可靠度。

$$R = \sum_{i=1}^{s} a_i \Psi_i \qquad (3-9)$$

式中　a_i——第 i 类人在群体中的权重，应满足归一性条件；

　　　s——群体的分类数。

以新庄矿综采面的综采队为例进行计算。该矿综采队 146 人，其中 95.24% 以上的文化程度为初中，其余为中专到本科学历。故按年龄将这 146 人分为 5 类：21 ~ 25 岁、26 ~ 30 岁、31 ~ 35 岁、36 ~ 40 岁及 41 岁以上 5 类。特请现场专家、安检技术人员和从事理论工作的专家共 25 人分别对这 5 类人进行评价。确定出这 5 类人的权重分别为：0.2、0.3、0.2、0.2、0.1。按照上述方法分别计算出每类人的模糊可靠度为：0.988、0.994、0.993、0.995、0.99，然后按式（3–8）计算该综采队的群体可靠度为：

$R = 0.2 \times 0.988 + 0.3 \times 0.994 + 0.2 \times 0.993 + 0.2 \times 0.995 + 0.1 \times 0.99 = 0.9924$

根据对综采队的模糊可靠度的计算可知，其群体可靠度较高，但决不能因此而放松安全管理。在综采队中 20 ~ 25 岁的群体的可靠度相对较低，因而，必须加强对这部分人的管理。通过加强对他们进行安全知识教育和专业技能教育，不断提高他们的整体素质，提高其工作的可靠性，减少人为失误，减少事故的发生。

3.5.3 人的可靠性分析方法的评价

由于人的行为受多种因素影响，如生理因素、心理因素、环境因素等，而且复杂的心理因素和生理因素是难以准确量化的，所以，到目前为止，还没有完全客观合理的人的可靠性计算模型。

文献［17］中将人的可靠性计算简化为一个部件的可靠度的计算，但人与机器、部件有着本质的区别。人的行为的可靠性受到许多复杂的、难以量化的心理、生理等因素的影响，而这些是机器或部件的可靠度计算中所不存在的因素。文献［18］中的鲁克模型、人的生物节律模型，将人的可靠性模型简化成了一个"白色"模型，而这是不尽符合人的模糊特性的。

人的模糊可靠性模型考虑了人的心理因素、生理因素和环境因素等，比上述几个模型更接近于人的真实可靠性，在理论上有了进一步的发展，但也存在着一些不足，如专家评分的主观性、人的分类的困难性等。因此，更加合理、更加客观的人的可靠性模型有待进一步地深入研究。

参 考 文 献

［1］李新东，等. 矿山安全系统工程［M］. 北京：煤炭工业出版社，1996.

［2］陈毅然. 人机工程学［M］. 北京：航空工业出版社，1990.

［3］赵朝义，丁玉兰，杨中. 人为失误及其辨识技术的研究［J］. 工业安全与环保，2002，28（5）：40～43.

［4］王维生. 人为失误酿事故面面观［J］. 劳动保护，2001，10：22～23.

［5］薛福连. 工业生产中的人为失误及其控制［J］. 中国减灾，2001，12（2）：46～48.

［6］［日］浅居喜代治. 现代人机工程学概论［M］. 北京：北京科学技术出版社，1992.

［7］杨玉中，吴立云，石琴谱. 煤矿工人人为失误的原因及其控制［J］. 矿业安全与环保，1999，26（5）：1～5.

［8］杨玉中，吴立云，张强. 煤矿人为失误的原因及控制［J］. 工业安全与环保，2005，31（11）：55～57.

［9］杨玉中，吴立云，张强. 人－机－环境系统工程在井下运输安全中的应用［J］. 工业安全与环保，2005，31（5）：49～51.

［10］邢娟娟，刘卫东，孙学京，等. 中国煤矿工人体能负荷、疲劳与工伤事故［J］. 中国安全科学学报，1996，6（5）：31～34.

[11] 杨玉中，石琴谱．煤矿人为失误的控制 [J]．煤矿安全，1999，30 (9)：37~39.

[12] 景国勋，杨玉中．煤矿安全系统工程 [M]．徐州：中国矿业大学出版社，2009.4.

[13] 徐德蜀．中国安全化建设仍任重道远 [J]．中国安全科学学报，1996，6 (1)：57~60.

[14] 景国勋，杨玉中，张明安．煤矿安全管理 [M]．徐州：中国矿业大学出版社，2007.11.

[15] 谢朝桂．行为管理学 [M]．长沙：国防科技大学出版社，1989.

[16] 洪国珍，等．安全心理学 [M]．北京：中国铁道出版社，1995.

[17] 杨玉中．人机环境系统工程在井下运输安全中的应用 [D]．焦作：河南理工大学，1999.

[18] 金磊．人为可靠性问题的系统分析 [J]．系统工程，1990，8 (1)：26~30.

4 工伤事故与人的因素的关系分析

在人－机－环境系统中，人是主体，是最活跃的因素，但也是激发事故的主要因素。据有关资料报道：美、日等国的伤亡事故中，属于人的能力范围内可以预防的分别达到 98% 和 96%。英国的健康与安全执行局（Health and Safety Executive，HSE）的统计显示：在工作中 90% 的事故在某种程度上是人为失误引起的。我国煤炭系统历年发生的死亡事故中 90% 以上起因于"三违"。我们在对新庄矿建矿以来的事故资料统计分析中发现，在事故主要原因中，直接由人的不安全行为引起的约占 85% 以上。由此可见，人的因素在各类事故中所占的比例都相当高，是导致事故发生的主要原因。

4.1 工伤事故与人的素质的关系

以新庄矿为例，分析煤矿工人的素质与工伤事故的关系。

4.1.1 新庄矿工伤事故状况

根据对新庄矿伤亡事故的调查分析，自 1987 年至今，共发生死亡事故 14 起，其中采煤工作面事故死亡的有 4 起，占 28.6%。自 1999 年到 2004 年末，共发生重伤事故 3 起，其中采煤工作面事故重伤的有 1 起，占 33.3%；共发生轻伤事故 17 起，其中采煤工作面事故 9 起，占 52.9%。

4.1.2 新庄矿工伤事故受害者的素质状况

4.1.2.1 工伤事故受害者的年龄分布

图 4－1 为新庄矿 1987～2004 年工伤事故死亡者的年龄分布状况。可以看出，25 岁以下死亡者最多，共 6 人，占 42.9%，这是易发生事故的年龄段；其次为 26～30 岁年龄段，共 5 人，占 35.7%；

31～35 岁年龄段死亡者 1 人，占 7.1%；而 40 岁以上者共 2 人，占 14.3%。30 岁以下的事故受害者占受害者总数的 78.6%，是事故受害者的主体。

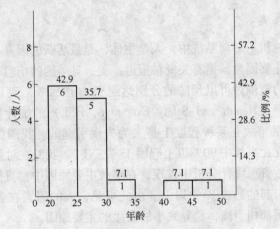

图 4 - 1　死亡者年龄分布状况

　　图 4 - 2 为新庄矿 1999～2004 年工伤事故轻伤者的年龄分布状况。由图可知，25 岁以下的受害者 1 人，占 5.9%；26～30 岁之间的受害者，共 11 人，占 64.7%；31～35 岁之间的受害者，共 3 人，占 17.6%；35 岁以上者共 2 人，占 11.8%。而 30 岁以下者共 12 人，

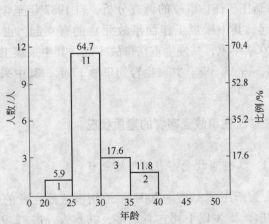

图 4 - 2　轻伤者年龄分布状况

占 70.6% ，是事故受害者的主体。

4.1.2.2　工伤事故受害者的文化程度分布

图 4 - 3 为新庄矿 1987 ~ 2004 年间工伤事故死亡者的文化程度分布状况。可以看出，在工伤死亡事故受害者中，小学文化程度的共 4 人，占 28.6% ；初中文化程度的共 10 人，占 71.4% ；高于初中文化程度的人没有受害者。可见初中文化程度者是事故受害者的主体。

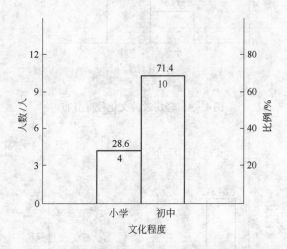

图 4 - 3　死亡者的文化程度分布

图 4 - 4 为新庄矿 1999 ~ 2004 年间工伤事故轻伤者的文化程度分布状况。由图可知，在工伤事故受害者中，小学文化程度的有 3 人，占 17.6% ；初中文化程度的共 14 人，占 82.4% ；高于初中文化程度的人没有受害者。初中及其以下文化程度的占 100% ，是事故受害者的全体。

4.1.2.3　工伤事故受害者的工龄分布

图 4 - 5 为 1987 ~ 2004 年间工伤事故死亡者的工龄分布状况。由图可知，5 年以下工龄者共 9 人，占 64.3% ；工龄在 6 ~ 10 年之间的为 3 人，占 21.4% ；工龄在 15 年以上的共 2 人，占 14.3% 。可见 5 年以下工龄者是事故受害者主体。

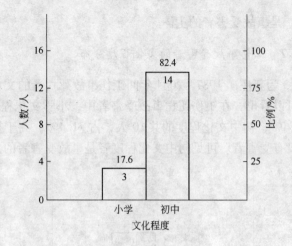

图 4 - 4　轻伤者的文化程度分布

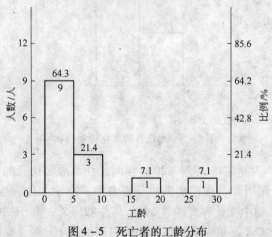

图 4 - 5　死亡者的工龄分布

　　图 4 - 6 为 1999 ~ 2004 年间工伤事故轻伤者的工龄分布状况。5 年以下工龄者共 14 人，占 82.4%；6 ~ 10 年工龄者共 3 人，占 17.6%。5 年工龄以下者是轻伤事故受害者的主体。

4.1.3　工伤事故受害者的素质与事故的关系

　　受害者的素质包括先天素质与后天学习的技能[1,2]。根据调查所

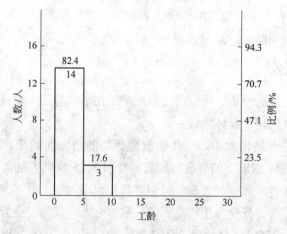

图4-6 轻伤者的工龄分布

得资料，仅分析与受害者联系紧密的素质要素中的年龄、文化程度、工龄等与工伤事故之间的关系。

（1）年龄与事故的关系。由图4-1和图4-2可知：

1）总的说来，工伤事故随年龄的增大而减少，事故率呈下降趋势；

2）25岁以下的受害者死亡事故在42%以上，事故率远远超出了其他任何年龄段；轻伤事故的受害者在26~30岁之间的人数最多，达到64.7%，这是由于该部分群体已经有一定的工作经验，重大危险可以躲避，但警惕之心已经开始松懈，所以轻伤事故发生率较高；

3）死亡事故具有比较严格地随年龄增大而减少的规律性。

（2）文化程度与工伤事故的关系。由图4-3和图4-4可知：总的说来，工伤事故的受害者主要为初中文化程度者，在井下一线作业者中如综采队，初中文化程度者几乎达到95%。

（3）工龄与工伤事故的关系。由图4-5和图4-6可知：

1）总的趋势是随着工龄的增长，工伤事故逐渐减少，事故率下降；

2）5年以下工龄的受害者竟占总数的64.3%（死亡）和82.4%（轻伤），这是一个多事故的工龄段，这与工人的技术不熟练、经验不足有关；

3）具有 5 年以上工龄的受害者较少，事故率较低，而且工龄越长，事故率越低。

4.1.4　结论

通过上面的分析，可以得出新庄矿工伤事故与工人素质的关系的一些规律性认识，具体地说：

（1）在年龄因素中，工伤事故随年龄的增大而减少，事故率呈下降趋势。30 岁以下的事故率最高，特别是 25 岁以下的工人，这一方面是由于青年人年轻气盛，逞强好胜，粗心大意；另一方面是由于安全教育不够，安全思想树立不牢。这部分人应成为安全管理的重点对象，加强安全教育，使其牢固树立"安全为天"的思想，严格遵守《煤矿安全规程》及一切安全、技术规章和规程。

（2）在文化程度因素中，工伤事故随文化程度的增高而减少，事故率呈下降趋势。初中及其以下者，尤其是初中文化程度者，这部分人文化水平低，是工伤事故受害者的主体。而且在新庄矿的井下一线作业人员中，初中文化程度者所占的比重甚大，只有加强对这部分人的安全管理，才能有效地减少工伤事故。由于他们的文化素质低，往往对违章操作后果的严重性认识不足，而且技术水平也比较低，所以应加强对这部分人进行文化培训，结合事故案例进行安全教育，使其充分认识到违章操作的严重性，从而杜绝违章操作，减少以至消除事故隐患。

（3）在工龄因素中，工伤事故随工龄的增长而减少，事故率呈下降趋势。5 年以下工龄的受害者占全部受害者的 64.3%（死亡）和 82.4%（轻伤），所以这部分人是安全管理工作的重点控制对象。由于他们的工作时间比较短，技术不熟练，经验不丰富，因而易发生事故。加强对其管理的同时，应加强对他们进行岗位技能培训、安全技能培训，使其熟练掌握本岗位所需的操作技能和应变技能，达不到合格的，不能上岗。凡是上岗工作的，必须持有上岗证，但必须注意防止岗位技能培训和安全技能培训的形式化、走过场。

4.2　综采面工伤事故与人的心理因素的关系

事故致因理论[3]指出，事故是由于人的不安全行为和物的不安全状态接触所致，而且物的不安全状态多数是由于人的不安全行为所致。资料统计表明，因人的不安全行为而导致的事故一般均在80%以上。影响人的不安全行为的因素很多，其中心理因素是一个不可忽视的重要因素。人的心理上的某些"弱点"是出现人为失误，酿成工伤事故的根源之一。人的心理"弱点"主要体现在：

（1）人具有捷径反应的特性，容易省略动作，愿意找捷径，总是企图以最小的能量取得最大的效益，因此，在工作中常有人漏掉正常工序，出现人为失误；

（2）人往往按自己的意愿判断事物，常因侥幸、自信、麻痹等心理导致失误；

（3）人不容易发现自身缺点，有时即使察觉到了，也往往找借口原谅自己；

（4）人愿意表现自己，工作中常有人因冒险逞能，发生伤亡事故。与工伤事故关系密切的心理因素主要是人的性格和人的心理状态。

4.2.1　性格与工伤事故的关系

性格是个人对现实的稳定的态度和习惯化了的行为方式。性格贯穿在一个人的全部活动中，是构成个性的核心部分。根据目前的研究成果可知，从事作业生产人员的性格特征与生产安全有着极为密切的关系。无论操作人员的技术水平多高，若没有良好的性格特征，也会经常发生工伤事故[4]。

4.2.1.1　事故倾向性与易出事故的性格特征

在现实生产中，容易发生事故的人总是集中在少数人身上，这种人被称为事故多发者，这种现象叫做事故倾向性。具有事故倾向性的人的心理特点主要有：情绪不稳定，容易产生焦虑，感觉－运动协调不好，注意力集中、分配不良，过度紧张、心理障碍等。

具有事故倾向性的性格特征主要有：

（1）攻击性性格，妄自尊大，骄傲自满，喜欢冒险、挑衅，争强好胜，不采纳别人意见；

（2）性情孤僻。这种人固执己见，心胸狭窄，对人冷漠，人际关系不好；

（3）性情不稳定。这种人易受情绪感染、支配，容易冲动，受情绪影响长时间不能平静。

具有上述性格特征，对综采工作面作业会发生极其消极的影响。不负责任的人，观察事物粗枝大叶，思考问题轻浮草率，工作敷衍塞责；骄傲自满的人，往往过高估计自己的能力，盲目行事，违章作业；情绪易冲动的人，非常容易失去正确的判断力；自制力差的人，碰到不顺心的事，便失去理智，容易违反采煤作业的客观规律；好胜心强的人，往往冒险蛮干，容易逞能、打赌，表现自己，自认为经验十足，而往往"河里淹死的总是会游泳的"。

4.2.1.2　采煤作业人员应具备的性格特征

性格与采煤作业安全有着十分紧密的联系，而良好的性格特征是在社会实践中逐步形成的，因此，培养良好的性格特征，对采煤作业安全是非常必要的。采煤工作面作业人员应当具备以下性格特征。

（1）积极的现实态度的性格特征。对社会具有高度的责任感、义务感和时代感；在集体中要关心他人，热爱集体，努力献身于煤炭事业；对劳动要勤奋负责；对自己应严于律己，勇于自我批评。

（2）积极的意志特征。有明确的目标，富于坚定性、行动的自觉性，尊重客观规律，独立思考，善于控制自己，坚毅果断。在一个较长时期的工作中，不怕任何的挫折，不畏困难，力图实现自己的目标。

（3）积极的情绪特征。在情绪方面，能够控制自己，能排除各种干扰和影响；在情绪的稳定性方面，不易为琐事而改变情绪性质；在情绪的持续时间方面，体验深厚，持续较久，经常保持愉快的心境。

（4）积极的智力特征。深思熟虑，细心谨慎，不草率行事，不轻举妄动。

性格是在人与客观事物的相互作用中形成的，是在社会实践活动中产生的，而不是遗传的结果，不是一成不变的。积极的性格特征是可以培养的。社会、家庭、工作岗位、党团组织都影响着塑造着一个人的性格。

为了培养井下工伤工人的积极的性格特征，可以根据具体情况，采取各种生动活泼、灵活有效的方法，如开展"四有"教育、进行职业道德、法制教育、宣传表彰先进模范人物、安全知识竞赛、反违章活动竞赛、搞好事故分析、对比行为结果、增强安全意识和责任感等。通过培养井下工人积极的性格特征，可以有效地减少人为失误，减少工伤事故，提高工伤系统的安全性。

4.2.2 工伤事故与心理状态的关系

心理状态是心理活动在某一时间段内的完整特征。由于人的生理机能不同，获得信息及处理信息也不同。因为每个人的感觉和头脑各具特色，所以判断也大有差异。每个人经受事故危险的可能性也大不一样，其主要差别就是人的心理状态问题。不良的心理状态往往使操作人员发生差错，酿成事故。

（1）白日梦。当井下工人处于白日梦时，尤其是意识迂回较深、发生次数频繁时，就有很大的危险性。在此种心理状态下，几乎看不见或意识不到面前发生的一切。如一位矿工在轨道上行走时，看着前方机车开过来却不知躲闪，结果被撞成重伤致死。白日梦的心理状态通常是由于工作或生活中遇到烦恼和不满的事情，从而使精神紧张和压抑所致。

（2）消极情感与过于兴奋。井下工人因工作或生活中遇到令其烦恼的事，如夫妻吵架、与领导或同事闹意见、子女待业、家人生病、经济拮据等，而处于心境不佳、厌烦、焦急、消沉等消极情绪时进行作业，往往引起注意力不易集中或心不在焉、不按操作规程作业等具有干扰心理活动的作用，致使矿工反应迟钝、行动迟缓、操作错误增多。尤其带着激情作业，十分危险。

高兴、兴奋是与之相反的积极情绪状态，操作者在工作或生活中遇到值得庆幸的事，心理上呈积极肯定表现，如中年得子、乔迁新居、子女就业、年轻人热恋期间等。由于过于兴奋，忘乎所以，往往出现"三违"而导致发生事故。

人的情感是以社会性的需要满足与否为前提的，每一位井下工人都是社会中的人，当某种事物满足了人的要求时，便产生积极肯定的情感，反之，则产生消极的情感。在实际工作中，安全管理人员应注意情感的感染性，所提的安全生产要求能否为矿工所接受，在很大程度上需要情感的感染和催化。只有两者产生共鸣，矿工才能处于良好的心理状态，才会乐意接受安全生产的要求。

（3）无所谓心理。无所谓心理常表现为遵章或违章心不在焉，满不在乎。这里有几种情况：一是本人根本没意识到危险的存在，认为什么章程不章程，章程都是领导用来卡人的。这种问题出在对安全、对章程缺乏正确认识上。二是对安全问题谈起来重要，干起来次要，忙起来不要，在行为中根本不把安全条例等放在眼里。三是认为违章是必要的，不违章就干不成活。无所谓心理对安全的影响极大，因为他心里根本没有安全这根弦，因此在行为上常表现为频繁违章，有这种心理的人常是事故的多发者。

对这种满不在乎的矿工平时应时时处处加强对他们的安全教育，提高他们的安全素质，并且在安排他们的工作时，尽可能让他们同办事稳妥、责任心强的矿工一起作业，以避免意外事故的发生。

（4）思想麻痹，习以为常。对于井下工人来说，要求长时间保持谨慎的、思想集中的工作状态是非常困难的。另一方面，矿工在开始干某种工作时，生理机能活跃，行动准确，注意安全，一旦习以为常后，对外界条件的信息判断就不通过大脑，而靠下意识的反射去行动，此时有的人就开始对工作漫不经心，结果导致事故的发生。

习以为常，思想麻痹是一种比较普遍的心理状态。麻痹心理多发生在那些有经验的老工人身上，他们不遵守规章制度，把安全技术人员的安全监察、制止违章视为"多管闲事"，我行我素，结果"大意失荆州"。

（5）侥幸心理。侥幸心理是许多违章人员在行动前的一种重要心态。有这种心态的人，不是不懂安全操作规程，缺乏安全知识，也不是技术水平低，而多数是"明知故犯"。虽然事故发生是小概率事件，具有偶然性，但偶然性里包含必然性的因素。

侥幸心理是安全生产的大敌，但在争强好胜的矿工中较普遍地存在。对这部分矿工平时应注意用类似的典型事故案例进行教育，打消其侥幸心理。

（6）惰性心理。惰性心理也可称为"节能心理"，它是指在作业中尽量减少能量支出，能省力便省力，能将就凑合就将就凑合的一种心理状态。它是懒惰行为的心理根据。

在实际工作中，常常会看到有些违章操作是由于干活图省事、嫌麻烦而造成的。特别是当生产任务要求矿工尽快完成时，有的矿工为了照顾病人或赴约等不延误下班时间，或为了经济利益而加快工作节奏，赶抢任务。这时其注意力全集中在个人操作上，对周围环境、相互联系的作业环节视而不见，不能正确反应来自周围的各种刺激，在急急忙忙的操作中，在应该注意而未注意的环节发生差错，酿成事故。赶任务，图快心理，不讲究科学方法，不遵守操作规程，往往是欲速则不达，甚至发生事故。

（7）好奇心理。好奇心理是由兴趣驱使的，兴趣是人的心理特征之一。青年矿工和刚进矿的新工人，对煤矿的机械设备、环境等有一点恐惧心理，但更多的是好奇心理。他们对安全生产的内涵还认识不足，于是好奇心付诸好奇行动，从而导致事故的发生。无证驾驶往往是此种心理使然。

从安全生产的角度而言，应对青年矿工和新矿工进行形式多样的安全教育活动，增强他们的自我保护意识。因势利导，引导他们学习钻研专业技术，学会经常注意自己的行为和周围环境，善于发现事故隐患，从而防止事故的发生。

（8）骄傲、好胜心理。骄傲、好胜心理在矿工中一般有两种类型，一种是经常性地表现为骄傲好胜的性格特征，总认为别人不如自己，满足于一知半解。有些是工作多年的老矿工，自以为技术过硬而对安全规章制度、安全操作规程持无所谓态度。另一种类型是在特定情况、特定环境下的表现，争强好胜，打赌、不认输，这种类型多是青年矿工。骄傲好胜心理使当事人夜郎自大，不考虑行为后果的严重性，而导致事故的发生。

对前一种类型人，平时应坚持不懈地对他们进行教育，学海无涯，任何人都没有骄傲自大的资本。只有虚心学习，才能不断地进步。对后一种类型的人，平时应对其采用典型事故案例教育，决不能逞一时之勇，而伤害自己，应做到"不伤害自己，不伤害别人，不为别人所伤害"。

（9）不懂装懂，冒险蛮干。有些矿工由于技术不熟练，又不肯向别人学习，所以意识不到操作方法有错误。有的不懂装懂，出现危险也察觉不出来。偶尔的冒险尝试没有发生事故，就形成了藐视危险，敢于冒险的心理定式，而且会渐渐地产生一种自我肯定和自豪的心情。具有这种心理的人，在关键时刻往往会感情冲动，不假思索地采取冒险行动，导致事故的发生。

（10）敷衍了事，马虎凑合。由于有些矿工对所从事的工作不感兴趣，认为作业太简单，自己是大材小用，所以工作不安心，产生厌倦心理或工作马虎凑合，敷衍塞责，将就应付，不顾安全，只想走捷径，警戒水平下降，感觉不到危险，因而导致事故。

（11）盲目自信。盲目自信，即相信自己有本领，不肯学习新技术，存在着怕损害自尊心的心理状态。凭经验操作，不按操作规程进行。这些矿工把自己以往的经验看得尽善尽美，相信自己练出来的机能不会错，因而继续沿用落后的作业方式，重复过去的危险行为，导致事故发生。

产生盲目自信这种心理，主观上是因循守旧，没有创新精神，客观上是人生理上的前摄抑制，即先学的东西对后学的记忆有干扰作用，使人不容易记住新的知识。对具有盲目自信心理的人，必须破除其盲目自信，凭经验干活，在学习新的安全技术时，要突出新技术的特点和原理，以利于减少经验的干扰。掌握好新的技术，按操作规程作业，从而防止事故的发生。

4.3　工伤事故与疲劳的关系分析

疲劳是采煤作业人员经常体验到的一种生理和心理现象。研究成果表明[5]，人在疲劳状态下发生事故的可能性将大大增加。根据对井下不同工种工人的体能负荷测定，受测工人总的负荷强度与疲劳水平略有超出疲劳界限，其中采煤工和掘进工的负荷最大，疲劳较为严重[6]。根据对平顶山煤业集团公司一矿 1960~1997 年的工伤死亡事故和 1980~1997 年的工伤重伤事故统计表明，采煤工和掘进工共死亡 30 人，重伤 22 人，分别占工伤死亡和重伤总数的 63.83% 和 64.71%；根据对新庄矿 1987~2004 年的工伤死亡事故和 2000~2004 年的工伤轻、重伤事故的统计分析发现，采煤工和掘进工共死亡 11 人，其中采煤工 5 人，分别占死亡总数的 78.6% 和 35.7%，采煤工和掘进工共发生轻、重伤事故 14 人，其中采煤工 9 人，分别占工伤总数的 70% 和 45%。由此可见，疲劳与工伤事故之间存在着密切的关系。

4.3.1 疲劳概述

在劳动过程中，劳动者由于生理和心理状态的变化，会产生某一个或某些器官乃至整个机体力量的自然衰竭状态，称为疲劳。疲劳感是人对于疲劳的主观体验，而作业效率下降是疲劳的客观反映。无论脑力作业、体力作业、技能作业，还是人机系统中人的效能、健康和安全都会因疲劳而受到影响。

疲劳一般可分为体力疲劳（或肌肉疲劳）和精神疲劳（或脑力疲劳）。体力疲劳是局部的肌肉疲劳，稍加休息后即可消除；精神疲劳是全身性疲劳，是疲劳的积累，要经过较长时间的恢复才能消除。脑力疲劳与体力疲劳是相互作用的，极度的体力疲劳，降低了直接参与工作的运动器官的效率，从而影响大脑活动的工作效率；而过度的脑力疲劳，会使精神不集中，思维混乱，身体倦怠，亦影响感知速度及操作的准确性。

疲劳的自觉症状是劳动者本人在工作时感到乏力、头重、脚沉、想休息等；精神症状表现出情绪急躁，注意力不集中，讨厌说话等，表现在工作中的量与质下降，作业量不稳定，差错增多。

疲劳使人的感觉机能弱化，听觉和视觉敏锐度降低，对复杂刺激的反应时间增长，动作的准确性降低，判断失误。疲劳对采煤作业安全有着极大的危害性。采煤工作面，由于空间狭窄，光照度很低，湿度很大（通常在 90% 以上），环境条件极其恶劣，工作时间长，噪声大，姿势单调，需要花费较大的生理能量和心理能量，因而易产生疲劳。所以，研究和防止采面作业工人的疲劳，对保证安全生产具有重要意义。

4.3.2　产生疲劳的原因

劳动过程中，人体承受了肉体或精神上的负荷，受工作负荷的影响产生负担，负担随时间推移的不断积累就将引发疲劳。归纳起来有两个方面的原因。

4.3.2.1　工作条件因素

泛指一切对劳动者的劳动过程产生影响的工作环境。

（1）劳动制度与生产组织不合理。采面作业工人的作业时间比较长，以"四六"制作业方式而言，每班工作 6h，加上开班前会、换衣服、到工作地点前的行走时间、下班后行走时间、换衣服、洗澡时间，将近 10 个小时左右。"三八"制作业方式则要将近 12h 左右。因此，休息时间相对不足，如果还有家务负担，就会影响睡眠时间，致使矿工疲劳不能得到有效地消除，体力得不到很好的恢复。

（2）机器设备和各种工具条件差，机器不适合人的心理及生理要求。采煤工作面的机器设备，受工作空间狭小的限制，人机交界面设计的不尽合理，再加上环境条件的恶劣，不能完全适应人的心理和生理需要。

（3）工作环境很差。采煤工作面环境恶劣，作业空间狭小，光照不良、噪声太强、湿度较大，经常遭受顶板、水、火、瓦斯、煤尘等自然灾害的威胁，工作环境非常恶劣，这是采面作业人员极易产生疲劳的重要原因之一。

4.3.2.2　作业者本身的因素

作业者因素包括熟练程度、操作技巧、身体素质及对工作的适应性、营养、年龄、休息、生活条件以及劳动情绪等。这里，大多数影响因素都会带来生理疲劳，但是机体疲劳与主观疲劳感未必同时发生，有时机体尚未进入疲劳状态，却出现了疲劳感。如对工作缺乏兴趣时常常这样。有时机体早已疲劳却无疲劳感，如处于对工作具有高度责任感、特殊爱好或急中生智的情境之中。造成心理疲劳的诱因主要有：

（1）劳动效果不佳。在相当长时期内没有取得满意的成果，会引发心理疲劳。

（2）劳动内容单调。作业动作单一、乏味，不能引起作业者兴趣。如采煤机司机、刮板运输机司机等的工作，单调乏味，不易引起作业人员的兴趣。

（3）劳动环境缺少安全感。前已述及采煤工作面的环境条件极其恶劣，事故发生的可能性比较大，造成作业人员心理压力与精神负担比较重。

（4）劳动技能不熟练。由于井下生产一线工人多是农民轮换工、农协工、临时工，这些工人的文化程度低，技术水平差，操作不熟练。在工作过程中，无用动作多，造成能量代谢过多，从而过早出现疲劳。

（5）劳动者本人的思维方式及行为方式导致的精神状态欠佳、人际关系不好，上下级关系紧张，以及家庭生活的不顺，都会引起心理疲劳。

4.3.3　预防疲劳影响采煤安全的措施

既然疲劳产生的原因是多方面的，那么防止疲劳的措施也是多方面的。预防疲劳的措施主要有：

（1）改进生产组织与劳动制度。生产组织与劳动制度是产生疲劳的重要影响因素之一。包括经济作业速度、休息日制度、轮班制等。测定并找到经济作业速度，会经济合理又不易产生疲劳，持续作业时间长；休息日制度直接影响劳动者的休息质量与疲劳的消除，因此采煤作业人员也应有合理的休息日制度；采煤工作面应推行"四六"制作业方式，减少工人的工作时间，减轻其疲劳程度。印度铁路1965年至1977年的12年间，因劳动强度大的工种每天工作限制在6h，结果使事故减少了40%[4]。

（2）合理安排作业休息制度。休息是消除疲劳最主要途径之一。无论轻劳动还是重劳动，无论脑力劳动还是体力劳动，都应规定休息时间。休息的额度、休息方式、休息时间长短、工作轮班及休息日制度等应根据具体作业性质而定。采煤工作面劳动强度大，工作环境差，需要休息的时间长，休息的次数多；对体力劳动强度不大，而神经或运动器官特别紧张的作业，应实行多次短时间休息；一般轻体力劳动只需在上、下午各安排一次工间休息即可。

（3）挑选合适人选。在招收新矿工时，应坚决避免招收有生理缺陷和心理障碍的人。在工作分配上，必须因人而异，因才使用，各尽其能。一般情况下，智力水平越高的人，对重复单调的工作越容易感到厌倦，但安排他们从事较为复杂的工作后，这种现象就会减少以至消失。而智力水平较低的人较能适应重复单调的工作。所以，在分配工作时，尽可能使矿工的智力水平与所从事工作的复杂程度相一致。同时，也应考虑矿工的个性心理特征、兴趣、爱好等与工种相匹配，以激发他们的工作兴趣和生产热情，这是防止疲劳过早出现的一种有效措施。

（4）改善工作环境。不舒适的工作环境，会使操作者的精神和机体疲劳加重，因此，改善采面环境条件，为矿工创造一个较为舒适的工作环境，能减少矿工的厌倦情绪，同时应合理布置作业空间，使他们在劳动过程中感到安全、舒适、方便，以防止疲劳的过早出现。

（5）消除矿工的心理疲劳。心理疲劳一般是由于矿工本身有各种思想负担、情绪问题、不愉快的处境和矛盾等造成的。所以，管理人员应"对症下药"，做好思想工作，帮助矿工解决生活上的困难，以解除其后顾之忧；协调好同事之间的关系，创造一个融洽、和谐的行为环境；教育他们树立远大理想，为人乐观，不斤斤计较于一得一失；善于自我控制；培养矿工热爱本职工作的责任感，对他们进行工作意义和价值的教育。

（6）提高操作的机械化和自动化程度，降低劳动强度。经过几十年的发展，特别是近十几年的发展，煤矿的机械化程度较以前有了明显的提高，有的矿井已达到90%以上，但大部分统配煤矿的机械化程度只有70%～80%，乡镇地方煤矿更差，而自动化水平则更低，因而矿工的体力负荷比较大，疲劳现象比较普遍。要减轻井下工人的体力负荷，防止其疲劳的过早出现，只有大力发展机械化、自动化，以机器操作代替手工劳动，同时要大力推广自动停车装置等新技术和自动报警等监控设备，在操作人员因疲劳而进行错误操作时，使机器设备自动停止或发出警报，以防止伤亡事故的发生。

参 考 文 献

[1] 杨玉中，石琴谱，等. 平一矿运输事故与工人素质的关系 [J]. 煤矿安全，1998，29 (7)：32~34.

[2] 杨玉中，吴立云，张强. 人－机－环境系统工程在井下运输安全中的应用 [J]. 工业安全与环保，2005，31 (5)：49~51.

[3] 李新东，等. 矿山安全系统工程 [M]. 北京：煤炭工业出版社，1996.

[4] 杨玉中，吴立云，石琴谱. 煤矿工人人为失误的原因及其控制 [J]. 矿业安全与环保，1999，26 (5)：1~5.

[5] 洪国珍，等. 安全心理学 [M]. 北京：中国铁道出版社，1995.

[6] 邢娟娟，刘卫东，孙学京，等. 中国煤矿工人体能负荷、疲劳与工伤事故 [J]. 中国安全科学学报，1996，6 (5)：31~34.

5 综采面机的特性及其可靠性分析

在人－机－环境系统中，机是重要因素，人只有通过操纵机作用于加工对象，才能实现系统的功能。随着科学技术的进步，机械化、自动化水平不断提高，机越来越多地取代了人的工作，在生产中发挥着越来越重要的作用。在导致事故发生的诸因素中，机是仅次于人的一个重要因素。因此，从提高系统安全性的角度而言，必须分析研究机子系统的特性及其可靠性。

5.1 机的 C－M－D 模型

机的 C（Control）－M（Machine）－D（Display）模型，即控制装置－机器设备－显示装置。在 C－M－D 模型中，控制器受到操作者操纵后，将操纵信号传给电脑或"机脑"，再经电脑或"机脑"的识别，即开始改变运行状态，达到输入输出的目的。同时，机的运行状态随即通过显示装置向操作者显示信息。

机的 C－M－D 模型可分为 C－M 子系统和 M－D 子系统。

C－M 子系统由控制器和电脑或"机脑"（转换机构）组成。这个子系统的任务是专门接受操作者的指令，指令的传递要求准和快。

M－D 子系统由电脑或"机脑"和显示装置组成。其任务是专门反映机的运行情况。信号的反映应与机的实际情况一致，并且要求准和快。

并不是所有的机都符合该模型，过于简单的机，不具备显示装置或控制装置，这种机多见于手工操作系统。

根据控制论原理，机的 C－M－D 系统是一个闭环系统，并与人的 S－O－R 模型相一致。人的效应器（R）操纵控制装置 C，使机器设备进行运转 M，显示装置 D 则显示出机的运转情况，运行情况则由人的感受器接受形成刺激信号（S）。人在接受新的显示信息后，会做出反应，对机的控制装置进行新的操纵，使机的运转状态发生变化，显示装置显示的信息也相应地发生变化，如此往复，便构成一个闭环系统。

综采工作面的采煤机、刮板运输机的运转是 C－M－D 的组合，是一个闭环系统[1]。当司机对采煤机的控制装置 C 进行操作后，采煤机便开始运转割煤 M，显示装置 D 就会显示出采煤机的运转状态，司机会根据显示的信息，对控制装置进行新的操作，使采煤机的运转状态发生变化，显示装置显示的信息也将发生变化，从而构成一个闭环系统。

5.2 机的特性及人机功能分配

在人－机－环境系统中，人是决定因素，机是重要因素，但人、机各有所长，又各有所短，只有两者各展所长，互补所短，才能使整个系统达到最佳效率。机的反应虽然不如人灵活，但机的可靠性很高，能够长时间地重复操作而不出差错。

与人相比较，机具有以下优越于人的特性[2]。

（1）信息接受：

1）机能感受人所不能感受的电磁波、超声波、X 射线、微波等；

2）机能精确判明由程序规定的对象的特征；

3）可同时认知大量信息；

4）线性良好，反应快，无错觉；

5）对无关因素无感受能力。

（2）信息处理：

1）能同时完成程序规定的几种操作，不存在单通道机制问题；

2）操作速度快，精确性高，能量大；

3）能进行人所不能进行的高阶运算和高倍放大；

4）信息输出量大，可输出产品、力、图像、数据等。

（3）环境适应性。机能更好地适应环境，能在恶劣的环境下进行操作，不怕单调，不会疲劳。

（4）其他。机没有情感、意识、个性，因此不受情绪影响。

与人相比较，机也存在着一定的不足之处，机没有能动性和创造力，只能完成程序规定的任务；一般不能随机应变，不能应付突然事件；不能发觉周围发生的异常意外事件；记忆容量小；消耗能源多等。

从系统安全的角度出发，根据人、机的特性，合理进行人机分工，让机尽可能多地代替人的工作，尤其是笨重、危险的工作，以减轻人的劳动强度，确保操作安全和人的健康。和人相比较，机更适合于从事以下各项工作。

（1）枯燥、单调的作业和笨重的作业；

（2）危险性大的作业，如救火、放射性环境作业以及有毒作业等；

（3）粉尘作业；

（4）自动找正，自动检测，高精度装配等；

（5）快速操作；

（6）可靠性高的、高精度的和程序固定的作业。

煤矿生产具有一定的特殊性，井下工作环境恶劣，作业空间狭窄，照明度低，湿度大，存在有毒有害气体和粉尘，笨重的手工操作还大量存在，同时受到顶板、水、火、瓦斯等各种自然灾害的威胁。在这样的条件下，适合于机的操作。从目前的情况来看，煤矿的机械设备陈旧落后，性能不良，可靠性低，经常发生故障，是导致事故发生的一个不可忽视的重要因素。因此，大力发展机械化、自动化，以机代人，是减少煤矿人身伤亡事故的一项根本措施，同时也是煤炭工业提高效益的出路所在。

5.3　综采面机的可靠性分析

在综采工作面人－机－环境系统中，除了人对系统的可靠性有很大的影响之外，机也是一个重要的因素。由于综采工作面机械设备比较多，在井下恶劣的环境中发生故障比较频繁，对系统正常运行和安全造成了很大的影响，因此，研究机的可靠性对提高系统安全和正常生产具有重要的意义。

5.3.1　可靠性理论基础

5.3.1.1　可靠度

简单地说，系统是由一些基本部件（元件、零件，也可以是人）组成的，完成特定功能的有机整体。系统（部件）丧失规定功能称为失效或故障，通常对不可修系统称为失效，对可修系统称为故障。

系统是由部件组成的，要研究系统的可靠性，就必然离不开研究部件的可靠性，而研究部件的可靠性是从部件的寿命分布入手的。用非负随机变量 T 来描述部件的寿命，则 T 相应的概率分布函数为：

$$F(t) = P(T \leqslant t) = \int_0^t f(t)\,\mathrm{d}t \qquad (5-1)$$

式中 $f(t)$——部件的寿命分布密度函数。

部件（系统）从时刻 $t = 0$ 开始，在规定的条件下，规定的时间 t 内，完成规定功能的概率称为该部件（系统）的可靠度[3,4]，记为 $R(t)$。

$$R(t) = P(T > t) = \int_t^\infty f(t)\,\mathrm{d}t \qquad (5-2)$$

部件或系统的可靠度是可靠性的主要数量特征之一，它反映了部件或系统在一定时间内完成规定功能的可能性大小，它与规定的条件和规定的时间有着密切的联系。所谓规定的条件是指部件或系统在工作时所处的环境，规定的时间是指部件的性能有一定的时间要求。

式（5-2）可进一步理解为部件的可靠度是部件寿命 T 大于规定时间 t 的概率，或者说部件在 $[0, t]$ 时间内故障的概率。

式（5-1）中的 $F(t)$ 说明部件的寿命不大于规定时间 t 的概率，又称为部件的失效函数或不可靠度。根据概率的性质有：

$$F(t) + R(t) = \int_0^t f(t)\,\mathrm{d}t + \int_t^\infty f(t)\,\mathrm{d}t = \int_0^\infty f(t)\,\mathrm{d}t = 1 \quad (5-3)$$

由上式可得： $R(t) = 1 - \int_0^t f(t)\,\mathrm{d}t = 1 - F(t) \qquad (5-4)$

则 $$f(t) = \frac{\mathrm{d}F(t)}{\mathrm{d}t} = -\frac{\mathrm{d}R(t)}{\mathrm{d}t} \qquad (5-5)$$

若部件的寿命 t 服从指数分布，由于指数分布的密度函数为 $f(t) = \lambda \mathrm{e}^{-\lambda t}$，所以部件的可靠度函数为：

$$R(t) = \int_t^\infty \lambda \mathrm{e}^{-\lambda t}\mathrm{d}t = \mathrm{e}^{-\lambda t} \qquad (5-6)$$

5.3.1.2 故障率（失效率）

设部件的失效密度函数为 $f(t)$，可靠度函数为 $R(t)$，则称

$$r(t) = \frac{f(t)}{R(t)} \tag{5-7}$$

为部件的瞬时失效率，简称失效率或故障率。

$r(t)$ 可用条件概率来解释其意义。若部件工作到时刻 t 仍然正常，则它在时间区间 $(t, t+\Delta t)$ 内失效的概率为：

$$P(T \leqslant t + \Delta t \mid T > t) = \frac{P(T > t, T \leqslant t + \Delta t)}{P(T > t)} = \frac{P(t < T \leqslant t + \Delta t)}{P(T > t)}$$

则在单位时间内失效的概率为：

$$r(t, \Delta t) = \frac{P(t < T \leqslant t + \Delta t)}{\Delta t \cdot P(T > t)} = \frac{F(t + \Delta t) - F(t)}{\Delta t} \cdot \frac{1}{R(t)}$$

令 $\Delta t \to 0$，两端取极限有：

$$\lim_{\Delta t \to 0} r(t, \Delta t) = \lim_{\Delta t \to 0} \frac{F(t + \Delta t) - F(t)}{\Delta t} \cdot \frac{1}{R(t)}$$

$$= \frac{\mathrm{d}F(t)}{\mathrm{d}t} \cdot \frac{1}{R(t)} = \frac{f(t)}{R(t)} = r(t)$$

由此可知，失效率是部件工作到 t 时刻时，瞬时失效率的变化率。在工程应用中，失效率可理解为部件工作到 t 时刻，在单位时间内失效或故障次数。

若部件的寿命 T 服从指数分布，则其失效率为：

$$r(t) = \frac{f(t)}{R(t)} = \frac{\lambda \mathrm{e}^{-\lambda t}}{\mathrm{e}^{-\lambda t}} = \lambda \tag{5-8}$$

5.3.1.3　可靠度与失效率（故障率）之间的关系

由式（5-5）和式（5-7）得：

$$r(t) = \frac{f(t)}{R(t)} = \frac{-\mathrm{d}R(t)}{R(t)\mathrm{d}t} = -\frac{\mathrm{d}\ln R(t)}{\mathrm{d}t}$$

由初始条件 $R(0) = 1$ 解此微分方程得：

$$R(t) = \mathrm{e}^{-\int_0^t r(t)\mathrm{d}t} \tag{5-9}$$

5.3.1.4　可修系统的可靠性数量指标

（1）首次故障前平均时间。

首次故障前时间 MTTFF（Mean Time to First Failure）为：

$$MTTFF = \int_0^\infty tf(t)\,\mathrm{d}t = \int_0^\infty R(t)\,\mathrm{d}t \qquad (5-10)$$

（2）维修过程的数量指标。

若把维修 T_{Fi} 的起始时刻视为 0 时刻，则部件或系统的维修度是指：部件或系统在规定的条件下，在规定的时间 $(0, \tau)$ 内完成维修而恢复正常状态的概率，记为 $M(\tau)$。设维修密度函数为 $m(\tau)$，则有：

$$M(\tau) = P(T_F < \tau) = \int_0^\tau m(\tau)\,\mathrm{d}\tau \qquad (5-11)$$

从形式上看，维修度对应于时刻 τ 的不可靠度，而未维修度 $\overline{M}(\tau) = 1 - M(\tau)$ 对应于时刻 τ 的可靠度。

类似于定义失效率那样可以定义维修率为 $\mu(\tau)$：

$$\mu(\tau) = \frac{m(\tau)}{\overline{M}(\tau)} = \frac{m(\tau)}{1 - M(\tau)} \qquad (5-12)$$

平均维修时间 MTTR（Mean Time To Repair）为：

$$MTTR = \int_0^\infty \tau m(\tau)\,\mathrm{d}\tau \qquad (5-13)$$

若维修时间服从参数为 μ 的指数分布，则有：

$$M(\tau) = 1 - \mathrm{e}^{-\mu\tau}$$

$$\mu(\tau) = \frac{m(\tau)}{1 - M(\tau)} = \frac{\mu\mathrm{e}^{-\mu\tau}}{\mathrm{e}^{-\mu\tau}} = \mu \qquad (5-14)$$

$$MTTR = \int_0^\infty \tau m(\tau)\,\mathrm{d}\tau = \int_0^\infty \tau\mu\mathrm{e}^{-\mu\tau}\,\mathrm{d}\tau = \frac{1}{\mu} \qquad (5-15)$$

（3）有关运行周期的数量指标

所谓周期是指部件或系统经历一次开工（正常工作 T_w）和停工（故障维修 T_F）时间。

1）平均开工时间 MUT（Mean Up Time）又称平均无故障工作时间。

$$MUT = \lim_{n \to \infty} \frac{1}{n} \sum_{i=1}^n E(T_{Wi}) \qquad (5-16)$$

式中　$E(T_{Wi})$ ——第 i 次正常工作时间的数学期望。

2）平均停工时间 MDT（Mean Down Time）

$$MDT = \lim_{n \to \infty} \frac{1}{n} \sum_{i=1}^{n} E(T_{Fi}) \qquad (5-17)$$

3）平均周期 MCT（Mean Cycle Time）

$$MCT = MUT + MDT \qquad (5-18)$$

4）可用度

部件或系统在规定的条件下，在任意时刻 t 正常工作的概率称为瞬时可用度（或瞬时有效度），用 $A(t)$ 表示。

$$A(t) = P(时刻\ t\ 正常) \qquad (5-19)$$

瞬时可用度 $A(t)$ 只涉及时刻 t 部件或系统是否正常，与 t 时刻以前是否发生故障无关。

若极限 $\lim\limits_{t \to \infty} A(t) = A$ 存在，则称 A 为稳态可用度。

可用度是可修系统中重要的可靠性指标之一。在工程应用中特别感兴趣的是稳态可用度，它表示部件或系统在长期的运行中，大约有 A 的时间比例处于正常工作状态。所以，它又可以称为系统的时间利用率。

根据稳态可用度的定义，显然有：

$$A = \frac{MUT}{MCT} = \frac{MUT}{MUT + MDT} \qquad (5-20)$$

5）故障频度。

可修部件（系统）的运行过程是一串正常和故障交替出现的过程。因此，对 $t > 0$，部件在 $[0, t]$ 时间内故障次数 $N(t)$ 是一个取非负整数值的离散随机变量。若 $[0, t]$ 时间内故障次数 $N(t)$ 的分布律为：

$$P_k(t) = P(N(t) = k) \qquad (k = 0, 1, 2, \cdots)$$

则部件在 $[0, t]$ 时间内的平均故障次数为：

$$M(t) = E[N(t)] = \sum_{k=1}^{\infty} k P_k(t) \qquad (5-21)$$

若 $M(t)$ 的微商存在，称

$$m(t) = \frac{\mathrm{d}M(t)}{\mathrm{d}t} \qquad (5-22)$$

为部件的瞬时故障频度。

若 $\lim\limits_{t \to \infty} \dfrac{M(t)}{t} = \lim\limits_{t \to \infty} m(t) = M$ 存在，则称 M 为稳态故障频度，它表示在长期的运行过程中，部件在单位时间内的平均故障次数，显然

$$M = \frac{1}{MCT} \tag{5-23}$$

5.3.1.5 马氏可修系统的可靠性

如果部件的无故障工作时间和维修时间都服从指数分布时，由它们所构成的系统就可以用马尔柯夫过程（Markov Process）来描述，这样的可修系统称之为具有马尔柯夫性的可修系统，简称马氏可修系统。

系统由 n 个部件串联而成（即串联系统），第 i 个部件的无故障工作时间 TW_i 的分布函数为 $1 - \mathrm{e}^{-\lambda_i t}$，其故障后的修理时间 TF_i 的分布函数为 $1 - \mathrm{e}^{-\mu_i t}$（$\lambda_i$，$\mu_i > 0$，$i = 1, 2, \cdots, n$）。$n$ 个部件都正常时，系统处于正常工作状态，只要有一个部件发生故障，则系统处于故障状态。因此，系统共有 $n + 1$ 个状态，n 个部件都正常时处于状态 0，第 j 个部件故障，处于状态 j（$j = 1, 2, \cdots, n$），则系统状态转移率矩阵为：

$$A = \begin{pmatrix} -\lambda & \lambda_1 & \lambda_2 & \cdots & \lambda_n \\ \mu_1 & -\mu_1 & 0 & \cdots & 0 \\ \mu_2 & 0 & -\mu_2 & \cdots & 0 \\ \vdots & \vdots & \vdots & & \vdots \\ \mu_n & 0 & 0 & \cdots & -\mu_n \end{pmatrix}$$

其中，$\lambda = \sum\limits_{i=1}^{n} \lambda_i$。

根据转移率矩阵列出稳态方程 $\pi A = 0$，由此得：

$$\begin{cases} -\lambda \pi_0 + \mu_1 \pi_1 + \cdots + \mu_n \pi_n = 0 \\ \lambda_1 \pi_0 - \mu_1 \pi_1 = 0 \\ \vdots \qquad \vdots \qquad \vdots \\ \lambda_n \pi_0 - \mu_n \pi_n = 0 \end{cases}$$

　　这 $n+1$ 个方程不独立，去掉第一个最复杂的方程，留下后面的 n 个方程，再加上一个正则方程得：

$$\begin{cases} \lambda_j \pi_0 - \mu_j \pi_j = 0 \\ \pi_0 + \pi_1 + \cdots + \pi_n = 1 \end{cases} \qquad (j = 1,\ 2,\ \cdots,\ n)$$

由前 n 个方程得：$\pi_j = \dfrac{\lambda_j}{\mu_j} \pi_0$

将其代入最后一个方程，解出此方程中的 π_0：

$$\pi_0 = \left(1 + \sum_{i=1}^{n} \frac{\lambda_j}{\mu_j} \right)^{-1}$$

所以系统处于各状态的稳态概率为：

$$\begin{cases} \pi_0 = \left(1 + \sum_{i=1}^{n} \dfrac{\lambda_j}{\mu_j} \right)^{-1} \\ \pi_j = \dfrac{\lambda_j}{\mu_j} \cdot \pi_0 \end{cases} \qquad (5-24)$$

则系统的可用度为：

$$A = \pi_0 = \left(1 + \sum_{i=1}^{n} \frac{\lambda_j}{\mu_j} \right)^{-1} \qquad (5-25)$$

系统的首次故障前平均时间：

$$MTTFF = \frac{1}{\lambda} = \frac{1}{\sum_{i=1}^{n} \lambda_i} \qquad (5-26)$$

系统的故障频度：

$$M = \pi_0 \sum_{j=1}^{n} \lambda_j = \lambda \left(1 + \sum_{i=1}^{n} \frac{\lambda_i}{\mu_i} \right)^{-1} \qquad (5-27)$$

系统的各平均时间
系统的平均周期：

$$MCT = \frac{1}{M} = \frac{1}{\lambda} \left(1 + \sum_{i=1}^{n} \frac{\lambda_i}{\mu_i} \right) \qquad (5-28)$$

系统的平均工作时间：

$$MUT = \frac{A}{M} = \frac{1}{\lambda} \qquad (5-29)$$

系统的平均停工时间：

$$MDT = \frac{1-A}{M} = \frac{1}{\lambda} \sum_{i=1}^{n} \frac{\lambda_i}{\mu_i} \qquad (5-30)$$

5.3.2 综采面机的可靠性分析

综采面的生产系统中的机器设备主要包括采煤机、刮板运输机和液压支架。这三种设备属于串联方式工作。以下以新庄矿 22051 综采工作面系统为例，计算机的可靠性。

根据对新庄矿的事故统计，其采煤机的故障率 $\lambda = 0.003$，维修率 $\mu = 0.2$，刮板运输机的故障率 $\lambda = 0.002$，维修率 $\mu = 0.167$；液压支架的故障率 $\lambda = 0.0005$，维修率 $\mu = 0.1$。则系统的可靠性指标分别为：

系统首次故障前平均时间：

$$MTTFF = \frac{1}{\lambda} = \frac{1}{0.003 + 0.002 + 0.0005}$$
$$= 181.8h$$

系统的可用度：

$$A = \left(1 + \sum_{i=1}^{n} \frac{\lambda_j}{\mu_j}\right)^{-1} = \left(1 + \frac{0.003}{0.2} + \frac{0.002}{0.167} + \frac{0.0005}{0.1}\right)^{-1}$$
$$= 0.969$$

系统的故障频度：

$$M = \lambda \left(1 + \sum_{i=1}^{n} \frac{\lambda_i}{\mu_i}\right)^{-1} = 0.0055 \left(1 + \frac{0.003}{0.2} + \frac{0.002}{0.167} + \frac{0.0005}{0.1}\right)^{-1}$$
$$= 0.0054$$

系统的平均周期：

$$MCT = \frac{1}{M} = 187.6h$$

系统的平均工作时间：

$$MUT = \frac{1}{\lambda} = 181.8\text{h}$$

系统的平均停工时间：

$$MDT = \frac{1-A}{M} = 5.8\text{h}$$

通过对新庄矿综采面生产系统的可靠性指标的计算可知，整个系统的可用度为 0.969，但是我们应该清楚，这个可用度只是三大设备串联系统的可用度；要保证综采面持续生产，不仅仅是这三大设备要正常运转，包括端头及风巷中的其他设备如转载机、破碎机、胶带输送机、乳化液泵等也要正常运转，所以综采面要正常生产的概率要远远低于我们计算出的系统可用度。仅从综采面的机的可靠性来看，这三大设备的维修率都很低，必须采取措施提高维修率 μ，这样既提高了系统的可用度，又有效地降低了系统的故障频度，从而使系统的平均周期变长，平均工作时间增多，增加综采面的生产能力，提高煤炭产量，为提高煤矿的经济效益奠定良好的基础。

5.4　故障模式和影响分析

故障模式和影响分析（Failure Mode and Effect Analysis, FMEA）是安全系统工程中重要的分析方法之一，主要用于系统的安全设计。它是按故障模式，分析对系统发生影响的所有子系统（或元素）的故障，并且研究这些故障的影响，进而指明每种故障发生的模式及其对系统运行所产生影响程度，最终提出减少或避免这些影响的措施。FMEA 本质上是一种定性的、归纳的分析方法，为了能将它使用于定量分析，又增加了致命度分析（Criticality Analysis, CA）的内容，发展成为 FMECA。

1957 年，美国开始在飞机发动机上使用 FMEA 法。接着航天航空局和陆军进行工程项目招标时，都要求承包商提供 FMECA 分析。此外，航天航空局还把 FMECA 作为保证宇航飞船可靠性的基本方法。目前这种方法已在核电、动力工业、仪器仪表工业中得到了广泛的应用。日本的机械制造业如著名的丰田汽车发动机厂，已多年使用这种方法，并和质量管理结合起来，积累了相当完备的 FMEA 资料[5]。

5.4.1 故障模式

FMEA 起源于可靠性技术，过去多用于航空、宇航、军事等大型工程中，如今它已广泛用于机械、电子、电力、化工、交通等几乎所有重要工业领域。FMEA 就是对系统的各个组成部分，即子系统（或元素）进行分析，找出它们的缺点或潜在的缺陷，进而分析各子系统（或元素）的故障模式及其对系统（或上一层次结构）的影响，以便采取措施予以防止或消除。为此，有必要对这个方法涉及的一些概念加以阐述。

5.4.1.1 故障和故障模式

（1）故障。所谓故障，是指元件、子系统、系统在运行时不能达到设计规定的要求，因而完不成规定任务或完成得不好[6]。显然，并非所有的故障都会造成严重后果，而是其中一部分故障会影响系统完不成任务或造成事故损失。

（2）元件。所谓元件是构成系统、子系统的单元或单元组合，它分为下述几种

1）零件：不能进一步分解的单个部件，具有设计规定的性能；

2）组件：由两个以上零部件构成，在子系统中保持特定性能；

3）功能件：由几个到成百个零部件组成，具有独立的功能。

元件发生故障时，其呈现的模式可能不止一种。例如一个阀门发生故障，至少可能有：

1）内部泄漏；

2）外部泄漏；

3）打不开；

4）关不紧 4 种模式，它们都会对子系统甚至系统产生不同程度的影响。

（3）故障模式。故障模式就是故障出现的状态，也就是故障的表现形式，一般可以从以下几方面考虑：

1）运行过程中的故障；

2）过早地启动；

3）规定时间不能启动；

4）规定时间不能停车；

5）运行能力降级、超量或受阻。

以上各种故障还可分为数十种模式。例如：变形、裂纹、破损、磨耗、腐蚀、脱落、咬紧、松动、折断、烧坏、变质、泄漏、渗透、杂物、开路、短路、杂音等都是故障表现形式，都会对子系统产生不同程度的影响。

（4）元件发生故障的原因。大致有下述5类：

1）设计上的缺点。由于设计所采取的原则、技术路线等不当，带来先天性缺陷，或者由于图纸不完善或有错误等；

2）制造上的缺点。加工方法不当或组装方面的失误；

3）质量管理方面的缺点。检验不够或失误以及工程管理不当等；

4）使用上的缺点。误操作或未按设计规定条件操作；

5）维修方面的缺点。维修操作失误或检修程序不当等。

5.4.1.2　故障模式的分级

鉴于各种故障模式所引起的子系统或系统障碍程度与范围有很大的不同，因而在处理措施方面也应分清轻重缓急，区别对待。因此，用适当的科学的尺度，评定故障模式的等级，是非常必要的。评定时可以从以下几方面考虑：

（1）故障影响大小。

（2）对系统造成影响的范围。

（3）故障发生的频率。

（4）防止故障的难易。

（5）是否重新设计。

故障模式的等级是按照故障类型对子系统或系统影响程度不同而划分的，主要目的是按故障等级安排安全措施。

一般将故障类型分为四个等级：

Ⅰ级（致命的）：可能造成人员死亡或整个系统损坏。

Ⅱ级（严重的）：可能造成重伤、严重的职业病或主要系统损坏。

Ⅲ级（临界的）：可能造成轻伤、轻度职业病或次要系统损坏。

Ⅳ级（可忽略的）：不会造成伤害或职业病，系统不会损坏。

划分故障等级可以采用这种定性的方法，直接判定故障类型的故障等级。它基本上只考虑事故的严重性，而不考虑事故的发生概率，有一定片面性。为了更全面地确定故障等级，则采用定量方法，即按式（5-31）计算故障等级值 C_s

$$C_s = \sqrt[5]{C_1 C_2 C_3 C_4 C_5} \qquad (5-31)$$

式中　C_1——故障影响大小，即损失严重度；

　　　C_2——故障影响范围，即影响到系统的哪个层次；

　　　C_3——故障频率；

　　　C_4——防止故障的难易程度；

　　　C_5——是否为新设计的工艺。

$C_1 \sim C_5$ 的取值范围均为 $1 \sim 10$。可请 $3 \sim 5$ 位有经验的专家讨论的办法确定 C_i 值。最后，根据 C_s 值的大小划分等级，见表 5-1。也可以采取各因素影响值 C_i 累计求和的办法。即按式（5-32）计算 C_s 值

$$C_s = \sum_{i=1}^{5} C_i \qquad (5-32)$$

这时，C_i 取值按表 5-2，等级划分按表 5-1。

表5-1　故障等级划分表

故障等级	C_s值	内　容	应采取的措施
Ⅰ致命	7~10	系统完不成任务，人员伤亡	变更设计
Ⅱ严重	4~7	大部分完不成任务	重新讨论设计，也可变更设计
Ⅲ临界	2~4	一部分完不成任务	不必变更设计
Ⅳ可忽略	<2	无影响	无

表5-2　C_i取值表

评价因素 C_i	内　容	C_i值
故障影响大小（C_1）	造成生命损失	5.0
	造成相当程度的损失	3.0
	组件功能损失	1.0
	无功能损失	0.5

续表 5 - 2

评价因素 C_i	内　　容	C_i 值
故障影响范围（C_2）	对系统造成两处以上的重大影响	2.0
	对系统造成一处重大影响	1.0
	对系统无过大影响	0.5
故障频率（C_3）	容易发生	1.5
	能够发生	1.0
	不大发生	0.7
防止故障的难易程度（C_4）	不能防止	1.3
	能够防止	1.0
	易于防止	0.7
是否为新设计的工艺（C_5）	内容相当新的工艺	1.2
	内容和过去相类似的设计	1.0
	内容和过去一样的设计	0.8

5.4.1.3　FMEA 的格式

FMEA 的一般格式如表 5 - 3 所示。

表 5 - 3　标准的 FMEA 格式

系　　统_____　　　　　　　　　　　　　　　页号_____
子系统_____　　　　　故障模式和影响分析　　　日期_____
订合同人_____　　　　　　　　　　　　　　　制表_____
　　　　　　　　　　　　　　　　　　　　　　　批准_____

1 对象	2 功能	3 故障模式	4 设想原因	5 故障影响		6 检测方法	7 补偿措施	8 致命度	9 备注
				子系统	系统				

在表头栏内填写所列系统、子系统名称等内容。此表格可用于子系统中的组件或零件，所以只列子系统名称。表头中的"批准"项分别记入制表人、负责人姓名。下面依次对各项目加以说明。

（1）对象——设备、组件、零件等。每次列出组成子系统的一个单元。记入它在预先画制的逻辑图上的编号，或设计图上的零件编号等识别标号，两者都可记入，也可只记入其中之一。目前所见的实例中，有的把方框图也列入标题栏内，若子系统简单，这种做法是可以的。

（2）功能。写明（1）栏所列对象原定应完成的功能。对于研制初期的功能 FMEA，由于零件、组件还未确定下来，所以没有（1）栏，只能从本栏开始分析。当设计确定之后，只列分析对象，也可以省略本栏，这种情况为数不少。

（3）故障模式。故障模式也称故障的形态。具有代表性的故障模式有：电器部件的短路、断路、回路无输出、不稳定；机械系统中的变形、磨损、黏结；流体系统的泄漏、污染等，在 FMEA 中，不考虑同时出现两个以上的故障，但对同一对象，则要考虑两个以上的故障模式，只不过每次只列举 1 个进行分析。

（4）设想原因。记入经过分析所设想的原因，包括只能引起偶然故障的原因及非预期的外力（环境、使用条件）原因，也应考虑制造上的，或潜在的缺陷问题。一般认为，对于这类问题，维修部门掌握了大量资料。

（5）故障影响。假设（3）栏所列故障模式已经发生，则在此栏内记述它对上级层次所产生的影响。首先容易记入的是与其直接相连的上一级硬件的影响，进而向更上一级分析。有时也填入对系统完成任务的影响。此外，对生命和财产有危险时，常另设一栏，以记载这方面的影响。

（6）检测方法。记述故障发生后，用什么方法查出故障，例如通过声音变小和仪表读数的变化进行检查，又如，对人造卫星通过遥测技术，等等。

（7）补偿措施。此栏与前一栏相类似，记述在现有的设计中，对故障有哪些补偿措施。例如，可用手动代替自动功能，等等。

（8）致命度。分析到此，故障结果会产生何种程度的致命度？在此栏内要根据一定的标准或尺度确定致命度等级，一般多以故障发生的频率及影响的重要度作为分级标准，有的还进一步考虑了对应的时间裕度（紧迫性）。多数情况是根据系统的特性及其所承担任务的性质来决定级别。

（9）备注。这一栏是为了记载上述各栏尚未说清楚的事项，或对阅表人有用的辅助性说明。

5.4.2　分析程序

进行 FMEA 分析时，一般应遵循以下程序[7]。

（1）熟悉系统。熟悉系统是所有系统安全分析方法必需的前提条件。这里所说的熟悉系统主要是了解系统的构成情况，系统、子系统、组件的划分情况，各部分的功能及其相互关系，系统的工作原理、工艺流程及有关可靠性参数等，重点了解系统的故障情况。

（2）确定分析深度。根据分析目的决定故障类型和影响分析的深度。用于系统的安全设计，就详细分析，对每一个组件都不能放过。用于系统的安全管理，特别是对现有系统的安全管理，则允许分析得粗一些，可以把由若干组件组成的、具有独立功能的所谓功能件作为组件分析，如泵、电机等。按照分析目的确定分析深度，既可避免安全设计时不应有的遗漏，又可减少安全管理工作者不必要的繁琐分析过程。

（3）绘制系统功能框图或可靠性框图。绘制这两种框图的目的是要从系统功能或可靠性方面弄清系统的构成情况和完成功能的情况，并以此作为故障类型和影响分析的出发点。

绘制框图，可以是功能框图，也可以是可靠性框图。功能框图是根据系统各部分所具有的功能及其相互关系表示系统总体功能的一种框图。系统可靠性框图是根据系统可靠性的相关关系绘制的一种框图。图 5-1 分别给出了串联的、并联的、串并联的系统可靠性框图。一般情况下，只有构成一个系统的所有子系统都能正常运行，才能保证系统正常运行的情况，用串联形式把子系统连接起来，如图 5-1a所示。如果构成系统的任何一个子系统正常就能保证系统正常，则用并联形式，如图 5-1b 所示。根据这种原则，也存在串并联连接形式，如图 5-1c 所示。同理，也可以绘制子系统的可靠性框图，其系统结构必是串联。而并联系统，其可靠性框图则不一定是并联。例如，某几个并联电阻，其输出为一定电阻值，在可靠性框图中，这几

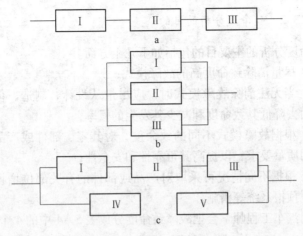

图 5-1 系统可靠性框图

个电阻就必须用串联表示。

（4）列出所有故障类型并分析其影响。按框图绘出的与系统功能和系统可靠性有关部件、组件，根据过去的经验和有关故障资料信息，列出所有可能的故障类型，并分析其对子系统、系统，以及对人的影响。

（5）分析构成故障类型的原因及其检测方法，并制成故障类型和影响分析表。

5.4.3 致命度分析

5.4.3.1 致命度分析的概念

致命度分析（Criticality Analysis，CA）是在故障模式及影响分析的基础上扩展出来的。在系统进行初步分析（如故障模式及影响分析）之后，对其中特别严重的故障模式（如Ⅰ级有时也对Ⅱ级）单独再进行详细分析。致命度分析就是对系统中各个不同的严重故障模式计算临界值——致命度指数，即给出某故障模式产生致命影响的概率。它是一种定量分析方法，与故障模式及影响分析结合使用时，叫做故障模式、影响及致命度分析（FMECA）。

5.4.3.2　致命度分析的目的

致命度分析的主要目的包括如下几个方面。

（1）尽量消除致命度高的故障模式；

（2）当无法消除故障模式时，应尽量从设计、制造、使用和维修等方面去降低其致命度和减少其发生的概率；

（3）根据故障模式不同的致命度，对其零、部件或产品提出相应的不同质量要求，以提高其可靠性和安全性；

（4）根据不同情况可采取对产品或部件的有关部位增设保护装置、监测预报系统等措施。

美国汽车工程师学会把故障致命度分成表 5 - 4 中的 4 个等级。

表 5 - 4　致命度等级与内容

等　级	内　容	等　级	内　容
I	有可能丧失生命的危险	III	设计运行推迟和损失的危险
II	有可能使系统损坏的危险	IV	造成计划外维修的可能

5.4.3.3　致命度指数的计算

一般情况下，使用下式计算出致命度指数 C_γ，它表示元件运行100 万小时/次发生的故障次数。

$$C_\gamma = \sum_{j=1}^{n} (\alpha\beta k_A k_E \lambda_G t \cdot 10^6)_j \qquad (5-33)$$

式中　j——组件的致命故障类型序数，$j = 1, 2, \cdots, n$；

　　　n——组件的致命故障类型数；

　　　λ_G——组件的故障率；

　　　t——完成一次任务，组件运行时间；

　　　k_A——运行强度修正系数。实际运行强度与实验室测定 λ_G 时运行强度之比；

　　　k_E——环境修正系数；

　　　α——λ_G 中第 j 个故障类型所占的比率；

　　　β——发生故障时造成致命影响的概率，其值如表 5 - 5 所示。

表 5 – 5　发生故障时造成致命影响的概率

影　响	发生概率	影　响	发生概率
实际损失	$\beta = 1.0$	可能损失	$0 < \beta < 0.1$
可预计损失	$0.1 \leqslant \beta < 1.0$	无影响	$\beta = 0$

5.4.4　刮板输送机故障模式

根据对采煤工作面刮板输送机故障资料的收集和整理，得出刮板输送机主要存在 12 种故障模式，如图 5 – 2 所示。

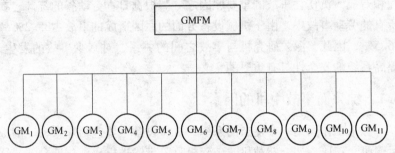

图 5 – 2　工作面刮板运输故障模式图

GMFM—工作面刮板运输故障模式；GM_1—断链；GM_2—飘上链；GM_3—刮板输送机超载拉不动；
GM_4—电动机故障；GM_5—减速器故障；GM_6—联轴器故障；GM_7—紧链装置故障；
GM_8—液压推进系统故障；GM_9—信号装置故障；GM_{10}—制动装置故障；
GM_{11}—转载机故障

参 考 文 献

[1] 杨玉中. 人机环境系统工程在井下运输安全中的应用 [D]. 焦作：河南理工大学，1999.

[2] 陈毅然. 人机工程学 [M]. 北京：航空工业出版社，1990.

[3] 王永健，等. 矿井系统可靠性工程基础 [M]. 徐州：中国矿业大学出版社，1995.

[4] 曹晋华，等. 可靠性数学引论 [M]. 北京：北京科学技术出版社，1986.

[5] 景国勋，杨玉中. 煤矿安全系统工程 [M]. 徐州：中国矿业大学出版社，2009.4.

[6] 景国勋，杨玉中，张明安. 煤矿安全管理 [M]. 徐州：中国矿业大学出版社，2007.11.

[7] 景国勋，孔留安，杨玉中，等. 矿山运输事故人－机－环境致因与控制 [M]. 北京：煤炭工业出版社，2006.10.

6 综采面事故与机的关系分析

在人－机－环境系统中，人是决定因素，机是重要因素。随着科学技术的进步，机械化水平得到大幅度提高，机越来越多的替代了人的手工操作，在系统中发挥着日益重要的作用。但随之而来的是机械伤害事故的增多。机械设备故障已经成为影响人－机－环境系统安全性和造成人员伤亡事故的重要原因之一。根据日本劳动省的统计，在所有的劳动事故中，由于机械设备方面的原因造成的事故占35.2%～36.5%，因此，深入研究机与事故之间的关系，对减少事故的发生，提高系统的安全性具有重要的意义。

6.1 综采面事故中机的因素

综采工作面是一个复杂的系统，机械设备主要包括采煤机、刮板运输机、液压支架、转载机、破碎机、胶带输送机、乳化液泵站、移动变电站、真空开关等。设备种类繁多，在引发事故的诸因素中，机是一个不可忽视的重要因素。

根据对新庄矿的事故统计，在伤亡事故中，由于机的因素而造成事故的占23.4%，在非伤亡事故中，因为机的原因而造成事故的占35.3%。2003年全年综采面由于机械设备故障而引发的事故共出现10次，影响生产时间68h。

综上所述，在综采面人－机－环境系统中，机械设备故障是导致事故的一个重要因素。因此，分析机械设备故障原因，并采取相应的控制措施，可以有效地减少事故的发生，提高系统的安全性，进而提高综采面的产量。

6.2 综采面事故的事件树分析

6.2.1 概述

事件树是1965年前后发展起来的"决策树"，它是一种将系统内各元素按其状态（如成功或失败）进行分支，最后直至系统状态输出为止的水平放置树状图。它建立在概率论和运筹学的基础之上。1972 年以前，事件树分析法主要用于管理工作中进行决策，1972 年以后，开始应用于安全方面的事故分析。

事件树分析法（Event Tree Analysis，简称 ETA）是一种时序逻辑的事故分析方法，它是按照事故的发展顺序，分成阶段，一步一步地进行分析，每一步都从成功和失败两种可能后果考虑，直到最终结果为止，所分析的情况用水平树枝状图表示，故叫事件树。

事件树分析法是安全系统工程中重要的分析方法之一，它既可以定性地了解整个事故的动态变化过程，又可以定量地计算出各阶段的概率，最终了解事故的各种状态的发生概率。ETA 着眼于事故的起因事件或诱因事件进入系统时，与此相关联发生的机械设备各部分、作业施工各阶段中的安全机能的不良状态会对后续的一系列机能维持的成败造成怎样的影响，确定应采取的程序，根据这一程序把系统分成在保持安全机能方面的成功与失败，展开成树枝状，在失败的各分支上假定发生的故障、事故的种类，分别确定它们的发生概率，由此求得最终的事故种类和发生概率。

在安全管理上用 ETA 对重大问题进行决策时，更是其他方法所不能代替的。1974 年美国耗资 300 万美元对核电站进行风险评价项目中，事件树分析法起了重要的作用。现在许多国家形成了标准化的分析方法。

6.2.2 事件树分析的理论依据及程序

6.2.2.1 事件树分析的理论依据

事件树分析的理论基础是系统工程决策论。决策论中的一种决策方法是用决策树进行决策的，而事件树分析则是从决策树引申而来的分析方法，即决策树用在安全分析时便称之为事件树。事件树分析最初用于可靠性分析，它是用元件的可靠性表示系统可靠性的系统分析方法之一。系统中每个元件都存在具有与不具有某种规定功能的两种可能。元件正常，说明其具有某种规定功能；元件失效（故障）说明其丧失某种规定功能。把元件正常状态记为成功，其状态值为1，把失效状态记为失败，其状态值为0。按照系统的构成状况，顺序分析各元件成功、失败的两种可能，将成功作为上分支，将失败作为下分支，不断延续分析，直到最后一个元件，形成一个水平放置的树形图。最后根据事件树图进行定性分析和定量计算[1]。

6.2.2.2　事件树分析的程序

（1）确定系统及其构成要素，也就是明确所要分析的对象和范围，找出系统的组成要素，以便展开分析。

（2）分析各要素的因果关系及成功与失败的两种状态。

（3）从系统的起始状态或诱因事件开始，按照系统构成要素的排列顺序，从左至右逐步编制与展开事件树。

（4）根据需要，可算出各结点的成功与失败的概率值，进行定量计算，求出因失败造成事故的发生概率。

6.2.3　综采面机械设备故障的事件树分析

综采工作面的环境条件比较恶劣，长期处于这种环境条件下的机器设备容易发生故障。根据综采工作面的主要设备和故障原因建立了事件树图，如图6-1所示。

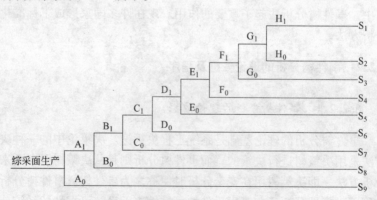

图6-1　综采面正常生产的事件树图

图中各事件符号对应的事件及其发生概率如表6-1所示。

表6-1　事件名称及发生概率

事　件	事件名称	发生概率	事　件	事件名称	发生概率
A_1	胶带输送机正常	0.995	A_0	胶带输送机故障	0.005
B_1	转载机正常	0.997	B_0	转载机故障	0.003
C_1	刮板输送机正常	0.998	C_0	刮板输送机故障	0.002
D_1	液压支架正常	0.999	D_0	液压支架故障	0.001
E_1	采煤机正常	0.997	E_0	采煤机故障	0.003
F_1	上隅角瓦斯浓度大于1%	0.025	F_0	上隅角瓦斯浓度小于1%	0.975
G_1	瓦斯浓度达到爆炸范围	0.0001	G_0	瓦斯浓度未达到爆炸范围	0.9999
H_1	出现火源	0.002	H_0	未出现火源	0.998

该事件树图的系统输出状态含义如表6-2所示。

表6-2　系统输出状态及其发生概率表

代　号	系统输出状态	发生概率	代　号	系统输出状态	发生概率
S_1	瓦斯爆炸	4×10^{-8}	S_6	系统故障	0.001
S_2	重大险兆，极度危险	2.4×10^{-5}	S_7	系统故障	0.002
S_3	非常危险	0.024	S_8	系统故障	0.003
S_4	正常生产	0.948	S_9	系统故障	0.005
S_5	系统故障	0.003			

6.2.3.1　定性分析

由事件树图可知，若风巷中的胶带输送机故障，则综采面生产不能进行，系统发生故障，否则取决于转载机是否正常；若转载机故障，则不能把综采面采落的煤炭转载到胶带输送机，不能正常生产，否则取决于刮板输送机是否正常；若刮板输送机故障，则采煤机采落的煤炭无法运出工作面，系统不能正常生产，否则取决于液压支架是否正常；若液压支架发生故障，则系统不能正常生产，否则取决于采煤机是否正常；若采煤机故障，则系统处于故障状态，不能正常割煤，否则取决于上隅角瓦斯浓度是否大于1%；若上隅角瓦斯浓度大于1%，则系统处于危险状态，必须停产，否则取决于瓦斯浓度是否达到爆炸范围；若达到爆炸范围，则系统极度危险，否则取决于是否出现火源；若出现火源，则会发生瓦斯爆炸事故，对人员和设备造成极大的损坏。

由系统输出状态和上述分析可知，只有系统输出状态为 S_4 时，系统才能正常生产，处于正常状态；系统输出状态为 S_1 时，将发生瓦斯爆炸事故；系统输出状态为 S_2 时，综采面处于极度危险之中，一旦出现火源就会发生瓦斯爆炸；系统输出状态为 S_3 时，虽不会发生瓦斯爆炸事故，但按照《煤矿安全规程》的规定，必须停产，处理瓦斯。其他输出状态 $S_5 \sim S_9$ 均为故障状态，系统不能正常生产。

6.2.3.2　定量分析

由可靠度的定义知，对于一个综采生产系统或各部件等在规定的条件下和预定的时间内完成其规定功能的概率称为它们的可靠度。简言之，可靠度是部件等工作直到时刻 t 无故障的概率。所以，可靠度用以时间 t 为随机变量的分布函数 $R(t)$ 表示。

对于相继出现的许多随机"质点"来说形成了一个随机质点"流"。由概率论得知，满足下列条件的流称为泊松流：在某一时间间隔内出现的随机质点个数只与时间间隔的大小有关，而与时间的起点无关；在若干个不相交的时间间隔内出现的随机质点个数是独立的（这一时间间隔内出现的随机质点个数与前一个时间间隔内出现的随机质点个数无关，也不影响下一个时间间隔内将会出现的随机质点的个数）；在充分小的时间间隔内最多出现一个随机质点；在有限时间区间 $(t, t + \Delta t)$ 内只出现有穷多个随机质点[2,3]。对综采工作面的分析可知，综采面生产系统及其设备工作时，接连出现的故障形成的故障流满足泊松流的条件，即故障流为泊松流。因此，故障流的分布为泊松分布。于是有：

$$P_k(t) = \frac{(\lambda t)^k e^{-\lambda t}}{k!} \qquad (6-1)$$

式中　t——时间；

　　　λ——故障率；

　　　k——在时间间隔 t 内的平均故障次数。

$P_k(t)$ 的意义是在时间间隔 t 内发生 k 次故障的概率。由可靠度的定义知，在时间间隔 t 内一次故障也不发生的概率就是时间间隔 t 内的可靠度。则由式（6-1）中的 $t=0$ 便得到综采面生产系统及其设备（部件等）的可靠度函数为：

$$R(t) = P_0(t) = e^{-\lambda t} \qquad (6-2)$$

根据对新庄矿 2000~2004 年的统计数据，各事件的发生概率如表 6-1 所示。

则系统输出状态的发生概率分别为：

$$R_{s_1} = R_{A_1} \cdot R_{B_1} \cdot R_{C_1} \cdot R_{D_1} \cdot R_{E_1} \cdot R_{F_1} \cdot R_{G_1} \cdot R_{H_1} = 0.000000004$$

$$\vdots$$

$$R_{s_{10}} = R_{A_0} = 0.005$$

具体各系统输出状态的发生概率如表 6-2 所示。

由系统输出状态及发生概率可知，瓦斯爆炸事故发生的概率非常小，而且只要杜绝综采面出现火源，就不会发生瓦斯爆炸事故。但综采面上隅角瓦斯浓度超过 1% 的概率为 2.4%，所以必须采取有效措施降低瓦斯浓度，提高综采面的开机率。综采面正常生产的概率为 0.948，要提高综采面正常生产的概率，必须：

（1）加强瓦斯抽放和通风，降低工作面瓦斯浓度，这是影响综采面产量提高的一个重要因素；

（2）提高综采面各种机械设备的完好率，尤其是要提高工人的维修水平，降低设备待修率；

（3）加强综采面火源管理，防止出现意外火源。

6.3 综采面事故的事故树分析

6.3.1 概述

事故树分析（Fault Tree Analysis，简称 FTA）是安全系统工程的重要的系统分析方法之一。该方法起源于美国贝尔电话研究所。六十年代主要用于航空安全领域，1974 年美国原子能委员会利用事故树分析法对核电站事故危险性进行了评价和预测，发表了著名的拉氏姆逊（N. C Rasussen）报告，从此引起了世界各国的普遍关注。在各行各业的安全管理领域中都得到了不同程度的应用。我国煤炭行业在安全管理中应用事故树分析起步较晚，目前停留在定性分析阶段。

6.3.2　事故树分析的概念

事故树是由图论[4]理论发展而来的。将图论中的树的结点看成是事件的代表，而树枝中的结点之间用逻辑门连接，这样连接而成的树图反映了事故的因果关系，称这样的有向树为事故树。

事故树分析是从一个可能的事故开始，一层一层地逐步寻找引起事故的触发事件、直接原因和间接原因，直到基本事件，并根据这些事故原因之间的相互逻辑关系，用逻辑树图把这些原因以及它们的逻辑关系表示出来。事故树分析法是一种演绎分析方法，即从结果分析原因的分析方法。该方法实质上是一个布尔逻辑模型，这个模型描绘了系统中事件之间的关系。这些事件的组合最终导致一个结果的发生，即顶上事件。在安全分析中，顶上事件被定义为一个不希望发生的事件（事故或故障）。

事故树分析能详细描述事故原因及其相互之间的逻辑关系，便于发现系统中存在的潜在危险，便于寻找控制事故的要点，同时也便于进行定量计算。因此，事故树分析在世界各国都得到重视并广泛加以发展[5]。

6.3.3　事故树分析的步骤

事故树分析的目的是为了防止同类事故的再次发生，因而在分析时，必须根据现有的以及以往发生的事故或系统可能发生的事故，寻找其发生的原因，了解事故发生的主要宏观趋势和规律，从而采取有效的防范措施。为了全面、系统地分析事故，应按一定的程序进行事故树分析[6]。

（1）确定顶上事件。顶上事件是人们所不希望发生的事件，是所要分析的对象。在调查和整理过去事故或将来可能发生的事故基础上，选取那些易于发生且后果严重或发生频率不高但后果非常严重或后果不太严重但发生非常频繁的事故作为顶上事件。

（2）充分了解系统。生产系统是分析对象存在的条件。要确实了解掌握被分析系统的情况，对系统中人、机、环境三大组成要素进行详细的了解，这是编制事故树的基础和依据。

（3）调查事故原因。从系统的人、机、环境缺陷中，寻求构成事故的原因。在构成事故的各种因素中，既要重视具有因果关系的因素，也要重视相关关系的因素。

（4）编制事故树图（FT 图）。在认真分析顶上事件、中间关联事件及基本事件关系的基础上，按照演绎（推理）分析的方法逐级追究原因，将各种事件用逻辑符号予以连接，构成完整的事故树图。

（5）定性分析。定性分析是事故树分析的核心内容，其目的是分析该类事故的发生规律及特点，找出控制事故的可行方案。其主要内容包括：求解事故树的最小割集、最小径集、基本事件的结构重要度以及制定预防事故的措施。

（6）定量分析。依据各基本事件的发生概率，求解顶上事件的发生概率，在输出顶上事件概率的基础上，求解各基本事件的概率重要度和临界重要度。

总之，事故树分析包括了定性分析和定量分析两大类。从实际应用而言，由于我国目前尚缺乏设备的故障率和人的失误率的实际资料，故给定量分析带来很大困难或不可能，所以在事故分析中，目前一般多进行定性分析。

6.3.4 事故树的最小割集和最小径集

6.3.4.1 最小割集

设 C 是某事故树中一些基本事件组成的集合，若 C 中每个事件都发生，顶上事件也必然发生，则称集合 C 为该事故树的一个割集[7]。

若 C 是一个割集，而从中任意去掉一个事件后就不再是割集，则称 C 为最小割集，亦即使顶上事件发生所必需的最低限度的基本事件的集合。

6.3.4.2 最小径集

设 A 是某事故树中的一些基本事件组成的集合，若 A 中每个事件都不发生，顶上事件也不发生，则称集合 A 为该事故树的一个径集[7]。

若 A 是一个径集，而从中任意去掉一个事件后就不再是径集，则称 A 为最小径集，亦即使顶上事件不发生的最低限度的基本事件的集合。

由最小割集和最小径集的定义可以看出：最小割集反映系统的危险性。事故树中有几个最小割集，顶上事件发生就有几种可能途径。最小割集越多，说明系统越危险。求出事故树的最小割集就可以掌握事故发生的可能途径，为事故调查、分析及预防提供重要方法。最小径集反映系统的安全性。事故树中有几个最小径集，使顶上事件不发生就有几种控制方案。最小径集越多，系统就越安全。

6.3.5　事故树的结构函数

在编制出事故树后，为了对事故树进行分析，需要用数学表达式来描述事故树的结构，从而使逻辑运算转化为一般的数学运算。

设事故树由 n 个互不相同的基本事件组成，即 x_1, x_2, $\cdots$, x_n。每个基本事件都只有两种状态，即发生和不发生，故引入只取两个数值的变量 x_i，则基本事件 x_i 的状态定义如下：

$$x_i = \begin{cases} 1, & \text{基本事件发生} \\ 0, & \text{基本事件不发生} \end{cases}$$

顶上事件的状态是由基本事件 x_i 的组合，即顶上事件也有两种状态：发生和不发生。同样地，顶上事件的状态也用只取两个数值的变量 Φ 表示。

$$\Phi = \begin{cases} 1, & \text{顶上事件发生} \\ 0, & \text{顶上事件不发生} \end{cases}$$

如果顶上事件的状态 Φ 完全由基本事件 x_i 的状态来决定，则顶上事件的状态便是这些基本事件 x_i 的函数，写成

$$\Phi = \Phi(x) \tag{6-3}$$

因该函数形式取决于事故树的结构，而且是以 $0-1$ 为变量的 $0-1$ 函数，则函数 $\Phi(x)$ 称为事故树的结构函数。

对于由逻辑"与"门（AND）连接而成的事故树，其结构函数

可写成:

$$\Phi(x) = \prod_{i=1}^{n} x_i = \min \{x_1,\ x_2,\ \cdots,\ x_n\} \qquad (6-4)$$

式 (6-4) 表明,当 x_i 全部为 1 时,并且只有在这种情况下,结构函数 $\Phi(x)$ 才为 1,即基本事件都发生时,并且也只有这样,顶上事件才发生。

对于由逻辑"或"门(OR)连接而成的事故树,其结构函数可写成:

$$\Phi(x) = \coprod_{i=1}^{n} x_i = \max \{x_1,\ x_2,\ \cdots,\ x_n\} \qquad (6-5)$$

式中 $\coprod\limits_{i=1}^{n} x_i = 1 - \prod\limits_{i=1}^{n} (1 - x_i)$

式 (6-5) 表明,当 x_i 中任意一个或者一个以上为 1 时,结构函数 $\Phi(x)$ 都为 1,即当任意一个或一个以上基本事件发生时,顶上事件发生。

6.3.6 顶上事件发生概率

在已知事故树中各基本事件的发生概率后,即可计算出顶上事件的发生概率。一般情况下,基本事件是相互独立的,因此在计算时均按照基本事件是相互独立地进行。

6.3.6.1 利用最小割集计算顶上事件的发生概率

假定事故树有 r 个最小割集 K_j,则对于各最小割集 K_j 可定义如下函数:

$$K_j(x) = \prod_{x_i \in K_j} x_i \qquad (6-6)$$

式中 i——基本事件序数;

j——最小割集序数。

由于最小割集与基本事件是用"与"门连接,而顶上事件与最小割集是"或"门连接,所以结构函数为:

$$\Phi(x) = \coprod_{j=1}^{r} K_j(x) = \coprod_{j=1}^{r} \prod_{x_i \in K_j} x_i \tag{6-7}$$

式中 r——最小割集个数；

    Ц——逻辑加。

由于基本事件 x_i 发生的概率 q_i 是 $x_i = 1$ 的概率，顶上事件的发生概率 Q 是 $\Phi(x) = 1$ 的概率，所以，若在各最小割集中没有重复的基本事件，而且各基本事件相互独立时，顶上事件的发生概率 Q 可以表示为：

$$Q = \coprod_{j=1}^{r} \prod_{x_i \in K_j} q_i \tag{6-8}$$

若事故树的各最小割集中有重复事件，需将上式展开，按布尔代数中等幂律消去每个概率因子中的重复因子，方可计算。此种情况下的顶上事件发生概率 Q 可表示为：

$$Q = \sum_{j=1}^{r} \prod_{x_i \in K_j} q_i - \sum_{1 \le j < s \le r} \prod_{x_i \in K_j \cup K_s} q_i + \cdots + (-1)^{r-1} \prod_{\substack{j=1 \\ x_i \in K_j}}^{r} q_i \tag{6-9}$$

6.3.6.2 利用最小径集计算顶上事件发生概率

顶上事件与最小径集是用"与"门连接的，而各个最小径集与基本事件是"或"门连接的，故当事故最小树最小径集数为 p，各最小径集彼此无重复事件时，顶上事件发生概率 Q 可表示为：

$$Q = \prod_{j=1}^{p} \coprod_{x_i \in P_j} q_i = \prod_{j=1}^{p} \left[1 - \prod_{x_i \in P_j} (1 - q_i) \right] \tag{6-10}$$

若各个最小径集中彼此有重复事件，则需将上式展开，按布尔代数中等幂律消去每个概率因子中的重复因子，方可计算。此种情况下的顶上事件发生概率 Q 可表示为：

$$Q = 1 - \sum_{j=1}^{p} \prod_{x_i \in P_j} (1 - q_i) + \sum_{1 \le j < s \le p} \prod_{x_i \in P_j \cup P_s} (1 - q_i)$$

$$+ \cdots + (-1)^p \prod_{\substack{j=1 \\ x_i \in P_j}}^{p} (1 - q_i) \tag{6-11}$$

6.3.7 三种重要度的分析与计算

6.3.7.1 结构重要度

结构重要度分析是从事故树结构上分析各基本事件的重要程度，即在不考虑各基本事件的发生概率，或者说假定基本事件的发生概率都相等的情况下，分析各基本事件的发生对顶上事件发生的影响程度。基本事件的结构重要度越大，它对顶上事件的影响程度就越大，反之亦然[8]。

结构重要度分析可采用求结构重要系数和利用最小割集求结构重要度两种方法，前者计算精确，但比较麻烦、繁琐，后者虽没有前者精确，但计算简单，在定性分析阶段能够满足需要。计算式为：

$$I_\varphi(i) = \sum_{x_i \in K_j} \frac{1}{2^{n_j - 1}} \qquad (6-12)$$

式中 $I_\varphi(i)$ ——基本事件 x_i 的结构重要度；

n_j ——基本事件 x_i 所在最小割集包含的基本事件数。

6.3.7.2 概率重要度

结构重要度是从事故树的结构上分析各基本事件的重要程度，如果进一步考虑各基本事件发生概率的变化会给顶上事件发生的概率以多大的影响，则必须分析基本事件的概率重要度。基本事件的概率重要度是指顶上事件发生概率对基本事件发生概率的变化率。即：

$$I_g(i) = \frac{\partial Q}{\partial q_i} \qquad (6-13)$$

求出各基本事件的概率重要度后，就可知道，在诸多基本事件中，降低哪个基本事件的发生概率，就可迅速有效地降低顶上事件的发生概率。一个基本事件的概率重要度的大小不取决于它本身概率的大小而取决于它所在最小割集中其他基本事件概率的大小[9]。

6.3.7.3 临界重要度

结构重要度是从事故树的结构上分析基本事件的重要性，并不能全面地说明各基本事件的危险重要程度。而概率重要度是反映基本事件发生概率的增减对顶上事件发生概率影响的敏感度。两者都不能在本质上反映各基本事件在事故树中的重要程度。临界重要度是从概率和结构双重角度来衡量各基本事件重要性的一个评价标准。临界重要度是基本事件发生概率的变化率与顶上事件发生概率的变化率的比。即：

$$I_c(i) = \frac{\Delta Q}{Q} \Big/ \frac{\Delta q_i}{q_i} \qquad (6-14)$$

通过偏导数的公式变换，上式可改写为：

$$I_c(i) = I_g(i) \cdot \frac{q_i}{Q} \qquad (6-15)$$

6.3.8 综采面事故的事故树分析

如前所述，由于综采面的支护非常好，所以一般不会发生顶板事故。新庄矿综采面发生的工伤事故中，主要是刮板输送机对人造成的伤亡事故。所以我们就以刮板输送机伤人事故为顶上事件构造事故树，进行分析，以便找出导致事故发生的途径和应采取的安全措施。

6.3.8.1 刮板运输事故树的构造

通过对导致刮板运输事故原因的调查分析，找出了影响事故发生的 14 个基本事件。根据其发生的逻辑关系，构造如图 6－2 所示的事故树图，树的结构见表 6－3。

6.3.8.2 求解事故树的最小割集

由图 6－2 可得出该事故树的结构函数：

$T = A + B = x_1 + x_2 + x_3 + x_4 + x_5 + x_6 + x_7 + x_8 + x_9 x_{10} C$

$= x_1 + x_2 + x_3 + x_4 + x_5 + x_6 + x_7 + x_8 + x_9 x_{10}(x_{11} + x_{12} + x_{13} + x_{14})$

将上式展开经逻辑化简后，共有 12 个最小割集。即：

$K_1 = \{x_1\}$，$K_2 = \{x_2\}$，$K_3 = \{x_3\}$，$\cdots$，$K_{12} = \{x_9, x_{10}, x_{12}\}$

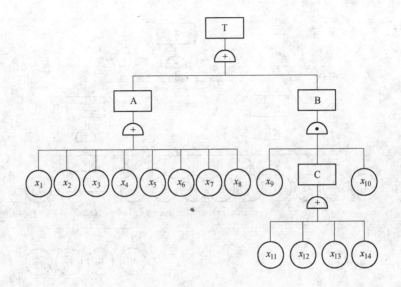

图 6 - 2　刮板运输事故树

T—顶上事件；A—非伤亡事故；B—刮板启动伤人事故；C—未听到信号撤离不及；
x_1—刮板拉不动；x_2—飘上链；x_3—断链；x_4—电动机故障；x_5—液力联轴器故障；
x_6—减速器故障；x_7—液压紧链器故障；x_8—推移装置故障；x_9—人在溜槽中行走；
x_{10}—启动；x_{11}—无信号装置；x_{12}—信号装置故障；x_{13}—未发信号；x_{14}—未听到信号

表 6 - 3　刮板运输事故树结构表

序号	门的名称	门的形式	事件个数	基 本 事 件
1	TOP	OR	2	A　B
2	A	OR	8	x_1　x_2　x_3　x_4　x_5　x_6　x_7　x_8
3	B	AND	3	x_9　x_{10}　C
4	C	OR	4	x_{11}　x_{12}　x_{13}　x_{14}

6.3.8.3　求解事故树的最小径集

将事故树图 6 - 2 中的"或"门用"与"门代替，"与"门用
"或"门代替，基本事件用其对偶事件代替，可得到原事故树的对偶
树，即成功树，如图 6 - 3 所示。求成功树的最小割集，便是原事故
树的最小径集。

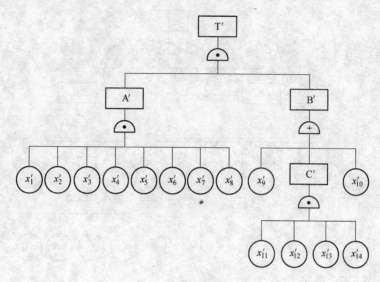

图 6 – 3   刮板运输成功树

图中各基本事件均为事故树中对应事件的对偶事件。

$$T' = A'B' = x_1'x_2'x_3'x_4'x_5'x_6'x_7'x_8' \ (x_9' + x_{10}' + C')$$

$$= x_1'x_2'x_3'x_4'x_5'x_6'x_7'x_8'(x_9' + x'_{10} + x'_{11}x'_{12}x'_{13}x'_{14})$$

将上式展开经逻辑化简后，共有 3 个最小割集。即原事故树共有 3 个最小径集，分别为：

$$P_1 = \{x_1, x_2, x_3, x_4, x_5, x_6, x_7, x_8, x_9\}$$

$$P_2 = \{x_1, x_2, x_3, x_4, x_5, x_6, x_7, x_8, x_{10}\}$$

$$P_3 = \{x_1, x_2, x_3, x_4, x_5, x_6, x_7, x_8, x_{11}, x_{12}, x_{13}, x_{14}\}$$

6.3.8.4   顶上事件发生概率的计算

根据对新庄矿的事故统计及文献[10]，得出了刮板运输事故树中各个基本事件的发生概率，见表 6 – 4。由于该事故树有 12 个最小割集，而最小径集只有 3 个，所以按式（6 – 10）计算比较方便。将表 6 – 4 中的基本事件发生概率代入式（6 – 10），便得出刮板运输事故发生概率为：$Q = 0.0187412$。

表6-4 基本事件发生概率及各种重要度计算结果

基本事件	发生概率	结构重要度	概率重要度	临界重要度
x_1	0.0056	1.00	0.9867808	0.2947953
x_2	0.0030	1.00	0.9815493	0.0157089
x_3	0.0026	1.00	0.9838128	0.1364576
x_4	0.0015	1.00	0.9827290	0.0786388
x_5	0.0020	1.00	0.9832213	0.1049043
x_6	0.0010	1.00	0.9822371	0.0523996
x_7	0.0020	1.00	0.9832213	0.1049043
x_8	0.0020	1.00	0.9832213	0.1049043
x_9	0.4000	1.00	0.0046563	0.0993612
x_{10}	0.5000	1.00	0.0037250	0.0993602
x_{11}	0.0005	0.25	0.1948584	0.0051976
x_{12}	0.0010	0.25	0.1949559	0.0104004
x_{13}	0.0030	0.25	0.1953470	0.0312637
x_{14}	0.0050	0.25	0.1957396	0.0522108

6.3.8.5 三种重要度的计算

（1）结构重要度。根据式（6-12）可计算出各基本事件的结构重要度，结果见表6-4。

（2）概率重要度。将基本事件发生概率代入式（6-13）进行计算，得出各基本事件的概率重要度，计算结果见表6-4。

（3）临界重要度。将基本事件发生概率 q_i 和计算出的顶上事件发生概率 Q 及概率重要度代入式（6-14），得出各基本事件的临界重要度，计算结果见表6-4。

6.3.8.6 结果分析

（1）从刮板运输事故树图可以看出，该树共有4个逻辑门，其中或门3个，占75%，与门1个，占25%，或门越多，最小割集越多，系统就越危险，运输事故就越容易发生。此外，还可以看出顶上事件与3个中间事件，14个基本事件之间的逻辑关系。

（2）从最小割集和最小径集来看，刮板运输事故树的最小割集为 12 个，最小径集 3 个。每一个最小割集为导致顶上事件发生的一条可能途径，每一个最小径集为预防顶上事件发生的一条途径，因此，刮板运输事故发生的可能途径远多于控制其不发生的途径，而且最小割集的容量很小，而最小径集的容量又比较大，所以事故比较容易发生，而预防事故发生的难度却比较大。

（3）从结构重要度来看：

1）结构重要度最大的是刮板拉不动、飘上链、断链、电动机故障、液力联轴器故障、减速器故障、液压紧链器故障、推移装置故障、人在溜槽中行走和启动。刮板链拉不动，即刮板被压死，这是工作面比较常见的事故，通常是由于煤壁塌落所致，也可能是卡住大块物料所致。因此，矿压大的工作面应采取提前卸压的措施，尽量减少煤壁塌落事故，同时注意一旦出现刮板拉不动，就应立即停机，以防断链或烧电动机等大事故的发生。断链是一种比较严重的事故，一方面可能会发生伤人事故，另一方面是处理事故所需时间比较长。所以必须加强对刮板链的检修，对磨损严重的刮板链要及时更换，以防发生断链事故。飘上链、电动机故障、液力联轴器故障、减速器故障、液压紧链器故障和推移装置故障的预防需要加强对刮板运输机的检修，及早发现隐患，及时处理。人在溜槽中行走是刮板运输机启动伤人事故发生的必要条件之一。由于工作面空间狭窄，刮板运输机和液压支架之间的空间有限，若在此空间中堆放有材料，则工人就会从溜槽中行走。因此，尽量不要在刮板运输机和支架之间堆放材料，同时应确保在启动之前先发信号，以使在溜槽中行走的人能及时闪开。启动是刮板运输机启动伤人事故发生的必要条件之一。所以，一方面应严格按《煤矿安全规程》规定设置信号装置，并确保其能正常工作；另一方面应派专人负责启动装置，在启动之前，必须先发启动信号，以避免发生伤人事故。

2）无信号装置、信号装置故障、未发信号和未听到信号这 4 个基本事件均能导致人未听到信号而撤离不及，这是启动伤人事故发生的必要条件之一。因此，必须按规定安设信号装置，且信号装置应能正常发出信号，增强刮板司机的责任心，在发出信号后方能启动。

（4）通过对刮板运输事故发生概率的计算可知，其发生事故的概率是 0.01874512，属于容易发生事故的范畴。因此，必须采取有效的措施降低刮板运输事故发生的概率。

（5）从概率重要度来看，刮板拉不动、断链、液力联轴器故障、液压紧链器故障、推移装置故障、电动机故障、减速器故障和飘上链这 5 个基本事件的概率重要度远远大于其他基本事件的概率重要度。概率重要度反映的是顶上事件发生概率的变化率对基本事件发生概率变化的敏感程度，即降低概率重要度大的基本事件的发生概率更能有效地降低顶上事件的发生概率。所以必须采取有效措施降低这 8 个基本事件的发生概率，才能有效地降低刮板运输事故的发生概率。

（6）从临界重要度来看，由于临界重要度综合反映了基本事件的结构重要度和概率重要度，所以更能全面地反映问题。临界重要度最大的是刮板拉不动，这说明降低该基本事件的发生概率最能有效地降低刮板运输事故发生的概率，降低该基本事件的措施见 6.3.8.3 小节中的分析。其次是断链，再次是液力联轴器故障、液压紧链器故障和推移装置故障。关于降低这 4 个基本事件的发生概率的措施见 6.3.8.3 小节中的分析。其他基本事件的临界重要度远小于这 5 个基本事件的临界重要度，只有在综合、全面采取措施降低基本事件发生概率的基础上，把这 5 个基本事件作为工作的重点，有的放矢，才能将刮板运输事故发生的可能性降至最低。

参 考 文 献

[1] 景国勋，杨玉中. 煤矿安全系统工程 [M]. 徐州：中国矿业大学出版社，2009.4.

[2] 王永健，等. 矿井系统可靠性工程基础 [M]. 徐州：中国矿业大学出版社，1995.

[3] 曹晋华，等. 可靠性数学引论 [M]. 北京：北京科学技术出版社，1986.

[4] 王朝瑞. 图论 [M]. 北京：北京理工大学出版社，1997.

[5] 景国勋，杨玉中，张明安. 煤矿安全管理 [M]. 徐州：中国矿业大学出版社，2007.11.

[6] 吴立云，杨玉中. 综采工作面人 - 机 - 环境系统安全性分析 [J]. 应用基础与工程科学学报，2008，16（3）：436～445.

[7] 杨玉中. 人机环境系统工程在井下运输安全中的应用 [D]. 焦作：河南理工大学，1999.

[8] 吴立云，杨玉中，石琴谱. 胶带输送事故的事故树分析 [J]. 矿业安全与环保，

1999, 26 (6): 38～41.

[9] 杨玉中, 石琴谱. 电机车运输事故的事故树分析 [J]. 工业安全与防尘, 1999, 25 (7): 31～35.

[10] 李新东, 等. 矿山安全系统工程 [M]. 北京: 煤炭工业出版社, 1996.

7 综采工作面环境因素分析

在人-机-环境系统中,环境是影响系统安全的一个重要因素。人、机都处于一定的环境之中,环境常影响着人的心理和生理状态,影响着人的工作效率和身心健康;机的效能的充分发挥也不同程度地受到环境因素的影响。环境通常也是滋生人的不安全行为和物的不安全状态的"土壤",是导致事故发生的基础原因。

7.1 劳动环境概述

劳动环境,也称作业环境,是人在劳动过程中所处的自然环境。人所处的劳动环境因工作性质不同而有很大的差异,但均涉及到下述几个因素:

(1) 设备的布局与物料的放置因素;

(2) 工作空间、设备外形和控制机构的布置因素;

(3) 设备所需操纵力大小因素;

(4) 微小气候因素;

(5) 照明和色彩因素;

(6) 音响因素;

(7) 空气成分因素;

(8) 振动因素。

根据劳动环境对人的生理和心理影响以及人感觉到的舒适程度,将劳动环境划分为最舒适的劳动环境、舒适的劳动环境、不舒适的劳动环境和不能忍受的劳动环境四类。

(1) 最舒适的劳动环境。这是劳动环境的一种理想模式。它完全符合人的生理和心理要求,人机关系及人环关系充分协调,达到了动态平衡。人在这种环境中可以长时间非常自如地进行工作,体力和脑力消耗少,工作效率不受环境影响。

(2) 舒适的劳动环境。人在这种环境中,心理和生理因素大部分适应，人机、人环关系基本协调，环境对人无伤害。人可以在这种环境中维持较长时间工作而不感到疲劳。

（3）不舒适的劳动环境。人的生理和心理因素对这种环境很不适应，容易疲劳，甚至会导致职业病，所以人不能在这种环境中坚持长期作业。

（4）不能忍受的劳动环境。这种环境使人的生命难以长期维持，虽可暂时生存，但有致命的危险。

煤矿工人在工作中面临多种环境因素，如高温、高湿、低压、振动、噪声、粉尘及有害气体，还有顶板、水灾、火灾及瓦斯爆炸等。这些因素的存在，使得煤矿井下工人工作环境具有特殊性和严峻性。其危害性可以从影响工人的健康和工作效率到损伤身体，甚至危及人的生命。煤矿生产中有必要了解各种环境因素作用于人体产生的反应——人体效应（生理的、病理的、工效的和心理的），明确其在系统中的作用与地位，深化煤矿井下环境因素对人及综采生产系统的安全关系的认识，为制定煤矿井下作业的安全措施与防护方案提供坚实的、先进的科学依据，为实现人－机－环境系统工程的优化设计奠定基础。

7.2　综采面环境与安全

综采面环境因素很多，与安全有关的环境因素主要包括：顶板、瓦斯、温度、湿度、噪声、照明、作业空间、粉尘等。

7.2.1　顶板与安全

煤矿的井下作业是在支护之下进行的。虽然支护技术较以前有了较大的进步，但目前人们仍然无法有效的解决所有情况下的支护问题，特别是当压力比较大时。顶板事故一直是煤矿生产中的三大事故之首。

综采面有综采液压支架的有效支护，一般来说，在工作面内不会发生顶板事故，但前方的煤壁却时常出现偏帮事故，而且在端头及风巷和机巷中，顶板事故也时常发生。新庄矿自建矿以来发生的死亡事故中，有 42.9% 的事故是顶板事故。

7.2.2 瓦斯与安全

瓦斯是赋存在煤体中的以甲烷为主的混合气体,达到一定浓度范围时遇到火源会发生爆炸,近几年来瓦斯爆炸事故不断,而且通常都是重特大事故。由于综采工作面的产量大,单位时间内的瓦斯涌出量也比较大,所以瓦斯也是影响综采面安全的一个极其重要的因素。

矿井瓦斯(gas)系矿井内以甲烷为主的有害气体的总称。煤矿术语中的瓦斯有时专指甲烷。在煤矿矿井中,瓦斯重大灾害主要表现为瓦斯爆炸(瓦斯煤尘爆炸)和煤与瓦斯突出事故。瓦斯事故的发生,不仅给国家的生命财产造成巨大损失,在国内外产生极其恶劣的影响,而且影响煤炭生产正常进行。因此,防治瓦斯灾害,保障煤矿安全生产,是首要和迫切的任务。

7.2.2.1 矿井瓦斯来源

矿井瓦斯的来源,大致可以分为三个方面:煤(岩)层和地下水释放出来的瓦斯;化学及生物化学作用产生的瓦斯;煤炭生产过程中产生的瓦斯。

煤层瓦斯涌出一般认为有如下三种形式:

(1)正常式瓦斯涌出。从煤层、岩层以及采落的煤(矸石)中比较均匀的释放出瓦斯现象即为正常式涌出瓦斯,这是煤层瓦斯涌出的主要形式。

(2)喷出式瓦斯涌出。大量瓦斯在压力状态下,从肉眼可见的煤、岩裂缝及空洞中集中涌出即为喷出式瓦斯涌出。一般认为,在正常通风条件下,短时间内很快使巷道瓦斯浓度严重超限,并持续一定时间(少则几十分钟,多则几年)的瓦斯涌出属于瓦斯喷出。

(3)突出式瓦斯涌出。煤(岩)与瓦斯(甲烷或二氧化碳)突出是含瓦斯的煤、岩体,在压力(地层应力、重力、瓦斯压力等)作用下,破碎的煤和解吸的瓦斯从煤体内部突然向采掘空间大量喷出的一种动力现象。

上述三类煤层瓦斯涌出形式的流动性质、表现方式及管理防治措施是各不相同的。正常式瓦斯涌出可以用煤层瓦斯流动理论的有关数学模型来描述计算，大多数情况下，煤壁瓦斯涌出可以认为属于平面单向不稳定瓦斯流动类型，防治的基本措施是采用通风的方法稀释风流中瓦斯浓度或用抽放方法减少瓦斯向巷道涌出。喷出式瓦斯涌出是一种局部性的异常瓦斯涌出，只要能及时正确预见瓦斯积聚源，并把积聚的瓦斯控制引入回风系统或抽放瓦斯管路系统，就能消除瓦斯喷出的危害。突出式瓦斯涌出是一种极其复杂的瓦斯与煤一起突然喷出的现象，危害性极大，是导致瓦斯重特大事故的主要原因。

7.2.2.2 瓦斯爆炸

瓦斯爆炸（gas explosion）是瓦斯和空气混合后，在一定的条件下遇高温热源发生的剧烈的连锁反应，并伴有高温高压的现象，在瓦斯爆炸过程中，火焰从火源占据的空间不断地传播到爆炸性混合气体所在的整个空间。

A 瓦斯爆炸的原理和过程

a 瓦斯爆炸的原理

瓦斯爆炸是一定浓度的甲烷和空气中的氧气在高温热源的作用下发生的一种迅猛而激烈的氧化反应。最终的化学反应式为

$$CH_4 + 2O_2 \longrightarrow CO_2 \uparrow + 2H_2O$$

如果煤矿井下 O_2 不足，最终的化学反应式为

$$CH_4 + O_2 \longrightarrow CO \uparrow + H_2 \uparrow + H_2O$$

矿井瓦斯爆炸是一种热 – 链反应过程（也称连锁反应）。当甲烷和氧气组成的爆炸性混合物吸收一定能量后，反应分子的链即行断裂，离解成 2 个或 2 个以上的游离基（也称自由基）。这类游离基具有很大的化学活性，成为反应连续进行的活化中心。在适合的条件下，每一个游离基又可以进一步分解，再产生 2 个或 2 个以上的游离基。这样不断循环，游离基越来越多，化学反应速度也越来越快，最后就可以发展为燃烧或爆炸式的氧化反应。

b 瓦斯爆炸的过程

甲烷和氧气组成的爆炸性混合气体与高温火源同时存在时，就将发生瓦斯的初燃（初爆），初燃产生以一定速度移动的焰面，焰面后的爆炸产物具有很高的温度，由于热量集中，使爆源气体产生高温和

高压并急剧膨胀而形成冲击波。如果巷道顶板附近或冒落孔洞内积存着瓦斯，或者巷道中有沉落的煤尘，在冲击波的作用下，它们就能均匀分布，形成新的爆炸混合物，使爆炸过程得以继续下去。

甲烷和空气混合物被火源点燃后，由于热传导作用，使前焰面沿其法线方向在新鲜混合物中移动，即以点火源为中心，呈同心球面向外扩展。根据瓦斯和氧气混合气体燃烧或爆炸时的火焰传播速度及冲击波压力的大小，可把瓦斯的燃烧爆炸分为以下三种类型：

（1）速燃：火焰传播速度在 10m/s 以内，冲击波压力在 15kPa 以内。它可以使人烧伤，引起火灾。

（2）爆燃：火焰的传播速度在音速以内，冲击波的压力高于 15kPa。它对人和设施具有较强的杀伤能力和摧毁作用。

（3）爆炸（也叫爆轰）：火焰的传播速度超过音速，达到每秒数千米，冲击波的压力可达数兆帕。它对人和设施具有强烈的杀伤力和摧毁作用。爆炸波具有直线传播的性质，巷道拐弯、正面阻挡物等都可减弱其冲击力，所以被正面阻挡物挡住的物体可在一定程度上免遭破坏。这对防爆建筑物（如井下爆炸材料库）的设计和灾变时期人员避难是有意义的。

B 瓦斯爆炸的效应及主要危害

瓦斯爆炸时，会产生三种危害：爆炸冲击波、火焰锋面、矿井空气成分变化。从而造成人员伤亡、巷道和设备被毁坏等恶果。

（1）爆炸冲击波。

瓦斯爆炸后的高温高压气体，以极大的速度（每秒几百米甚至上千米）向外传播，形成冲击波。爆炸冲击波具有很大的破坏作用：

1）冲击波有很大的传播范围，一般为几千米，有时会波及地面。瓦斯爆炸产生冲击波有两种：一种是进程冲击，这是由于爆炸后产生的高温气体以很大的压力自爆源向外扩张而形成，进程冲击往往将积聚瓦斯冲出，使煤尘飞扬，给二次爆炸创造条件；另一种是回程冲击，这是爆炸时产生的大量水蒸气，由于温度降低而凝结，使爆源地区气压降低而引起的同爆炸方向相反的冲击，一般回程冲击较进程冲击的力量小，但因回程冲击是沿着刚刚受到破坏的巷道反冲击过来，所以破坏作用更大，回程冲击往往将未爆炸的瓦斯带回爆源地，遇火形成二次爆炸。在瓦斯涌出量大的矿井,如果瓦斯浓度在火源熄灭前又达到爆炸浓度,还会引起爆炸,如此循环出现,形成连续爆炸。如 2004 年 11 月 28 日陕西铜川陈家山煤矿发生特大瓦斯爆炸事故,事故造成 166 人死亡,45 人受伤,事故的直接原因是放炮产生明火引爆积聚瓦斯。这起事故发生后,井下瓦斯和有害气体严重超标,在救援工作进行中,井下灾区又接连发生了 4 次爆炸。

2)人体的创伤,多数情况这些创伤具有综合(创伤和烧伤综合)、多样的特征。

3)移动和破坏电气设备、机械设备,可能在冲击波通过的巷道中发生二次性着火。

4)破坏支架,引起巷道顶板岩石冒落,垮塌的岩石及支架堆积物可能导致通风系统的破坏,并使救灾措施大为复杂化。

(2)火焰锋面。

火焰锋面是沿巷道运动的化学反应带和烧热的气体。当火焰锋面通过时,人员会被烧伤,电气设备会被烧坏,电缆尤甚,还会引起火灾。

(3)矿井空气成分改变。

瓦斯爆炸可使矿井空气成分发生下列变化:

1)氧浓度降低。瓦斯的燃烧爆炸会消耗空气中的大量氧气,引起氧气浓度的下降,造成现场人员因缺氧而窒息。

2)释放对人身健康有害的气体。瓦斯爆炸会产生大量的二氧化碳、一氧化碳。高浓度的二氧化碳会引起现场人员因缺氧而窒息死亡;一氧化碳具有很强的毒性,实际上在爆炸事故中一氧化碳是引起大量人员伤亡的主要原因。

另外,高浓度的水蒸气也是危险的,因为它有高的热容量而带有大量的热,并且水蒸气在呼吸器官的黏膜上凝结时会释放气化潜热(2.3×10^6 J/kg)。因此,吸入灼热的水蒸气会造成人体内脏器官的深度烫伤。

3)形成爆炸性气体。一氧化碳和氢气均是不完全燃烧的产物,因此瓦斯浓度达到爆炸上限的爆炸时,释放的一氧化碳和氢气数量最多,它们和甲烷混合后可使火焰锋面传播范围中 6.3 倍容积的空气达到爆炸下限浓度。因此，混合物具有更强的爆炸性。

C 瓦斯爆炸的条件

瓦斯爆炸必须具备三个条件：有一定浓度的瓦斯；有一定温度的引燃火源；有足够的氧气。

能使火焰锋面传播到爆炸性混合气体占据的全部容积的瓦斯的最低浓度称为爆炸下限，能使火焰锋面传播到爆炸性混合气体占据的全部容积的瓦斯的最高浓度称为爆炸上限。能最易（即在最小着火能量下）激发着火（爆炸），并且爆炸中能释放出最大能量的浓度称为最佳爆炸浓度，也即在最佳爆炸浓度下有最大的动力效应——最大的火焰锋面速度、最强的冲击波、最高的火焰锋面温度和最高的冲击波波峰压力。

瓦斯浓度只有在爆炸界限范围内才可能发生爆炸，瓦斯浓度低于爆炸下限时，遇高温火源不会爆炸，只能在火焰外围形成稳定的燃烧层，此燃烧层呈浅蓝或淡青色。浓度高于爆炸上限的瓦斯和空气混合物不会爆炸，也不燃烧，如有新鲜空气供给时，会在其接触面上进行燃烧。瓦斯浓度过高，相对来说氧的浓度就不够，不但不能生成足够的活化中心，氧化反应所产生的热量也易被吸收，不能形成爆炸。

发生最初着火（爆炸）的瓦斯浓度见表7-1所列。

表7-1 瓦斯爆炸浓度

着火源	爆炸下限/%	最佳爆炸浓度/%	爆炸上限/%
正常条件下的弱火源	5	最低着火能量 0.28MJ	15
强火源	2	8.5~10	75

瓦斯爆炸的第二个条件是高温火源的存在。

弱火源不能形成冲击波，也不能使沉积煤尘转变为浮游状态；相反，强火源会产生冲击波，并把沉积煤尘转变为浮游状态。因此强火源引起的爆炸，往往既有瓦斯参加也有煤尘参加。

实际上，火源作用的强度标志是它们的温度。火源温度与瓦斯混合气体最低着火温度的比值有重要的意义，危险温度至少应当是最低着火温度的两倍。任何一个火源，只有当其作用延续时间超过感应期时才是危险的。

瓦斯爆炸的第三个条件是有足够的氧。

在大气压力下瓦斯混合气体的爆炸范围可用如图 7-1 所示的爆炸三角形 BCE 确定。图中的 A 点表示通常的空气即含氧 20.93%，含氮和二氧化碳 79.07%；瓦斯空气混合气体用 AD 线表示（AD 线在 CH_4 = 100% 与横坐标相交）；B、C 点分别表示爆炸下限与上限；BE 为混合气体爆炸下限线。在爆炸三角形 BCE 的范围内的混合气体均有爆炸性，BEF 线左边的 2 区为不爆炸区，BEF 线右边 3 区为补充氧气后可能爆炸区。

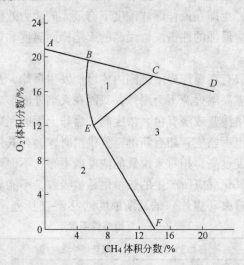

图 7-1　瓦斯空气混合气体爆炸界限与其中氧和瓦斯浓度的关系

瓦斯爆炸范围随混合气体氧浓度的降低而缩小，当氧含量降低时，瓦斯爆炸下限缓缓地增高（BE 线），而爆炸上限则迅速下降（CE 线），E 点为爆炸临界点，即在氧含量低于 12% 时，混合气体即失去爆炸性。

7.2.2.3　煤与瓦斯突出

煤与瓦斯突出（coal - and - gas outburst）是煤矿中一种极其复杂的动力现象，它能在很短的时间内，由煤体向巷道或采场突然喷出大量的瓦斯及碎煤，在煤体中形成特殊形状的空洞，并形成一定的动力效应；喷出的粉煤可以充填数百米长的巷道，喷出的瓦斯—粉煤流有时带有暴风般的性质，瓦斯可以逆风流运行，充满数千米长的巷道。因此，煤与瓦斯突出是威胁煤矿安全生产的严重自然灾害之一。

A 煤（岩石）与瓦斯突出的一般规律

经计算资料分析表明，我国煤与瓦斯突出具有如下一些基本规律。

（1）突出危险性随采掘深度增加而增大。突出次数和强度随采掘深度增加而增加是突出的普遍规律，对每个矿井、煤层都有一个发生突出的最小深度，当少于该深度时不发生突出，该深度简称为始突深度。

（2）突出危险性随突出煤层厚度增大而增大。突出煤层愈厚危险性愈大，表现为突出次数多，强度大，开始发生突出的深度浅。

（3）突出与巷道类别有关。统计资料表明，煤层平巷突出次数最多，约占突出总数的45%左右，石门揭穿煤层的突出次数虽然不多，但其强度最大，且80%以上的特大型突出均发生在石门揭煤时。

（4）突出前作业方式。统计资料表明，大多数突出发生在爆破时，约占总数的2/3，突出的平均强度最大。风镐落煤和手镐落煤时发生的突出，一般占突出总次数的12%~16%。近年来随着机械化采煤的发展，机组采煤时的突出已跃居第2位。

（5）突出前大多数均有预兆。突出虽然是突然发生的，但在突出前大都有预兆出现，可以出现一种预兆，也可以同时出现几种预兆。常见的有声预兆是：煤体中出现劈裂声、炮声、闷雷声；常见的无声预兆是：煤层层理紊乱、煤变软变暗、支架来压、掉碴、煤面外鼓、片帮、瓦斯浓度增大、瓦斯涌出忽大忽小以及打钻时顶钻、夹钻、钻孔喷孔等。

（6）突出大都发生在地质构造带。易发生突出的地质构造带有下列8种类型：向斜轴部地带；帚状构造收敛端；煤层扭转区；煤层产状变化区；煤包及煤层厚度变化带；煤层分岔处；压性、压扭性断层地带；岩浆岩侵入带。

B 煤与瓦斯突出机理

煤与瓦斯突出机理，是指煤与瓦斯突出发生的原因、条件及其发生、发展过程。关于突出机理，迄今尚未得到根本解决，大部分是根据现场统计资料及实验室研究提出的各种假说。这些假说只能对某些现象给予解释，还不能得出统一的完整的突出理论，突出假说归纳起来有下列几种。

（1）瓦斯为主导作用的假说。

这类假说主要包括：1）瓦斯包说；2）粉煤带说；3）煤透气性不均匀说；4）突出波说；5）裂缝堵塞说；6）闭合孔隙瓦斯释放说；7）瓦斯膨胀应力说；8）火山瓦斯说；9）瓦斯解吸说；10）瓦斯水化物说，瓦斯—煤固溶体说。

（2）地压为主导作用的假说。

这类假说主要包括：1）岩石变形潜能说；2）应力集中说；3）剪应力说；4）振动波动说；5）冲击式移近说；6）顶板位移不均匀说；7）应力叠加说。

（3）化学本质说。

这类假说主要包括：1）"爆炸的煤"说；2）重煤说；3）地球化学说；4）硝基化学物说。

（4）综合假说。

这类假说主要包括：1）能量说；2）应力分布不均匀说；3）分层分离说；4）破坏区说。

这些假说都是从某一角度看突出，各有一定的局限性和片面性。用地压为主导作用的假说，不能解释突出时煤的分选现象及生成大量的粉煤，并在突出时能喷出数十万乃至上百万立方米的瓦斯，可以逆风流运行并充满数千米长的巷道等现象。同样，用以瓦斯为主导作用的假说不能解释煤层的揭开和过煤门时的突出。

目前我国大多数研究者认为，煤与瓦斯突出是地压、高压瓦斯和煤体结构性能三个因素综合作用的结果，是聚集在围岩和煤体中大量潜能的高速释放。并且高压瓦斯在突出的发展过程中起决定性作用，地压是激发突出的因素。有人认为："地质构造是引起突出的决定因素"，高压瓦斯是突出的主要动力，煤层破坏是突出的有利条件，采掘活动是突出的诱发因素。对国内外灾出事例的统计分析表明，煤与瓦斯突出在井田中的分布是不均匀的，比较集中的分布在某些地质构造带，称之为区域性分布。

　　C　突出发生的条件

　　煤与瓦斯突出是在地应力、包含在煤中的瓦斯及煤结构力学性质综合作用下产生的动力现象。在突出过程中，地应力、瓦斯压力是发动与发展突出的动力，煤结构及力学性质是阻碍突出发生的因素。因此，在研究突出发生条件时，必须首先研究地应力、瓦斯与煤结构条件。

　　具有较高的地应力是发生煤与瓦斯突出的第一个必要条件。当应力状态突然改变时，围岩或煤层才能释放足够的弹性变形潜能，使煤体产生突然破坏而激发突出。可以认为，发生突出的充要条件是：煤层和围岩具有较高的地应力和瓦斯压力，并且在近工作面地带煤层的应力状态发生突然变化，从而使得潜能有可能突然释放。

　　煤与瓦斯突出发展的另一个充要条件是：有足够的瓦斯流把碎煤抛出，并且突出孔道要畅通，以便在空洞壁形成较大的地应力梯度和瓦斯压力梯度，从而使煤的破碎向深部扩展。

　　煤结构和力学性质，与发生突出的关系很大，因为煤体和煤的强度性质（抵抗破坏的能力）、瓦斯解吸和放散能力、透气性能等，都对突出的发动与发展起着重要作用。一般来说，煤愈硬、裂隙愈小，所需的破坏力愈大，要求的地应力和瓦斯压力愈高；反之亦然。因此，在地应力和瓦斯压力为一定值时，软煤分层易被破坏，突出往往只沿软煤分层发展。

　　D　煤与瓦斯突出的全过程

　　煤与瓦斯突出的全过程，一般可划分成三个阶段，即发动、发展和停止阶段。

　　在突出的发动阶段，由于外力作用（爆破、钻进等），使煤体应力状态突然改变，岩石和煤的弹性潜能迅速释放。这时，可先听到煤体或岩体中的破裂声，观察到煤层发生压缩变形，孔隙和裂隙中瓦斯压力急剧升高（可高达10MPa）。当瓦斯压力梯度及释放的岩石和煤的弹性潜能足够大时，即可破坏煤体，激发突出。当其释放的能量不足，或者煤较硬时，煤体只发生局部破坏，而不能破碎到突出的那种粉煤状态，突出就暂时不会发生，但煤体进入不稳定平衡（或称随遇平衡）状态。这时，外部表现为煤面外放、掉煤碴，煤挤出、支架压力增大、瓦斯忽大忽小、煤中出现劈裂声及闷雷声，即通常所说的突出预兆。此时如停止工作，减少外力对煤体的影响，或加固煤体等，则可使得突出危险程度减少或免于突出发生。相反，如有外力作用（震动与冲击）的促进，补给部分能量，则破坏煤体的不稳定平衡状态，即能激发突出。

在突出的发展阶段，依靠释放的弹性能和游离瓦斯的膨胀能使煤体破碎，并由瓦斯流把碎煤抛出。此时可观察到煤体的膨胀变形，以及瓦斯压力的降低，随着碎煤被抛出，在突出空洞壁始终保持着一个较大的地应力梯度和瓦斯压力梯度，从而使煤的破碎过程由突出发动中心向周围发展。因此，煤与瓦斯突出得以发展的充要条件是：有足够的瓦斯流把碎煤抛出，保持孔道畅通，以便使空洞壁形成足够大的地应力梯度和瓦斯压力梯度，使煤的破碎不断向突出发动中心周围扩展。煤体的裂隙及弱面不但是应力集中的地点，也是易造成大的瓦斯压力梯度的地点。因此，突出最易沿着裂隙及弱面发展，并把裂隙及弱面两侧的煤体破碎和抛出。

由于地应力、瓦斯压力、煤结构和煤质的不均匀性，以及通道阻力的变化，突出的发展速度也是不均匀的。煤与瓦斯突出过程，尤其是喷孔过程，均可显示脉冲式的特征。

随着煤的破碎和抛出，瓦斯压力降低，吸附瓦斯解吸，而大量解吸瓦斯的膨胀加剧了这一过程，又促使煤进一步破碎。如此反复进行，直到煤被破碎为粉煤并形成粉煤瓦斯流。这种粉煤瓦斯流具有很大的能量，可以把煤抛出数十米至数百米，能逆风流运动或沿揭露的巷道运动，以致推翻矿车、钻机、搬运岩石等，造成一定的动力效应。但是，当出现下列任一情况时，突出即告停止：

（1）激发突出的能量业已耗尽；

（2）继续放出的能量不足以粉碎煤；

（3）突出孔道受阻碍，不能继续在突出空洞壁建立大的地应力梯度和瓦斯压力等。

突出停止后，碎煤及粉煤沉陷，其中的瓦斯继续解吸并涌向巷道。同时，由于煤的喷出，在煤体中形成某种特殊形状的空洞。空洞壁与洞口间的瓦斯压力梯度，虽然不能把煤抛出，但可以使空洞周围参与突出的煤体继续破碎，加剧瓦斯放散，这就是突出以后相当长一段时间内还存在瓦斯大量涌出的原因。

突出过程中，煤体变形变化的延续时间为 0.1～64s，一般只有几秒。瓦斯压力延续时间一般只有 2～7s。因此，煤与瓦斯突出的全过程，一般只延续几十秒，少数达 1～2.5min。突出后，突出空洞周围的煤体由于受到残余弹性潜能及瓦斯膨胀能的作用，继续破坏并发生变形，使空洞压缩、体积变小，甚至堆满碎煤，直到空洞壁建立了新的应力平衡。

新庄矿 2005 年时的主采区的瓦斯涌出量就比较大，22051 综采面 2005 年后半年以来已经因为瓦斯问题被迫停产达几个星期。所以瓦斯是影响新庄矿综采面安全的一个非常重要的因素。

7.2.3 温度与安全

随着矿井开采时间的增长，开采深度不断增加，机械化程度不断提高，井下主要作业空间的温度也显著增加，加之井下的高湿度，形成了井下特殊的高湿热环境。采煤工作面的作业人员的工作属于重体力劳动，在高湿热的环境中作业，使人的生理发生变化，人体内某些平衡状态失调，操作的差错率、事故率都相应增加，工作效率明显下降。据国外研究资料表明[1]，工作空间空气温度每升高 1℃，工作效率降低 6%～8%。医学研究结果表明，事故率以 19℃ 为最低，温度升高或降低，事故率都相应增加。井下的高湿热环境中，温度大都在 19℃ 以上。

在微气候条件中，温度是最明显、最重要的，井下最适宜的温度是 15～20℃[2]。温度的变化，直接影响人的体温。为了保持体温恒定，人体具有自我调节机能，但很有限，当超过人体的正常调节限度时，人的生理机能就会遭到破坏，体内平衡受到损害，从而影响人的生理、心理，行为出现异常，诱发事故。

高温热害是矿井的自然灾害之一，同时也是综采工作面的重要自然灾害。随着矿井开采深度的增加，综采工作面高温等热害问题变得越来越严重。综采工作面热害不仅影响作业人员的工作效率，影响煤矿的经济效益,而且严重地影响作业人员的身体健康和生命安全,严重地影响矿山的安全。1996 年 7 月 25 日湖南省邵阳某矿回采工作面温度高达 32℃,相对湿度 98% 以上,一个班就有 5 名矿工因中暑晕倒在工作地点,经抢救才幸免遇难。为此,必须采取切实有效的方法,对综采工作面出现的高温热害问题及时加以解决。

7.2.3.1　矿井高温产生的原因

造成矿井高温的热源很多,主要有相对热源和绝对热源。相对热源的散热量与其周围气温差值有关,如高温岩层和热水散热;绝对热源的散热量受气温影响较小,如机电设备、化学反应和空气压缩等热源散热。从总体上来看,造成矿井高温热害的主要因素有地热、采掘机电设备运转时放热、运输中矿物和矸石放热及风流下行时自压缩放热等四大热源。就个别矿山而言,矿井内矿物强烈氧化、高温水涌出等也可能形成高温热害,图 7 – 2 显示了造成矿井高温热害产生的原因。

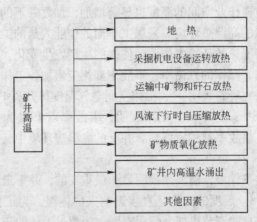

图 7 – 2　矿井高温热害产生的主要原因

矿井开采深度大,岩石温度高,高温岩层散热是影响矿井空气温度升高的重要原因,它主要通过井巷岩壁和冒落、运输中的矿岩与空气进行热交换而造成矿井空气温度升高。在我国中、北部地区,大部分高温矿井都是由于此类原因所致。而地下热水由于易于流动,且热容量大，是热的良好载体，地下热水主要是通过两个途径把热量传递给风流：其一是岩层中的热水通过对流作用，加热了井巷围岩，围岩再将热量传递给风流；其二是热水涌入矿井巷道中，直接加热了风流。

另外，采掘工作面风量偏低、通风不良是我国目前造成采掘工作面气温较高的普遍性原因之一。

7.2.3.2 高温对人体的影响

所谓矿井高温，是指矿井下空气温度超过30℃。人们长期在井下高温环境中作业，高温能使人产生一系列生理功能的改变，主要表现在体温调节、水盐代谢、循环系统、消化系统、神经系统、泌尿系统等方面。这些变化在一定程度内是适应性反应，但超过限度则可产生不良影响。

A 体温调节

人在综采工作面的热环境中作业，人体自身会通过新陈代谢产生一定的热量并与周围环境进行热交换，通过各种调节来维持热平衡并使体温保持在37℃左右。如果由于产热、受热总量大于散热量，人体的热平衡就会被破坏。人体热平衡一旦被打破，人体的体温调节机制便开始起作用。Berglund认为人体大脑会不断将所期望的舒适水平与实际体温相比较，并由此做出各种生理行为来调节[3]。人的体温调节根据其机制可以分为生理性体温调节和行为性体温调节两大类，生理性体温调节即通过体内体温调节系统使体温保持在相对稳定状态；行为性体温调节即通过体外调节以改变换热系数，如穿衣或有目的地利用外界能量以减轻外界环境温度对机体的生理热应激作用，从而使体温保持在正常范围以内[4]，调节过程如图7-3所示。当环境温度较高时，由散热中枢发出指令，汗腺分泌，血管扩张，增大呼吸量以增强散热；当温度较低时，人体的产热中枢发出指令，肌肉收缩，血管收缩，减小呼吸量以减少散热。体温调节机构的强度越大，人体感觉不舒适的程度越高。

人体按正常比例散热时，即辐射散热应占总人体散热量的45%～50%，对流散热约占25%～30%，而呼吸和无感觉蒸发散热约占

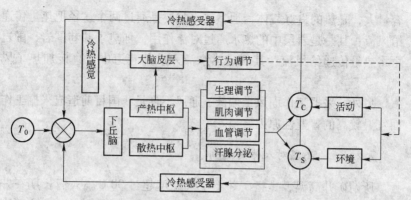

T_0—基准温度；T_C—核心温度；T_S—皮肤温度

图 7-3　体温调节控制系统示意图

25% ~ 30%[5]。辐射、对流、蒸发三种方式的散热量主要与温度、湿度、风速这三个因素有关。当空气中的温度较低时，对流、辐射作用加强，人体向外散热量过多，人就会感到寒冷不适；当温度适中时，人就感到舒服；当空气的温度超过25℃并接近人的体温时，对流与辐射大大减弱，汗蒸发散热加强，当气温在33℃以上时，出汗几乎已成为唯一的散热方式；气温达到37℃时，人体将从空气中吸收热量，而感到闷热，有时还会引起中暑。

　　为了保持体温的恒定，人体内部产热量必须等于向外散失的热量，通过人体体温调节系统自动调节平衡。人体和外界环境之间的热平衡关系式为：

$$S = M - (W + Q_V \pm Q_R \pm Q_C) \qquad (7-1)$$

式中　S——人体的蓄热量，W/m²；

　　　M——新陈代谢产生的热量，W/m²；

　　　W——人体对外做功消耗的热量，W/m²；

　　　Q_V——蒸发散热量，W/m²；

　　　Q_R——辐射散热量，W/m²；

　　　Q_C——对流散热量，W/m²。

　　人体的热平衡受到破坏，多余的热量便在体内蓄积起来。当体内蓄积的热量超过机体所能承受的极限时，调节紊乱，体温升高。表

7-2 是不同体温下产生的症状。

表7-2 不同体温下的症状

体温/℃	症 状	体温/℃	症 状
42~44	死 亡	34	遗忘、结巴、空间定向障碍
41~42	中暑、虚脱	32	还保持反应，但全部过程极为缓慢
39~40	大量出汗、血液循环不正常	30	意识丧失、全身剧痛
37	正 常	25~27	心脏停止跳动、死亡
35	大脑活动受阻、发抖		

人还可从生理上和心理上适应某一热环境。生理适应指长期暴露在热环境中人体热应激的逐渐减小的一种生理反应，它包括基因适应性和环境适应性；心理适应指根据过去的经历和期望适时改变对现在热环境的期望值。

B 水盐代谢

人在热环境中作业时，汗腺活动增加，大量分泌汗液，其分泌量与劳动强度正相关。在汗液中，水分占99.2%~99.7%，其余大部分为氯化钠。在炎热的季节，一般人的日排汗量约为1L，而在闷、潮、热的矿井中从事繁重的体力劳动时，8h内人的排汗量可达8~10L，甚至更高。大量出汗必然损失大量水分、盐分，如不及时补充，可能导致人体严重脱水、失钠，引起水盐平衡失调。大量水盐损失，使尿液浓缩，加重肾脏负担，还可导致循环衰竭和热痉挛及热衰竭。热痉挛使人四肢与腹肌等经常活动的肌肉痉挛并伴有收缩痛；热衰竭也称热虚脱，使人头晕、头疼、心悸、恶心、呕吐、面色苍白、脉搏细弱、血压短暂下降以致昏厥。人体靠蒸发散热虽然可以调节维持人体热平衡，但它是以机体付出代价才保持平衡的，而且这种平衡只能维持一定的时间。

C 循环系统

循环系统在体热分布和体温调节方面起着重要作用。在综采工作面的热环境中作业，作业工人大量出汗，使血液浓缩及粘稠度增大，再加上皮肤血管高度扩张，需要使流经体表的循环血量成倍增加以便把大量热带到体表散发出去。为了完成这种调节，必须增加血液输出量达 2 倍以上。这样，就使心脏负担加重，心肌收缩的频率和强度、每搏输出量、每分钟输出量均增加。如果心血管经常处于紧张状态，久而久之，可使心肌发生生理性肥大，也可转为病理状态，甚至还会引起周围循环衰竭，从而使人产生热疲劳、中暑、热衰竭、热虚脱、热痉挛、热疹，甚至死亡[6]。此外，热环境对心血管的影响，还反映在血压方面，据资料表明，长期在热环境中工作的工人血压较高，高血压患者也较多[7]。

　　D　消化系统

　　人在热环境中，由于体内血液重新分配，引起消化系统相对贫血，出现抑制反应。同时，由于大量出汗带走盐分以及大量饮水会使消化液分泌减弱，肾液酸度下降，这些因素均可引起食欲减退，消化不良，增加胃肠道疾病。

　　E　神经系统

　　在综采工作面的热环境中，人的中枢神经系统出现抑制，大脑皮层兴奋过程减弱，条件反射潜伏期延长，出现注意力不易集中以及嗜睡、工作协调较长等现象，使肌肉工作能力降低。这种抑制作用，使机体产热量因肌肉活动减少而降低，具有保护性质。但从另一方面来看，由于注意力不集中，肌肉工作能力降低，使作业动作的准确性、协调性及反应速度降低，易发生工伤事故。

　　F　泌尿系统

　　人在热环境中大量排出水分，使肾脏排出水分大大减少，尿液浓缩，加重肾脏负担。

7.2.3.3　高温对劳动效率及事故率的影响

　　在高温环境中，人的中枢神经系统容易受到抑制，肌肉活动能力下降，从而感到精神恍惚、疲劳、周身无力、昏昏沉沉，劳动效率显著降低。高温对劳动效率的影响，大致分为两个阶段：首先是当温度达到 27 ~ 32℃时，主要影响肌肉用力，工作效率下降，并促使疲劳加速；其次是当温度达到 32℃ 以上时，需要较大注意力的工作及精密性工作的效率开始受到影响。

　　由于高温导致煤矿劳动效率的降低，从而使生产定额减少，最终导致采矿费用的增加，它们之间的关系可由下式表示：

$$Z = AGK_t \qquad\qquad (7-2)$$

式中　Z——采矿费用的增加数值，元/a；

　　　A——高温工作面的年产量，t/a；

　　　G——采矿成本，元/t；

　　　K_t——生产定额的温度系数，$K_t = \dfrac{1}{K} - 1$；

　　　K——生产定额变更系数，如表7-3所示。

　　在工作面高温环境中，人萎靡的精神状态成为高温矿井中诱发事故的一个重要原因。日本1979年全国调查统计，30~40℃气温的工作面，比气温低于30℃的工作面事故率高3.6倍；南非多年的调查统计，当矿内作业地点的空气湿球温度达到28.9℃时（相当于干球温度30℃），开始出现中暑死亡事故，表7-4为南非金矿井下温度与事故率的关系[8]。另外，综采工作面高温也是造成我国矿井火灾事故频繁发生的一个不可忽视的因素[9]。

表7-3　工作面空气温度与生产定额之间的关系

工作面的空气温度/℃	26.1~28	28.1~30	>30.1
K	0.9	0.8	0.7
K_t	0.11	0.25	0.43

表7-4　南非矿井下温度与事故率的关系

作业地点气温/℃	27	29	31	32
工伤频次/次·千人$^{-1}$	0	150	300	450

7.2.4　湿度与安全

　　如果空气中湿度过高，人体的汗液就很难挥发，人体散热就比较困难，而且人会感到呼吸困难；但湿度过低，口腔与皮肤又会感到干燥，使人感到不舒适。一般认为，空气的相对湿度超过75%为高湿，低于30%为低湿，人感到舒适的湿度为40%~60%[10]。新庄矿井下主要作业空间的湿度一般均在75%以上，采煤工作面可达到90%以上，在这种高湿环境中，人容易感到疲倦，精神不振，注意力不集中，导致事故率增加。

7.2.4.1　矿井中高湿产生的原因

造成矿井下空气湿度过大的主要原因是井巷壁面的散湿和矿井水的蒸发，另外矿井开采过程的生产用水也是造成矿井下空气湿度过大的一个不可忽视的重要因素，如图 7 - 4 所示。

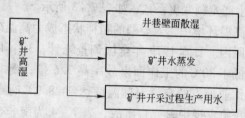

图 7 - 4　矿井高湿产生的主要原因

7.2.4.2　矿井中湿度对人体的影响

A　湿度对人体热平衡的影响

由式（7 - 1）可以看出，蒸发散热可以对热平衡产生影响。蒸发散热的强度取决于空气的相对湿度，并且由于水蒸气浓度高时会大量吸收辐射物体的热量，空气中的水蒸气对辐射换热也会有所影响。蒸发散热损失可分为两部分：呼出水分的热损失和通过人体皮肤表面的蒸发散热损失。人体呼出空气的热损失 Q_B 可用下式计算：

$$Q_B = 0.0023M(44 - \varphi P_a) \qquad (7 - 3)$$

式中　P_a ——呼出空气的水蒸气分压力，Pa；

　　　φ ——相对湿度，%。

而皮肤表面的蒸发热损失 Q_V 可以用下式来确定：

$$Q_V = 2.2\alpha_K(P_S - \varphi P_b)R_C \qquad (7 - 4)$$

式中　α_K ——表面传热系数；

　　　P_S ——相应于皮肤湿度的饱和水蒸气分压力，Pa；

　　　P_b ——相应于空气湿度的饱和水蒸气分压力，Pa；

　　　R_C ——衣服的热阻，clo（1clo = 0.155K · m²/W）。

从式 (7-3)、式 (7-4) 可以看出，如果将相对湿度降低，则总的蒸发散热会增加。在高温环境中，为了维持人体热平衡，人体会以出汗的方式来调节，在这种情况下，湿度的影响作用会更加明显。环境温度很高，而相对湿度却较低，此时汗液蒸发较快，体热也易散发；如果相对湿度较大，即使温度不高也妨碍汗液的蒸发，使人体散热受阻。如果体热蓄积于体内，对散热中枢刺激增强，结果使汗液分泌速度增加，大量发汗，以成滴的汗珠淌下。由于汗液只有在皮肤上蒸发的过程中吸收气化潜热才能带走较多的热量，所以，这种情况下汗液所携带的热量是很少的，不能起到蒸发散热作用。在高温高湿的综采工作面上，作业工人虽然大量出汗，但汗液的蒸发效率却很低，使散热量不能等于或大于蓄热量，从而导致人体热平衡破坏。

B 湿度对皮肤湿润度的影响

皮肤外表面角质层中的鳞状细胞可以吸收和散失水分，当皮肤湿润时这些细胞会膨胀变软，而干燥时则会收缩变硬。用于表征皮肤湿润程度的常用参数有两个：皮肤的相对湿度 φ_{SK} 和皮肤湿润度 W。

$$\varphi_{SK} = \frac{P_m}{P_{S,SK}}, \tag{7-5}$$

式中　P_m——皮肤的平均水蒸气分压力；

　　　$P_{S,SK}$——相应于皮肤温度的饱和水蒸气分压力。

则皮肤湿润度 W 可以用下式计算得出：

$$E_{SK} = W A_{du} h_e (P_{SK} - P_z) \tag{7-6}$$

式中　E_{SK}——蒸发热损失；

　　　A_{du}——人体皮肤总面积；

　　　h_e——蒸发散热系数；

　　　P_z——周围空气的水蒸气分压力。

皮肤的湿润度 W 和皮肤相对湿度 φ_{SK} 的关系为：

$$\varphi_{SK} = W + (1 - W)\frac{P_a}{P_{S,SK}} \tag{7-7}$$

从式 (7-7) 明显说明 φ_{SK} 比 W 大，除非 $W=1$，也证明当 W 一定时，φ_{SK} 只随环境的绝对湿度的增加而增加。在皮肤的水分含量很高时，特别是当皮肤湿润度很高（$\varphi_{SK} \geqslant 90\%$）的时候，细胞的膨胀足以关闭或减小汗腺内腔以减少出汗,如相对湿度大于或等于90%。相反在一个很干燥的环境中,皮肤能收缩到受伤害的程度[11]。

C　湿度对衣物感觉的影响

由于衣服相对于人体皮肤发生移动时会刺激皮肤表面的一些机械刺激感受器,湿度对人体所着衣物的感觉也会产生影响。皮肤的湿润度在25%以上时,皮肤和衣服之间的摩擦力会急增,随着皮肤水分的增加,更会感觉到纤维组织的粗糙产生不愉快感,所以当皮肤的湿润度接近或高于25%时,人们会感觉不舒服。当湿度较大时,衣服和皮肤之间较大的摩擦力会导致皮肤被拉扯而产生一定的位移,由此会使人感到很不舒服。

D　湿度对呼吸道的影响

湿度对人体上呼吸道及其黏膜表面有影响。在湿度较低的情况下,皮肤和一些黏膜表面会变得干燥,在呼吸道外表面,干燥会使黏液聚集在一起,导致其上绒毛的清洁作用和噬菌作用都有所削弱,从而令人感到不舒适并容易感染呼吸道疾病。湿度过高则会造成上呼吸道黏膜表面的对流和蒸发冷却作用降低,黏膜表面得不到充分的冷却而使人感到吸入的空气闷热、不舒适[12]。

E　湿度对人体的其他影响

湿度过低,皮肤极度的干燥会导致皮肤的损伤、粗糙和不舒适性,甚至因缺少水分而变得粗糙开裂,人体的免疫系统也会受到伤害导致对疾病的抵抗力大大降低甚至丧失,削弱皮肤保护功能。另外,低湿干燥的环境也是眼睛发炎的一个因素,当相对湿度低于30%的时候,会造成人眼所需水分不足,使人感到眼睛干涩、疼痛。

湿度过高,为环境中的细菌、霉菌及其他微生物创造了良好的生长繁殖条件,加剧微生物的污染,这些微生物容易导致患上呼吸道或消化道疾病[13]。作业人员长期在高湿的矿井下作业,将会使人产生一系列的生理功能改变,影响人的正常生理功能,还会使人患上风湿病、皮肤病、皮肤癌、心脏病等,严重影响矿工的身心健康。据调查,湖南省冷水江某矿多年调查统计表明,矿工长期在高湿的矿井下作业,患风湿病、皮肤病、皮肤癌、心脏病的比例很高,并有如下调查结果:患风湿病的比例为186人/千人,患心脏病的比例为79人/

千人,患皮肤病的比例为 121 人/千人,患皮肤癌的比例为 45 人/千人。

7.2.5 风速与安全

经常会出现这样的情况:明明实际气温很高,人们感觉却并不很热;相反,有时气温并不是很高,却感到酷热难耐。因为人体感觉到的环境空气的冷热程度,虽与气温的高低有直接关系,但同时又受到湿度和风速的影响,人体感知的仅仅是体感温度。

国际上对体感温度用有效温度 t_e 和风冷指数 K_0 表示:

$$\begin{cases} t_e = t_a - 0.4(t_a - 10)(1 - \varphi) \\ K_0 = (\sqrt{100V} + 10.45 - V)(33 - t_a) \end{cases} \quad (7-8)$$

式中　t_a——空气温度,℃;

　　　φ——空气相对湿度,%;

　　　V——风速,m/s。

风速对改善人们的热环境亦有重要的作用,气流可以促进人体对流散热和蒸发散热,增进人体的舒适感,还能促进空气的更新,排出各种有害的化学物质。风速大有利于人体散热、散湿,提高热舒适度。但风速过大,会导致有吹风感的危险,甚至会造成扬尘。风速在一定程度上可以补偿环境温度的升高,从节能角度考虑,用增大空气流动速度来补偿温度的升高有重大意义。但当气温高于人体皮肤温度时,空气的流动只会使人体从外界环境吸收更多的热,甚至对人体产生不良的影响。

7.2.6 热辐射与安全

热辐射主要指红外线及一部分可见光,热源均能产生大量热辐射。当周围物体表面的温度超过人体表面的温度时,周围物体表面向人体放散热辐射而使人体受热,称为正辐射;相反,当周围物体表面的温度低于人体表面的温度时,人体向周围物体辐射散热,称为负辐射。在很多综采工作面上,人体表面的温度低于周围物体表面的温度,作业工人处于正辐射状态。

热辐射通常用平均辐射温度 t_{mrt} 来表示，它取决于空间周围表面温度。在现实中，空气温度和平均辐射温度并不总是均匀的、相等的，人们常常会遇到机体某一部分受冷和受热，所以研究平均辐射温度相对于空气温度的偏差以及不对称受热或散热对人体生理或感觉反应的影响，确定其允许限值是很重要的。苏联学者研究表明，为保持工作者热舒适状态，空气温度与周围墙体温度的差值不得超过 7℃[15]。平均辐射温度是一个相当复杂的概念，虽然这是一个描述热环境特性的参数，却又与人在室内所处的位置、着装及姿态有关。在工程实际中，平均辐射温度可用下式计算[4]：

$$t_{mrt} = \frac{A_1 T_1 + A_2 T_2 + \cdots + A_n T_n}{A_1 + A_2 + \cdots + A_n} \qquad (7-9)$$

式中　　T_1，T_2，$\cdots$，T_n——室内各表面温度，℃；

　　　　A_1，A_2，$\cdots$，A_n——室内各表面面积，m^2。

热辐射除了人体直接受热外，人体与其周围环境间还存在着长波辐射换热。热辐射不受空气温度的影响且与风速无关。根据试验：当气温 10℃，周壁表面温度 50℃时，人在其中会感到过热；当室内气温 50℃而壁面表面温度为 0℃时却使人在室内感到过冷。

7.2.7　噪声与安全

噪声是人们不需要的声音，或者是有害的声音。综采工作面采煤机和刮板输送机在作业时的噪声能高达 90dB 以上，成为一个强噪声源。井下不仅噪声源多，而且由于地下采矿是在封闭的受限空间进行，噪声被吸收系数很小，反射能力强，形成较强的混响声场，因此，噪声级增高，噪声强度大，声压级高，普遍超过国家规定的卫生标准。噪声不仅会引起人的听力损失，而且会对人的生理和心理造成很大的影响。噪声超过 85dB 时，会使中枢神经功能出现障碍，使人感到头晕、乏力、烦恼、注意力不集中和反应迟钝等，导致人的失误率和事故率增加。

加拿大曾对 60 名井下工作至少 30 年的采矿工人进行调查，有 82% 的人听力受到损伤。美国对 1500 名井下矿工进行过听力调查，50 岁的矿工中有将近一半的听力损失超过 25dB 以上，有 30% 的矿工听力损失超过 40dB[16]。国外资料报道，工业发达国家的劳动事故有 11% 与噪声有关。国内曾对某矿发生的 74 起事故进行统计分析，与噪声影响有关的 8 起，占 10.8%。阜新矿区 1974 ~ 1983 年 10 年间发生的 88 起死亡事故中，有 9 起事故是由噪声引起的，占 10.2%[1]。上述这些统计数据说明，噪声是引发事故的一个不可忽视的重要因素。

7.2.7.1 噪声的定义及其特性

从物理性质上讲，噪声是由声源做无规则的、非周期性振动而形成的。但从人的生理和心理上来讲，通常把与人们生活、工作环境不协调或不需要的声音都列入噪声范畴。

噪声是声的一种，具有声波的一切特性，描述噪声的主要物理量是声强和响度。声波的平均能流密度大小称为声强，它表示声场中某点与声波行进方向垂直的单位面积上、单位时间内所传播声音的平均能量，用符号 I 表示，单位是 W/m²。

$$I = \frac{1}{2}\omega^2 A\rho v \qquad (7-10)$$

式中　ω ——声振动角频率，Hz；

　　　A ——声振动振幅；

　　　ρ ——空气密度，kg/m³；

　　　v ——声速，m/s。

人耳对声音强弱的反应称作响度。声强是客观量，响度是主观量。人耳感觉到声强的范围极为宽广，而听觉的灵敏度还与频率有关。在人耳能够感觉到的声音频率 20 ~ 20000Hz 范围内，对于每个给定的频率，要引起听觉，其声强都有上下两个极值。低于下限的声强不能引起听觉，高于上限的声强只能引起痛觉。如频率为 1000Hz 的声波，一般正常人听觉的最高声强为 1W/m²，最低声强为 10^{-12} W/m²，两者相差 10^{12} 倍，人耳听觉不能把这一听阈内的声音由弱到强分辨出 10^{12} 个声音等级。由声学实验和心理学实验结果得知，人耳对声音强弱的反应不是和声强成正比，而是近似与声强的对数成正比。因此引入声强级的概念来描述声强，并规定，频率为 1000Hz，刚能听到的最低声强 10^{-12}W/m^2 为声强测定的标准，用 I_0 表示。声强 I 与标准 I_0 之比的对数值定义为声强级，用符号以分贝来表示，表达式为：

$$L = 10\lg\frac{I}{I_0} \qquad\qquad (7-11)$$

分贝（声强级另一单位贝尔的十分之一）的符号 dB。噪声的测量常用声级仪，声音信号通过声级仪的传声器转换成电压信号，经放大器放大后，再经过对不同频率噪声有一定衰减的计权网络，显示出分贝值。声压级的表达式为：

$$L_p = 20\lg\left(\frac{p}{p_0}\right) \qquad\qquad (7-12)$$

式中　L_p ——声压级，dB；

　　　p ——声压，Pa；

　　　p_0 ——参考基准声压，$2\times10^{-5}\text{Pa}$。

目前，国际上把人耳刚能听到的声压 p_0 定义为 0dB，人耳的听力范围为 0~120dB。由于分贝值取决于声压，而声压是声波引起的振动使大气压起伏变化超过静压的量，是声振动产生的压力。从物理学角度看，振动是一种能量的表现形式。声振动是由声波产生的，因而，声波能量决定了声压大小。因此，分贝反映的是噪声的能量。由此判断，噪声对人的影响也是由噪声能量引起的。

在综采工作面作业环境中，有多个噪声源存在，需要了解各个声源的声压级与总体声压级的关系。根据能量合成原则可知：

设某点有 n 个声源存在，某点产生的声压级分别为 L_{p1}，L_{p2}，…，L_{pn}，若各个声源的声压为 p_1，p_2，…，p_n，则

$$L_{pi} = 20\lg\left(\frac{p_i}{p_0}\right) = 10\lg\left(\frac{p_i}{p_0}\right)^2 \qquad\qquad (7-13)$$

$$L_{p总} = 10\lg\left(\frac{p_1}{p_0}\right)^2 + 10\lg\left(\frac{p_2}{p_0}\right)^2 + \cdots + 10\lg\left(\frac{p_n}{p_0}\right)^2$$

$$= 10\left[\lg\left(\frac{p_1}{p_0}\right)^2 + \lg\left(\frac{p_2}{p_0}\right)^2 + \cdots + \lg\left(\frac{p_n}{p_0}\right)^2\right]$$

$$= 10\lg\Big[\sum_{i=1}^{n} \Big(\frac{p_i}{p_0}\Big)^2 \Big] \qquad (7-14)$$

亦可表示为：

$$L_{\text{p总}} = 10\lg\Big(10^{\frac{L_{\text{p1}}}{10}} + 10^{\frac{L_{\text{p2}}}{10}} + \cdots + 10^{\frac{L_{\text{pn}}}{10}} \Big)$$

$$= 10\lg\Big(\sum_{i=1}^{n} 10^{\frac{L_{\text{pi}}}{10}} \Big) \qquad (7-15)$$

在背景噪声存在的条件下，求声源声压级背景噪声，测量值是一个叠加结果，为了更准确地了解噪声源，必须从总体声压级中剔除背景声源的影响。

设背景噪声声压为 p_{B}，声压级为 L_{pB}，则

$$L_{\text{pB}} = 10\lg\Big(\frac{p_{\text{B}}}{p_0}\Big)^2 \qquad (7-16)$$

测得的混合声压为 p_{Z}，声压级为 L_{pZ}，则

$$L_{\text{pZ}} = 10\lg\Big(\frac{p_{\text{Z}}}{p_0}\Big)^2 \qquad (7-17)$$

设噪声源工作时的声压为 p_{A}，声压级为 L_{pA}，则

$$L_{\text{pA}} = 10\lg\Big[\Big(\frac{p_{\text{Z}}}{p_0}\Big)^2 - \Big(\frac{p_{\text{B}}}{p_0}\Big)^2 \Big] = 10\lg\Big(10^{\frac{L_{\text{pZ}}}{10}} - 10^{\frac{L_{\text{pB}}}{10}} \Big) \qquad (7-18)$$

7.2.7.2　综采工作面噪声的度量方法

A　噪声对综采工作面语言通讯的影响

噪声对语言通讯具有掩蔽作用，为了在噪声环境下获得正确的语言和听觉信息，在综采工作面通常采用语言—噪声比率 $L(S/N)$ 来衡量，一般要求 $L(S/N)$ 大于 10dB。

$$L(S/N) = L(S) - L(N)$$

$$= 20\lg\frac{p_{\text{Y}}}{p_0} - 20\lg\frac{p_{\text{Z}}}{p_0}$$

$$= L_{\text{pY}} - L_{\text{pZ}} \qquad (7-19)$$

式中　p_{Y}——语言声压，Pa；

　　　p_0——基准声压，Pa；

p_Z ——噪声声压，Pa；

L_{pY} ——语言声压级，dB；

L_{pZ} ——噪声声压级，dB。

在某综采工作面不同信噪比的情况下，观测了闭锁通讯一次，见表 7-5。

表 7-5　某综采工作面不同信噪比时能听清对方指令的频度

测试项 L（S/N）	10	5	-5	-10
指令正确	20	30	40	25
正确频数	20	24	28	0
感　觉	容易	有影响	较困难	困难
失误率	0	0.2	0.3	1

B　等效 A 声级

A 声级较好地反映了人耳对噪声的频率特性和主观感觉，这对于连续稳定的噪声是一种较好的评价指标，但是工作面的噪声源有固定的（例如，泵站、移动变电站、刮板输送机机头），有移动的（例如，采煤机、移架等），并多为非稳定噪声（工作状态与空转状态），因此用等效声级来综合评价作业环境中的噪声水平。

等效 A 声级 L_{eq}：在工作面某一定位置上，用一段时间能量平均的方法，将非稳定出现的 A 声级，用一个等效 A 声级来表示该段时间内噪声的大小。

可用下式计算：

$$L_{eq} = 10\lg \frac{1}{T}\int_0^T 10^{0.1L_A}\mathrm{d}t \qquad (7-20)$$

式中　L_{eq} ——等效声级，dB(A)；

　　　T ——测量时间间隔，可以随机选取；

　　　L_A ——瞬时 A 声级。

实测时，把 L_A 分成几个区间进行处理，即

$$L_{eq} = 10\lg \Big(\sum_{i=1}^N p_i \, 10^{0.1L_{Ai}} \Big) \qquad (7-21)$$

式中　p_i ——第 i 个声级区间内持续的时间在总时间间隔中所占的比

例;

L_{Ai} ——第 i 个区间的中心声级值;

N ——区间数。

L_{Ai} 的确定:因为有的噪声源(如采煤机)是在不断运动的,仅对采煤机而言,这个噪声源的噪声水平还有工作状态和空载状态,在某一固定点上,采煤机的噪声是随时间的推移,其逐渐远离此点,噪声也逐步减弱。因此,在不同时间对某基点进行测量,工作面以 10m 作为一段,每基点测量 t(min),所得声压级为 L_{Ai}。

该公式有时也作[17]:

$$L_{eq} = 10\lg\left(\frac{1}{\sum_i t_i} 10^{0.1L_{Ai}t_i}\right) \tag{7-22}$$

式中 t_i ——第 i 段时间,h 或 min;

L_{Ai} —— t_i 时段内的 A 声级,dB(A)。

通常采用等时间间隔取样,设时间划分的段数为 N,则

$$L_{eq} = 10\lg\frac{1}{N}\sum_{i=1}^{N} 10^{0.1L_{Ai}} \tag{7-23}$$

采用以上方法,对四种综采工艺方式的作业环境噪声的等效 A 声级测定,结果如表 7-6 所示。

表 7-6 不同综采工作面等效 A 声级测定结果

工艺方式	普通综采	高架综采	放顶煤综采	大功率综采
L_{eq}	81	83	85	84

C 建立综采工作面噪声因素的隶属函数

取噪声声压级论域 $U = [0, 90]$,则利用模糊数学,噪声不合理的隶属函数可表示为:

$$\mu(L_{eq}) = \begin{cases} 1 & L_{eq} \geq 90 \\ 0.025L_{eq} - 1.25 & 70 \leq L_{eq} < 90 \\ 0.02L_{eq} - 0.9 & 50 \leq L_{eq} < 70 \\ 0 & L_{eq} < 50 \end{cases} \tag{7-24}$$

D　综采工作面噪声对人的烦恼程度

对综采工作面某一强度噪声来说，其令人烦恼的程度：

$$I = 0.1058L_A - 4.798 \qquad (7-25)$$

式中　I——烦恼指数，如表7-7所示；

　　　L_A——环境噪声强度，dB。

表7-7　烦恼指数表

I	5	4	3	2	1
烦恼程度	极度烦恼	很烦恼	较烦恼	稍有烦恼	没有烦恼

E　实例分析

根据某矿测得的距噪声源1m处的噪声水平统计情况，计算出其隶属函数值，烦恼程度，听不到的话，如表7-8所示。

表7-8　距噪声源1m处的噪声隶属函数值，烦恼程度，听不到的话

噪声源	工作状态	噪声/dB	隶属函数值	烦恼程度	听不到的话/%
采煤机	割　煤	93	1	5.04	7.03
	空　载	85	0.875	4.20	5.44
刮板运输机	重　载	103	1	6.10	9.02
	空　载	90	1	4.72	6.43
破碎机	工　作	93	1	5.04	7.03
	空　转	85	0.875	4.20	5.44
泵　站	工　作	103	1	6.10	9.02
	空　载	94	1	5.15	7.23
胶带运输机	机　头	105	1	6.10	9.41
	中　部	83	0.825	3.98	5.04

通过以上数据的分析，综采工作面环境噪声程度非常严重，工人感到很烦恼，直接影响工人的身心健康，事故时有发生，必须采取切实可行的有效措施对其进行控制和改善，以提高综采工作面系统的效率。

7.2.7.3 综采工作面噪声环境对人的生理心理影响分析

环境污染是人类社会生存与发展必须解决的全球性问题之一，而噪声污染已成为仅次于大气污染和水污染之后的第三大公害。在综采工作面生产中，由于机器设备功率大，设备多，且作业空间狭小，反射面大，易形成混合噪声，故噪声尤为严重（如表7-9所示），严重影响作业人员的生产操作，必须对其进行分析、评价和控制，以促进综采面环境向安全、舒适转化，同时保护工人的健康和生产效率的提高[18]。

表7-9 某矿测得的距噪声源1m处的噪声水平

采煤机		刮板运输机		破碎机		泵 站		胶带运输机	
割煤	空载	重载	空载	工作	空转	工作	空载	机头	中部
93	85	103	90	93	85	103	94	105	83

A 噪声对人体生理的影响

物体振动产生的噪声，由物质媒介传导到人体，对人造成影响。噪声振动的能量会造成人的听力损伤，引起器官功能失常，诱发疾病；噪声振动的信息经听觉器官和感觉神经传入大脑，会干扰人脑对其他信息的接收、处理及记忆贮存，或激活因睡眠处于抑制状态的人体功能，影响人们的休息。噪声振动的信息引起的情绪变化，会对人的心理产生负面影响，进而引发危害人体健康的后遗症。从噪声污染的作用方式分析，噪声是以能量与信息两种形式对人造成污染，这表明噪声具有双重污染性，是一种特殊的环境污染类型。

a 对听觉的影响

声波引起空气的振动沿外耳传至鼓膜，使耳膜被迫振动，从而刺激人的听觉神经引起声音感觉。噪声可使听觉发生暂时性减退，使听觉灵敏性降低，可闻阈提高。据测定，30dB以下属于非常安静的环境；30~40dB属于比较安静的正常环境；50~60dB则属于较吵的环境，此时脑力劳动受到影响，谈话也受到干扰；超过60dB时，就会感到喧闹；70dB以上会使人心情烦躁、注意力不集中；声音超过80dB，听后会使人烦躁不安；达到90dB时，人的听觉开始受到损伤；当噪声超过100dB，就会造成耳鸣或耳聋；在120dB的强噪声环境，只需1min，就能给人造成暂时性耳聋；达到130dB时，人耳感到疼痛；而达到140dB时，耳朵便会受到严重伤害。极强噪声能使人的听觉器官发生急性外伤，引起耳膜破裂出血、双耳变聋、语言紊乱、神志不清、脑震荡和休克，甚至死亡。统计表明，长期工作在90dB以上的噪声环境中，会严重影响听力，耳聋发病率明显增加，甚至导致其他疾病的发生。平顶山市曾对16个国有煤矿857名噪声作业工人进行了噪声危害调查，高频听力损伤检出率为40.37%，语频听力损伤检出率为15.40%。

人听觉器官的适应性是有一定限度的，长期在噪声的作用下，听力逐渐减弱，引起听觉疲劳。若长年累月置于强烈噪声的反复作用，内耳器官将发生器质性病变，造成永久性听阈移位，也叫噪声性耳聋。一次或数次极强如猛烈的爆炸声会震破耳鼓，严重的会导致全聋[19]。

另外，噪声和一氧化碳联合作用对听觉系统的损伤远大于单独作用，噪声和高温联合作用可加重对人耳听力和高频听力的损害作用[20]。

b　对神经系统的影响

噪声对听觉外系统的影响主要是由于听神经与其他神经的相互作用所致。进入脑干的听觉传入神经，除沿听觉通路上行外，同时也有侧支进入脑干网状结构通过上行激动系统与大脑皮层协调感觉、运动、行为等区域发生广泛联系，而网状结构还能将冲动传送到植物神经系统。所以，听觉信息传入中枢后一方面引起听觉，同时还引起诸如躯体运动性反应、植物性反应等一系列听觉外反应，这就是噪声所致神经系统中枢神经系统效应的神经生理学基础。

噪声通过人的听觉器官长期作用于中枢神经，会对神经系统强烈刺激引起脑电波发生变化，可使大脑皮层的兴奋和平衡失调，从而导致条件反射的异常。长期接触噪声，会使精神和肌体处于高度的紧张状态，从而导致神经衰弱等神经系统疾病。影响神经衰弱发生的主要因素是接触噪声强度，接触噪声强度与神经衰弱综合症患病率之间存在剂量——反应关系。但是噪声性神经衰弱综合症是可恢复的，脱离噪声作业一年以上者神经衰弱综合症患病率明显下降。

c 对视觉的影响

试验表明，噪声对视力也会造成损害，噪声能使人对光亮的敏感性降低而使视觉受损。近年来，美、日、法等科学家相继发现，当噪声强度在 90dB 时，人的视网膜中视感细胞区别光亮度的敏感性开始下降，识别弱光反应时间延长，视力清晰稳定性缩小；当噪声强度在 95dB 时，有 40% 的人瞳孔放大，视觉模糊；当噪声达到 115dB 时，多数人眼球对光亮度的适应性都有不同程度的减弱[21]，约降低 20% ~ 50%；而当噪声强度达到并超过 120dB 时，不少人对眼前运动着物体的反应出现"暂时失灵"。

d 对工作、学习效率的影响

噪声的中枢神经系统效应特别是噪声对学习、记忆以及工作效能的影响，造成了接噪人群工作和学习效率的下降。噪声所致的觉醒作用虽然在短时间内可以对简单任务的完成起到积极作用，但由于噪声对认知功能的消极作用，使机体在完成需持续注意力集中的复杂工作方面的能力会受到影响。大量调查发现，在噪声环境中工作往往使人烦躁不安，容易疲劳，注意力不集中，反应迟钝，差错率明显上升。此外，当噪声声级超过生产中的音响警报信号的声级时，噪声还可能遮蔽音响警报信号并分散人们的注意力，容易发生工作事故。由于噪声传递的是人们不需要的声音信息，与人们认可的信息产生冲突，经过听觉器官传入大脑的噪声信息，还会干扰大脑对其他信息的接收、加工及贮存，使记忆的运作遭到抑制[22]。噪声暴露还可延长学习过程，干扰瞬时记忆和短时记忆。

e 噪声可引起多种疾病

人体长时间、反复接触过量噪声，还会对心血管、消化等系统引起特异或非特异的有害作用[23]。试验表明，人被噪声刺激 5min，末梢血管就会收缩，直到噪声停止。噪声停止 25min 以后，血管才会慢慢恢复原状，若噪声不断地刺激，还会引起心室组织缺氧，增高血中胆固醇的含量。噪声对心功能的影响主要通过引起植物神经功能紊乱而导致心率增快或减慢，心律不齐等。噪声还可以引起心神不宁、心情紧张、血压增高、心肌受损，从而导致动脉硬化、冠心病等心血管系统发病率升高。经测量发现，90dB（A）的噪声在短时间内就可使动脉阻力增大，使外周动脉处于收缩或痉挛状态。噪声对血脂的影响表现为血清甘油三脂、总胆固醇含量增高[24]，从而增加心血管疾病的发生风险[25]。长期噪声刺激可导致代谢障碍和心血管系统的器质性改变[26]，还能使体内肾上腺分泌增加，从而使血压升高，以致损害心血管，增加心肌梗塞发病率。因此，环境噪声现已成为心血管疾病的主要杀手之一。

噪声还会使胃肠道的分泌和蠕动功能改变而引起代谢过程的变化，使维生素代谢，碳水化合物、蛋白质、无机盐类等的代谢失调，妨碍人体对维生素的吸收与利用，同时加速了维生素的排泄，尤其加快水溶性维生素 B_1，维生素 B_2，维生素 B_6，维生素 C 等的消耗，使人的唾液、胃液分泌减少、胃酸降低，引起胃功能紊乱。

B　噪声对人心理的影响

噪声对人心理的影响，是噪声传递的信息引起的。噪声会通过听觉器官和感觉神经将噪声振动信息传递至大脑，人脑将这种通过知觉从外界获得的信息，通过一系列神经活动的加工处理，一部分进行编码，作为记忆信息贮存下来，一部分作为现实刺激信息继续参加大脑的神经活动，而贮存的记忆信息和现实刺激信息的综合作用，会使人产生情绪波动，不适、强迫、抑郁、焦虑等心理障碍。高噪声的工作环境，可使人出现恐惧、易怒、自卑甚至精神错乱。在日本，曾有过因为受不了火车噪声的刺激而精神错乱，最后自杀的例子。

7.2.8　粉尘与安全

煤矿企业在高速发展的过程中，往往只注重经济效益的增长，而忽视了职业病第一杀手—"尘肺病"的出现，它以不流血的"渐进式死亡"威胁着广大煤矿职工的生命安全。据卫生部统计，至 2002 年底全国累计检出尘肺病病人 58 万多名，现存活 44 万余名，在已查出的尘肺病人中，煤矿尘肺病人占 49%，达 25 万多人，中国累计发生尘肺病人数已相当于世界其他国家尘肺病人的总和。2002 年，尘肺病新增病例 1.22 万例，其中煤矿系统的尘肺病占 47.6%，死于尘肺病的患者达 2343 例，是矿难和其他工伤事故死亡人数的三倍多。

卫生部目前统计的煤矿尘肺病数字，仅仅是国有大型煤矿的病例数，还不包括地方煤矿和乡镇煤矿。2003年，全国产煤17.4亿吨，其中地方煤矿和乡镇煤矿占9亿吨，占一半多；专家们估计，这类煤矿的尘肺病要远远高于国有大型煤矿，那么，实际数字至少比"58万多人"多出一倍，也就是说，全国估计有120多万尘肺病患者。120多万意味着什么？意味着每1000个中国人里头，就有1个尘肺病患者，"百万中国人可能跪着惨死"并非完全是危言耸听的"神话"。

湖南省累计查出尘肺病患者3.8万人，居全国之首[27]。山西省潜在的煤矿尘肺病患者多达8万余人。陕西铜川矿务局，累计查出尘肺病病人4000余例，平均每年死于尘肺病的达100多人。河北峰峰矿务局已查出尘肺病人2038例，其中40%以上已经死亡。北京市门头沟煤矿每年也有200多人死于尘肺病……

国家疾病控制中心职业病与中毒控制所首席专家李德鸿研究员测算，全国每年尘肺病造成的直接经济损失达80亿元，间接损失达300亿~400亿元。

因大量吸入粉尘而罹患的尘肺病，正在严重威胁着数十万煤矿工人的生命和健康。如不采取有效措施加以防治，尘肺病的肆虐将严重损害煤矿生产力，造成量大面广的社会问题。由于尘肺病的形成与粉尘具有重要关系，在综采成为我国煤炭开采的重要生产方式之时，研究综采工作面粉尘及其对人的毒害机理具有重要意义。

7.2.8.1 粉尘的定义和分类

A 粉尘的定义

"粉尘"是指由自然力或机械力产生的能较长时间悬浮于空气中的固体颗粒的总称。这些固体颗粒多由固体物料经机械性撞击、研磨、碾轧而形成，经气流扬散而悬浮于空气中，其粒径大都在0.25~20μm，其中绝大部分为0.5~5μm[28]。国际上将粒径小于75μm的固体悬浮物定义为粉尘，在通风除尘技术中，一般将1~200μm乃至更大粒径的固体悬浮物均视为粉尘[29]。

气体中粒度小于1μm的颗粒是由于凝结作用产生的，而较大的颗粒则来自于粉碎过程或燃烧过程。向空气中放散粉尘的地点和设备称作尘源。在自然力或机械力作用下，使粉尘由静止状态变为悬浮状态的现象称作尘化作用。含有固体微粒的空气一般称为含尘空气，也称为气溶胶[29]。由不稳定的气溶胶体中经自然而降落到地面或他处的粉尘又叫做"落尘"或"降尘"。当受到振动或气流影响时，会回到空气中成为二次扬尘。

　　B　粉尘的分类

粉尘可以根据许多特征进行分类，通常有以下几种分类方法。

　　a　按粉尘的粒径分类

（1）可见粉尘是指用肉眼可见，粒径大于 10μm 的粉尘；

（2）显微粉尘是指在普通光学显微镜下可以分辨，粒径为 0.25 ~ 10μm 的粉尘；

（3）超显微粉尘是指在超倍显微镜或电子显微镜下才能分辨，粒径小于 0.25μm 的粉尘。

　　b　从卫生角度分类

（1）呼吸性粉尘，又称可吸入性粉尘，是指能进入人体的细支气管到达肺泡的粉尘微粒，其粒径在 5μm 以下。由于呼吸性粉尘能到达人的肺泡，并沉积在肺部，故对人体健康危害最大。

（2）非呼吸性粉尘，又称为不可吸入性粉尘。

7.2.8.2　综采面粉尘的理化特性及其卫生意义

煤矿在生产、贮存、运输及巷道掘进等各个环节都会向井下空气中排放大量的粉尘。在现代化煤矿生产中，综采工作面是煤矿产尘量最大的作业场所，其产生的粉尘量约占矿井总产尘量的 60% 左右。采煤机割煤、支架移架、放煤口放煤及破碎机破煤是综采工作面的四大产尘源，产尘量分别约占综采面总产尘量的 60%、20%、10%、10% 左右[30]。此外，运煤、移溜等工序也有粉尘产生。随着机械化程度和开采强度的不断加大，综采工作面的产尘强度及作业环境中的粉尘浓度也越来越大，综采工作面割煤时的粉尘浓度达 4000 ~ 8000mg/m³，严重影响生产作业人员身体健康[31]。

　　A　粉尘的基本特性

粉尘具有形状、粒径、密度和比表面积四大基本特性，还具有粘附性、荷电性、湿润性、放射性、爆炸性等重要的性质，这些性质对于研究粉尘对人体的影响具有重要意义。

（1）粉尘的形状。粉尘颗粒的形状是指一个粉尘的轮廓或表面上各点所构成的图像，常见的形状有球形、菱形、叶片形、纤维形，此外还有凝聚体和凝集体等形状。

（2）粉尘的粒径。粒径是表征粉尘颗粒状态的重要参数，一个光滑圆球的直径是能被精确地测量，而对于那些非球形颗粒，精确地测定它的粒径是非常困难的。事实上，粒径是测量方向与测量方法的函数。为了表征颗粒的大小，通常采用当时粒径。所谓当时粒径是指颗粒在某方面与同质的球体有相同特性的球体直径。相同的颗粒，在不同的条件下用不同的方法测量，其粒径的结果是不同的。

（3）粉尘的密度。由于粉尘与粉尘之间有空隙，有些颗粒本身还有空隙，所以粉尘的密度有以下几种表述方法：

1）真密度。不考虑粉尘颗粒之间的空隙，颗粒本身实有的密度。

2）堆积密度。粉尘的颗粒间有许多空隙，在尘粒自然堆积时，单位体积的质量就是粉尘的堆积密度。

3）假密度。又称为有效密度，是粉尘颗粒质量与它所占体积之比，这个体积包括颗粒内闭空、气泡、非均匀性等。

真密度与堆积密度的关系。真密度 ρ_P 与堆积密度 ρ_b 之间的关系取决于粉尘堆放体积中的间隙率 ε（空隙所占的比值，%），且有

$$\rho_b = \rho_P(1 - \varepsilon) \tag{7-26}$$

可见，空隙率 ε 越大，堆积密度 ρ_b 越小。对于一种粉尘来说，ρ_P 是一定的，ρ_b 则随着 ε 而变的。

（4）粉尘的比表面积。简称比面，是指单位质量粉尘的表面积数，随着粉尘半径的缩小，比表面积是随半径成反比增加的。粉尘的许多物理化学特性都与比表面积密切相关，细粉尘粒子通常表现出显著的物理和化学活性，如氧化、溶解、蒸发、吸附以及生理效应等都因粉尘的比表面积增加而被加速[32]。

B 粉尘的分散度

劳动卫生学上粉尘的粒径分布也称粒径的频率分布，叫做粉尘的

分散度，是指物质被粉碎的程度。以粉尘粒径大小的数量或质量分数来表示，前者称为粒子分散度，粒径较小的颗粒愈多，分散度愈高，反之，分散度愈低；后者称为粉尘质量分散度，即粉尘粒径较小的颗粒质量分数愈大，质量分散度愈高，吸入量愈多，对人体的危害越严重。

　　粉尘的分散度高，即表示小粒径粉尘占的比例大，反之则小。粉尘的分散度不同，对人体的危害也不同。粉尘分散度的高低与其在空气中的悬浮性能、被人体吸入的可能性和在肺内的阻留及其溶解度均有密切的关系。

　　a　粉尘的分散度与其在空气中的悬浮性能

　　粉尘粒子的大小直接影响其沉降速度。分散度高的尘粒，由于质量较轻，可以较长时间地在空气中悬浮，不易降落，这一特性称为悬浮性。如密度为 $1g/cm^3$ 的尘粒的沉降速度如表 7－10 所示。

表 7－10　$1g/cm^3$ 尘粒的沉降速度

尘粒直径/μm	沉降速度/$cm \cdot s^{-1}$
0.1	4×10^{-5}
1	4×10^{-3}
10	0.3
100	50

　　从表 7－10 可以看出粉尘的沉降速度随其粒径的减小而急剧降低，一般来说，在静止空气中的粉尘，根据粒径大小按一定的规律沉降：通常粒径大于 $100\mu m$ 的尘粒呈加速度沉降；$1\sim100\mu m$ 的尘粒呈等速度沉降[33]。在生产环境中，粒径小于 $0.1\mu m$ 的尘粒其运动类似于分子，其特征是由于与气体分子相撞击而产生不规则的布朗运动；粒径大于 $1\mu m$ 但小于 $20\mu m$ 的粉尘，随载运它的气体运动；粒径大于 $20\mu m$ 的颗粒具有明显的沉降速度，因此在空气中停留时间很短。粉尘的粒径越小就可以较长时间悬浮在空气中而不易沉降。尘粒在空气中呈漂浮状态的时间愈长，被吸入肺内的机会就愈多。粉尘在空气中的悬浮时间与许多因素有关，除与粉尘分散度有关外，还与粉尘的密度和尘粒的形状有关。从卫生学的观点来看，只有那些分散度高、

易于悬浮的粉尘才对人体有危害,因为工人在整个工作日的劳动过程中将持续地吸入这种粉尘。

在生产条件下,由于机械的运转、工人的行走及存在热源等因素的影响,经常会有气流运动,这些因素都能延长尘粒在空气中的悬浮时间,甚至会激起二次扬尘,一般在生产环境中能较长时间悬浮在空气中的粉尘多为 $10\mu m$ 以下的尘粒。

b 粉尘分散度与其表面积的关系

总表面积是指单位体积中所有粒子表面积的总和。粉尘的分散度越高,粉尘的表面积就越大,如一个 $1cm^3$ 的立方体其表面积为 $6cm^2$,当将它粉碎成直径为 $1\mu m$ 的颗粒时,其总表面积就增加到 $6m^2$,即其表面积增大 10000 倍。因而,分散度高的粉尘容易参加理化反应。分散度高的粉尘,由于其表面积大,因而在溶液或液体中溶解的速度也会增加。

粉尘还可以吸附有毒气体,如一氧化碳、氮氧化物等,分散度越高吸附的量就越大,对人体的危害也越大。

c 粉尘的分散度与其在呼吸道的阻留的关系

由于粉尘的粒子直径、密度、形状不同,呼吸道结构以及呼吸的深度和呼吸频率等差异的影响,粉尘在鼻咽区、气管、支气管和肺泡区的阻留沉降是不相同的。为了相互比较,采用空气动力学直径(AED)这个参数来表示。所谓 AED 是指某种粉尘粒子 a,无论其几何形状、大小和相对密度如何,如果它在空气中的沉降速度与一种相对密度为 1 的球形粒子 b 的沉降速度相同时,则 b 的直径即可算作 a 的 AED。粉尘粒子投影直径(d_p)换算成 $AED(\mu m)$ 的公式为:

$$AED = d_p \sqrt{Q} \qquad (7-27)$$

式中 d_p ——光镜下投影直径,μm;

Q ——粉尘的相对密度。

球形 AED 大于 $10\mu m$ 的尘粒主要沉积于鼻腔、咽、喉等上呼吸道;约90%的空气动力学直径为 $2\mu m$ 到 $10\mu m$ 之间的尘粒特别是 $5\mu m$ 以下的尘粒可以进入并沉积于呼吸道的各个部位,被纤毛阻挡并被黏膜吸收表面组分后,部分可随痰液排出体外,10%的可以到达肺的深处并沉积于其中；100% 的空气动力学直径小于 $2\mu m$ 的尘粒可以直接到达呼吸深部和肺泡区，其中 $0.2 \sim 2\mu m$ 的尘粒几乎全部沉积于肺部而不能呼出，而 $2\mu m$ 以下的尘粒则有部分随气流呼出体外[34]。据此，把粉尘分为非吸入性粉尘和可吸入性粉尘，后者多指直径小于 $15\mu m$ 的尘粒，而直径小于 $5\mu m$ 的粒子称为呼吸性粉尘。

目前对于沉积在呼吸系统不同区域的粉尘有不同的定义。如：

（1）吸入性粉尘：是指从鼻、口吸入到整个呼吸道内全部粉尘，这部分粉尘可引起整个呼吸系统的疾病。

（2）可吸入性粉尘：是指从喉部进入到气管、支气管及肺泡区的粉尘，这部分粉尘除有可能引起肺尘埃沉着病外，还能引起气管和支气管的疾病。

（3）呼吸性粉尘：是指能进入肺泡区域的粉尘，是引起肺尘埃沉着病的病因。

C　粉尘的溶解度

粉尘的溶解度的大小与其对人体的危害性有关。对于有毒性粉尘，随着其溶解度的增加，对人体中毒作用增强，如铅、砷等会引起人体的慢性中毒。综采工作面粉尘主要成分的石英粉尘是难溶物质，在体内持续产生毒害作用，故其危害极其严重。正常情况下，呼吸道黏膜 pH 值是 $6.8 \sim 7.4$，吸入粉尘引起 pH 值范围改变，则可导致黏液纤毛上皮组织排除功能障碍，致使粉尘受阻。

在矿物粉尘与水组成的多相体系中，大部分粉尘呈颗粒形式，一部分较细的颗粒呈胶体形式，溶解的则呈离子形式，使皮肤黏膜表面体液的 pH 值、离子浓度改变，进而改变粉尘的水相化学活性。例如综采工作面粉尘中溶解的 Ca^{2+}、Mg^{2+} 离子等高碱性矿物粉尘能够促进体内细菌的生长代谢，从而对人体微生态系统平衡产生了重大影响[35]。

D　粉尘的黏附性

粉尘粒子附着在固体表面上，或者粉尘粒子彼此相互附着的现象称为黏附，后者亦称为自黏。附着的强度，也就是克服这种现象需要的力（垂直作用于粉尘粒子的重心），称为黏附力[36]。在气态介质中产生黏附的力有：

（1）分子力，也称为范德华力，这是作用在分子间或原子间的作用力，即分子间的吸引力。它是粉尘粒子和某个表面直接接触之前出现的。分子力随分子间的距离加大而迅速下降，但在几个分子直径的距离之内，这种力有显著的影响。它的大小还取决于接触物体的特性和粉尘粒子的粒度，改变这些因素中的一种，就可以改变分子力，从而改变黏附力。

（2）库仑力，这是粉尘颗粒荷电产生的静电吸力。有一些实验证明了静电荷能使粉尘颗粒黏附的强度显著增加，但如果相邻两表面的间隙内是潮湿的，库仑力的作用就不能出现或大大减小[32]。

（3）毛细黏附力，粉尘颗粒含有水分时，相互吸着的颗粒间由于毛细管作用而生成"液桥"，产生使颗粒相互黏着的力。据实验知，当空气的相对湿度超过65%时，开始出现毛细冷凝现象，这是黏附力上升。液体的表面张力愈大，粉尘粒子的粒度愈粗，相互接触的表面可湿性愈好，则产生粉尘粒子黏附的毛细力愈大。毛细力和库仑力是不能同时作用的。

粉尘的黏附性使得粉尘在与呼吸道、肺泡等靠近时，能够黏附在鼻毛、鼻腔、咽、喉、气管、支气管、肺泡等的表面，进而对人体产生毒害作用。

E　粉尘的荷电性

粉尘粒子可带有电荷，其来源可能是由于物质在粉碎过程中因摩擦而带电，或与空气中的离子碰撞而带电。尘粒的荷电量除与粒径的大小、密度有关外，还与作业环境的温度和湿度有关。温度升高时荷电量增高，湿度升高时荷电量降低。

粉尘的荷电性对粉尘在空气中的悬浮性有一定影响，带相同电荷的尘粒，由于相互排斥而不易沉降，因而增加了尘粒在空气中的悬浮性；带异性电荷的尘粒则因相互吸引、易于凝集而加速沉降。

F　粉尘的湿润性

当粉尘和液体相接触时，如果接触面能扩大而相互附着，就是能湿润；如果接触面趋于缩小而不能附着，则是不能湿润。看粉尘是否能够湿润，要视粉尘与液体之间的黏附力和液体内聚力的相对大小而定。

表明湿润容易程度的标志之一，是固体和液体的接触角。从液面和粉尘的交点向液面引切线，与粉尘表面所成的角度称为接触角。当粉尘与液体之间的黏附力大于液体分子间的内聚力时，容易湿润，接触角小；反之，则湿润困难，接触角大。粉尘的湿润性使得粉尘可以快速与体液相接触，进而发生各种生化反应，危害人体。粉尘的湿润性对于粉尘是否可以随痰液排出体外，也有一定影响。

7.2.8.3   综采工作面粉尘对人的生理心理影响

综采面粉尘对人体危害极大，能对呼吸道黏膜产生局部刺激、使肺组织纤维化，还能使人体产生中毒、变态反应、感染等。

A   粉尘在呼吸道的沉积

粉尘可随呼吸进入呼吸道，进入呼吸道的粉尘并不全部进入肺泡，可以沉积在从鼻腔到肺泡的呼吸道内。影响粉尘在呼吸道不同部位沉积的主要因素是尘粒的物理特性（如尘粒的大小、形状和密度等），以及与呼吸有关的空气动力学条件（如流向、流速等），不同粒径的粉尘在呼吸道不同部位沉积的比例也不同，尘粒在呼吸道内的沉积机理主要有以下几种：

（1）截留。主要发生在不规则的粉尘或纤维状粉尘，它们可沿气流的方向前进，被接触表面截留。

（2）惯性冲击。当人体吸入粉尘时，尘粒按一定的方向在呼吸道内运动，由于鼻腔、咽腔结构和气道分叉等解剖学特点，当含尘气流的方向突然改变时，会形成涡流，尘粒可冲击并沉积在呼吸道黏膜上，这种作用与气流的速度、尘粒的空气动力径有关。冲击作用是较大尘粒沉积在鼻腔、咽部、气管和支气管黏膜上的主要原因。在这些部位沉积下来的粉尘如不及时被机体清除，长期慢性作用就可以引起慢性炎症病变。

（3）凝集作用。凝集是单个粉尘粒子之间相对运动和碰撞的结果。布朗运动或是布朗运动之外再加上流动动力、静电力、重力等其他的作用，都能使粉尘粒子相互靠近而接触。就约小于 $1\mu m$ 的粉尘粒子来说，促使其相互接触的主要原因是粉尘粒子的布朗运动，这是一种由气体分子和原子撞击粉尘粒子而引起的热运动。凝集可以减少粉尘粒子的浓度和最小粉尘粒子的相对数量，所以凝集受到了粉尘本体的限制，随着时间的延长而减弱[32]。

（4）沉降作用。尘粒可受重力作用而沉降，沉降的速度与粉尘的密度和粒径有关，密度和粒径大的粉尘沉降速度快，当吸入粉尘时，首先沉降的是粒径较大的粉尘。

（5）扩散作用。粉尘粒子可受周围气体分子的碰撞而形成不规则的运动，并引起在肺内的沉积。由于尘粒的附着速度与扩散系数成比例，尘粒越小，其扩散系数越大，即扩散越快[33]。受到扩散作用的尘粒一般是指粒径在 $0.5\mu m$ 以下的尘粒，特别是粒径小于 $0.1\mu m$ 的尘粒。

尘粒在呼吸系统内的沉积可分为三个区域：上呼吸道区（包括鼻、口、咽和喉部）；气管、支气管区；肺泡区（无纤毛的细支气管及肺泡）。一般认为，空气动力径在 $10\mu m$ 以上的尘粒大部分沉积在鼻咽部，$10\mu m$ 以下的尘粒可进入呼吸道的深部。而在肺泡内沉积的粉尘大部分是 $5\mu m$ 以下的尘粒，特别是 $2\mu m$ 以下的尘粒。进入肺泡内的粉尘空气动力径的上限是 $10\mu m$，这部分粉尘颗粒具有重要的生物学作用，因为只有进入肺泡内的粉尘才有可能引起肺尘埃沉着病。

B　粉尘从肺内的排出

肺脏有排出尘粒的自净能力，在吸入粉尘后，沉着在有纤毛气管内的粉尘能很快地被排出，但进入到肺泡内的细微尘粒则排出较慢，前者称为气管排出，主要是借助于呼吸道黏液纤毛组织，纤毛摆动时，不仅可将阻留在气道壁黏液中尘粒，而且也能将吞噬粉尘的尘细胞向上推出。而黏附在肺泡腔表面的尘粒，除被巨噬细胞吞噬，并通过巨噬细胞本身的阿米巴样运动及肺泡的缩张转移至纤毛上皮表面，通过纤毛运动而清除排出，绝大部分粉尘通过这种方式排除。后者称为肺清除，主要是由肺泡中的巨噬细胞，将粉尘吞噬，成为尘细胞，使其受损、坏死、崩解、尘粒游离，再被吞噬，然后运至细支管的末端，经呼吸道随痰排出体外。纤维粉尘还可穿透脏层胸膜进入胸腔。人体通过各种清除功能，可使进入呼吸道的 97%～99% 的粉尘排出体外，只有约 1%～3% 的尘粒沉积在体内。长期吸入粉尘可使人体防御功能失去平衡，清除功能受损，而使过量粉尘沉积，酿成肺组织损伤，形成疾病。

C　粉尘对人体的致病作用

综采工作面粉尘由于种类和性质不同，因而对机体引起的危害也不同，一般常引起呼吸系统、心血管系统、皮肤黏膜等的病变，影响人体健康。

a　呼吸系统疾病

综采工作面产生的呼吸性粉尘对人体危害极大，能对呼吸道黏膜产生局部刺激，使人体产生中毒、变态反应、感染等，最主要是能引起煤矿工人的头号职业病杀手——肺尘埃沉着病。

肺尘埃沉着病，又称为尘肺病，是指由于吸入较高浓度的生产性粉尘而引起以进行性、弥漫性的纤维细胞和胶原纤维增生为主的肺组织纤维化病变的全身性疾病。它是一个没有医疗终结的致残性职业病，患者胸闷、胸痛、咳嗽、咳痰、劳力性呼吸困难、呼吸功能下降，重者丧失劳动能力，甚至不能平卧，连睡觉都要保持跪姿（医学术语叫"端坐呼吸"），严重影响生活质量。而且每隔数年病情还要升级，合并感染，最后导致心肺病等全身性疾病、呼吸衰竭跪着而死，其状之惨，令人目不忍睹。

机体吸入粉尘后为什么能发生肺尘埃沉着病，即肺尘埃沉着病的发病机制，曾提出过多种学说，但至今仍不完全清楚。一般认为粉尘被吸入后，肺泡巨噬细胞吞噬粉尘，吞噬细胞成为尘细胞，由于粉尘的毒性作用，在酶的参与下，细胞本身消化死亡，细胞内的粉尘又游离出来为又一巨噬吞噬，继而又死亡，如此循环往复，导致大量巨噬细胞死亡，并释放出多种细胞因子，如肿瘤坏死因子、成纤维细胞生长因子、白细胞介素、表皮细胞因子等，并诱发形成大量的活性氧化物质如过氧化氢（H_2O_2）、超氧阴离子自由基（O^-）及 OH – 等，这些自由基作用于机体的多不饱和脂肪酸上，启动了脂质过氧化的链式反应[37]，最终形成肺组织纤维化。

自由基是指能够独立存在的，含有一个或多个未成对电子的分子或分子的一部分。由于自由基中含有未成对电子，具有配对的倾向。因此大多数自由基都很活泼，具有高度的化学活性。自由基的配对反应过程，又会形成新的自由基。在正常情况下，人体内的自由基是处于不断产生与清除的动态平衡之中。自由基是机体有效的防御系统，如不能维持一定水平的自由基则会对机体的生命活动带来不利影响。但自由基产生过多或清除过慢，它通过攻击生命大分子物质及各种细胞，会造成机体在分子水平、细胞水平及组织器官水平的各种损伤，这种作用不断地积累以致超出机体的承受能力，便会加速机体的衰老进程并诱发各种疾病。

脂质过氧化是指发生在不饱和脂肪酸的自由基链式反应，不饱和脂肪酸由于含有多个双键而化学性质活泼，最易受自由基的破坏而发生氧化反应。与游离 SiO_2 粉尘有关的活性氧自由基（ROS）所致的脂质过氧化损伤，在肺尘埃沉着病的发生和发展过程中起重要作用[38,39]。

由于不同矿区综采工作面粉尘的种类和性质的不同，吸入后对肺组织引起的病理改变也有很大的差异，常见肺尘埃沉着病按其病因可分为以下几种：

（1）硅沉着病（旧称硅肺）。硅沉着病是肺尘埃沉着病中最严重的一种职业病，它是由于吸入含结晶形游离二氧化硅粉尘所引起的一种肺尘埃沉着病，其症状主要有气短，早期硅沉着病病人在体力劳动或上坡走路时就会感到气短。多数病人随病情进展，或有合并症时，出现气短、胸闷、胸痛、咳嗽、咳痰等症状。

在自然界游离二氧化硅（SiO_2）分布很广，分为结晶形和无定形。纯净结晶状态的硅石称为石英。在综采工作面作业时常可产生大量石英粉尘，如割煤、研磨、粉碎等过程。石英是具有规则排列的四面体结构，在受外力的作用下，硅氧键断裂产生硅载的活性自由基 Si^*、SiO^*；当与外界气体（如 O_2、CO_2）或液体（如 H_2O）接触后，可形成 $\equiv SiO_3^*$、$\equiv SiO_4^*$、$\equiv SiCOO^*$、$\equiv SiOO^*$ 或 $\equiv SiOH + OH$；$\equiv SiOH$ 如与 H_2O 结合形成 $SiOH + H_2O \rightarrow \equiv SiOH + H_2O_2$ 等强氧化基团。这些自由基和强氧化基团作用于机体的多不饱和脂肪酸上，启动了脂质过氧化的链式反应，最终形成肺组织纤维化。

硅沉着病发病与粉尘中游离二氧化硅含量、二氧化硅类型、粉尘浓度、分散度、接尘时间（接尘工龄）、防护措施以及接触者个体素质条件等因素有关。

一般认为，接触游离二氧化硅含量越多，粉尘浓度愈高，发病时间愈短，病情愈严重。实验证实，各种不同的石英变体的致纤维化作用能力，依次是鳞石英＞方石英＞石英＞柯石英＞超石英；结晶形游离二氧化硅的致病作用大于无定形二氧化硅。

硅沉着病发生和发展及病变程度还与肺内粉尘蓄积量有关。肺内蓄积粉尘量主要取决于粉尘浓度与接尘时间。一般用粉尘浓度和接尘时间的乘积表示接尘剂量，接尘剂量愈多，发病率愈高。另外，工人健康素质（个体抵抗力）、遗传因素是影响硅沉着病发病的重要条件。

当吸入高游离二氧化硅含量的粉尘时，其病理改变是以肺组织纤维化为主，典型病变就是硅结节。典型硅结节是由一层层排列的胶原纤维所构成，具有洋葱头横切面的形状，也有胶原纤维排列无规则的非典型结节。早期的硅结节具有较细的胶原纤维，排列得比较疏松，纤维之间存在数量较多的尘细胞和成纤维细胞。经过的时间愈长结节越成熟，胶原纤维的量愈多，而且粗大和密集，肺下叶紊乱、交错、卷曲，但细胞成分逐渐减少，最后可全部为胶原纤维所代替。硅结节可随其本身的增大而互相融合。粉尘中游离二氧化硅含量较低时，可形成非典型的硅结节，胶原纤维排列呈放射状或不规则形，并可形成间质性纤维化病变。

（2）煤肺尘埃沉着病。煤尘中含有5%以下游离二氧化硅的粉尘称为单纯性煤尘。在生产过程中长期吸入煤尘引起的肺尘埃沉着病称为煤肺。长期以来对煤尘能否引起煤肺问题，认识不一致。有人认为，煤尘中所含二氧化硅的致病作用比煤尘更为重要，所谓煤肺，实际上不过是一种轻型煤硅沉着病。但目前公认，长期吸入煤尘也可以引起肺组织纤维化，并存在剂量—反应关系。这类肺部病变在病理上有典型的煤尘纤维灶和灶周肺气肿，弥漫性间质纤维化，煤肺发病工龄多在20~30年以上，病情进展缓慢，危害较轻。

（3）煤硅沉着病。在煤炭开采过程中，由于煤矿岩层含游离二氧化硅量有时可高达40%以上，采矿工人所接触的粉尘多为煤硅混合性粉尘。生产中长期吸入大量煤硅粉尘所引起的以肺纤维化为主的疾病，称为煤硅沉着病，是煤矿工人尘肺最常见的一种类型。发病工龄多在 15~20 年左右，病变发展较快，危害较重。

1972 年国际肺尘埃沉着病会议总结报告中提出：如肺内粉尘中游离二氧化硅含量大于 18% 时，其病理形态改变为硅沉着病；小于 18% 时，则为煤工肺尘埃沉着病，它既包括由纯煤尘引起的肺尘埃沉着病，又包括了由煤和岩石的混合粉尘引起的煤硅沉着病以及肺部进行性大块纤维化。煤工肺尘埃沉着病的病理改变基本上是混合型，多兼有间质性弥漫性纤维化型和结节型两者特征。

（4）肺结核。肺结核是尘肺病最常见的并发症，是尘肺病人减寿的主要危险因素之一。这是由于亚致死量的 SiO_2 有破坏巨噬细胞抑制结核杆菌生长的能力，另一方面结核杆菌加速巨噬细胞的死亡[40]。

b 心血管系统疾病

综采工作面粉尘颗粒物可以引起自主神经系统在心率、心率变异、血黏度等方面的改变，能增加突发心肌梗死的危险。人暴露在高浓度 $PM_{2.5}$（空气动力学直径小于或等于 $2.5\mu m$）中，会增加血液的黏稠度和血液中的某些白蛋白，从而引起血栓[41]。Costa 的研究指出，可吸入颗粒物对健康的影响在中年以上和已患心脏疾病的人群中表现得尤为明显，认为可吸入颗粒物是引起心脏病的因子之一[42]。Zanobetti 等人的研究发现有呼吸系统疾病并受可吸入颗粒物影响的心血管病人，其住院率比较高[43]。

c 皮肤黏膜疾病

在综采工作面的粉尘环境下，皮肤表面沉积大量粉尘，阻塞毛囊、皮脂腺、汗腺出口，如果不能及时清洁，易发生各种皮肤疾患，毛囊炎、皮肤瘙痒、皮疹、疖肿等；沉积在黏膜表面的粉尘对机体的损害主要以机械刺激为主，尤其以较为敏感的眼结膜、角膜等部位多见，可出现刺痒、疼痛、畏光等不适。另外，粉尘进入外耳，刺激分泌物增多，可出现听力减退、耳鸣等[44]。

d 其他疾病

此外，含游离态 SiO_2 的粉尘可以造成作业人员血清中免疫球蛋白异常升高，引起免疫应答，还能造成人体外周血红细胞膜明显的脂质过氧化毒作用[45]。

煤中含有 80 多种元素，除 C、H、O、N、S 等元素为常见元素

（大于1%），多数元素的含量都小于1%，称为微量元素[46]，其中有20种有害微量元素，如砷（As）、硒（Se）、氟（F）、汞（Hg）等。在曾经发生过火灾或有自燃现象的矿井中，由于燃烧，砷、硒、氟、汞等元素变成化合物，如As_2O_3（砒霜）等。含有As_2O_3的粉尘，经呼吸进入人体后，会引起砷中毒，主要症状为皮肤色素的改变和手掌角质细胞的增多，并伴随神经系统和消化系统的炎症，对器官的损伤表现为不明显的肝肿大；含有硒的粉尘进入人体，会引起头发和指甲的缺损，并伴随有神经系统的大量症状[47]。

7.2.9　照明与安全

井下生产的照明完全依靠人工照明，各种作业空间对照明不仅有量的要求，也有质的要求。对量的要求主要有：

（1）局部照明要便于识别对象物；

（2）环境照明要在心理上形成一种舒适的气氛，既有一定的对比度，又可看清周围的事物；

（3）照明要明暗协调，符合人的生理要求。对质的要求主要是光的稳定性、均匀性、光色效果、显色性、闪烁和眩光等，即在设计的工作面上，照度要维持恒定值，波动微乎其微，不发生频闪现象；照度和量度在作业范围内均匀分布；物体表面不产生刺眼的眩光。

不良的照明条件，不仅容易造成近视疾患，更重要的是：光线微弱，影响周边视力，使视野变小，不易观察周围的异常情况；照明不当，难以准确估计物体的相对位置，引起工作失误；照明还会影响人的情绪。

井下采煤工作面一般只采用矿灯照明，工人视野很小，加上采面的黑暗环境，矿工不易发现周围发生的异常状况，影响工人的相互配合和相互关照，从而导致事故的频繁发生。有资料统计，在某矿发生的74起事故中，有31起事故与井下光线不清有直接或间接的关系，占事故总数的41.9%[1]。另据英国调查，在一些工业部门中，人工照明比天然采光情况下事故增加25%。美国一工厂改善了照明之后，事故次数下降了16.5%[10]。这些都说明照明是影响安全生产的一个重要的环境因素。

光作为人与空间之间的主要媒介，具有物理、生理、心理和美学等作用。随着社会的进步，人们逐渐意识到光污染是仅次于大气污染、水污染、噪声污染后危害人类的"第四大污染"[48]。在综采工作面上，良好的光环境质量可以改善作业人员的视觉条件和工作环境，提高生产效率，降低事故的发生，对保护作业人员的安全从而提高煤矿的经济效益起到重要的作用。综采工作面的光环境质量应尽量满足使用上的要求，既要按规定数量和质量提供作业人员活动所必需的视觉信息，又应满足人们感知信息的人机工程学要求，使人舒适、令人愉悦。

7.2.9.1 综采工作面的光环境分析

在煤矿的综采工作面上，良好的光环境是降低事故发生率和保护作业人员的视力及人身安全的重要保障。作业场所的光环境，有天然采光和人工照明两种。利用自然界的天然光源形成作业场所光环境的叫天然采光，简称采光，多见于露天煤矿的大型综采工作面；利用人工制造的光源构成作业场所光环境的称人工照明，简称照明，多见于井下开采的综采工作面。由于我国95%以上的煤矿采用井下开采的方式，因此，研究综采工作面的光环境，尤其是照明环境，具有十分重要的意义。

视觉是人接受信息、认识事物的主要感觉。在人感知过程中，大约有80%以上的信息是通过视觉获得，而作业场所的照明条件直接影响到人的视觉功能。作业场所的照明条件达不到标准，使人观察事物吃力，还会引起眼睛疲劳，易造成判断错误而导致事故的发生。

在综采工作面上，往往只有矿灯照明，照射范围小，亮度小，光线不均匀，工人操作时需要仔细搜索目标、反复辨认目标，容易引起眼睛疲劳、视力下降，导致全身性疲劳，发生误操作，从而降低作业可靠性。例如，当割煤机司机需要观察滚筒是否切到顶板时，须先把矿灯照到滚筒上，然后再往上搜索，这时滚筒可能早已经切到顶板而造成停机。这样反复多次，很容易引起眼睛疲劳，造成视力下降。同样，支架工也因看不清支架是否贴顶而经常发生误操作。我国很多煤矿的井下照明达不到标准，工人由于看不清自己所处的环境，如巷道围岩、顶板状况等，而发生事故。

　　照明对人因失误的影响表现在照明能否使作业人员视觉系统的功能得到充分发挥。实验表明，当照度从 10lx 增加到 1000lx 时，视力可提高 70%[49]。图 7-5 表示照度由 50lx 提高到 200lx 时，工伤事故率降低的情况[50]。

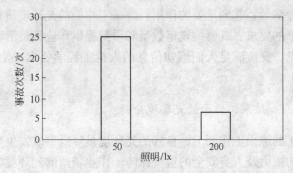

图 7-5　照明与事故之间的关系

　　视觉疲劳是指工作过程中人体视觉工作能力和绩效的下降、错误和事故发生概率增大的现象，它是人体一种天然的防御反应。照明因素是造成操作人员视觉疲劳的一个重要原因[51]。照明质量对工效、安全有重要影响，而照明水平、照明分布、照明性质及眩光又是决定照明质量的主要因素。

　　A　照明水平

　　照明水平是指照明环境中照明的强度[52]，照明水平对作业人员的影响首先体现在视敏度方面。一般来说，视敏度随照明强度的增强而提高，但两者并非线性变化关系。国内曾有专家研究过照明水平与视角的关系，其结果如图 7-6 所示[53]。从图中可以看出：在低照度照明条件下，视敏度很容易受到照明水平变化的影响，照度较小程度的增高，就可以引起视敏度的较大提高；但随着照度的增高，视敏度随照明水平提高的速度变得越来越小，照明水平与视敏度的这一关系称为照明收效递减率。根据照明收效递减率，过高的照明水平对作业效率并无太大的帮助，反而会浪费能源。照明水平过高，可能会由于眩光效应而对视觉带来负效果。试验表明，600lx 以上的照明水平所带来的眩光影响会使操作失误率上升[54]。考虑到目前综采工作面的实际情况，照明水平可接受的下限为 40~50lx，上限为 600lx，其中以 100~140lx 为好。

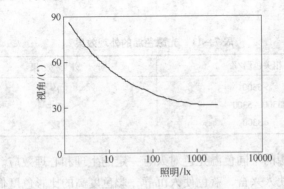

图 7-6　视角与照度的关系

B　照明分布

照明分布是指整个视场中不同照明区域的照明水平的分配情况，它是评价照明环境质量的一个重要方面。可用照明环境中各照明表面或不同照明区域之间照明水平的比例来表征。比例过大，容易引起视觉疲劳和不适，影响视觉作业水平；若照明分布非常均匀，则会使人产生单调感，注意力难以集中。一个良好的照明环境往往需要一个适中的比例，通常可以使用最低照度均匀度和照度均匀度作为指标来评价视觉环境中照明分布的优劣。最低照度均匀度是视场中最小照度值与最大照度值之比，我国照明标准规定室内照明最低照度均匀度不小于 0.7。照度均匀度是指被照场内最大照度与最小照度之差与平均照度的比值，小于或等于 1/3 是空间照度均匀或比较均匀的标志。

C　照明性质

照明性质主要指光源的色温和显色性，它们体现了光源颜色的两种含义。

a　色温

光源颜色的一种含义是人的视觉观察光源时所看到的表面颜色，当此表面颜色与黑色体火焰颜色相同时称此颜色的火焰温度叫光源的色温。光源色温的外观效果如表 7-11 所示。光源色温大于 5300K 会使人产生凉爽甚至冷的感觉，低于 3300K 则会有温暖的感觉。在照明水平较高时，人们偏爱色温高的光源，照明水平较低时，则偏爱色温低的光源。低亮度下辨认色标时，色温低的辨色效果比色温高的要好[55]。

表 7 - 11　光源色温的外观效果

相关色温/K	外 观 效 果
> 5300	冷
3300 ~ 5300	适中
< 3300	暖

　　各种光源的不同色温光色对人有一定的生理和心理效应。在生理方面，红色使人兴奋，蓝色使人沉静，彩色度高的比彩色度低的光能使人产生激情。在心理方面红系统光可以增加食欲，蓝系统光则会使食欲减退。大小相同的物体深暗色看起来重而小，明亮色看起来轻而大。低色温光给人以温暖的感觉（称暖色光），高色温光给人以冷的感觉（称冷色光）。所以，当需要一种热烈激昂的气氛时可用低色温的暖色光源，当需要冷静沉稳的气氛时可用高色温的冷色光源。在温度较高的综采工作面上，宜用高色温光源增加凉爽的舒适感，在寒冷的综采工作面上宜使用低色温光源，给人以温暖祥和的感觉。

　　色彩还能使人产生远近视觉感，波长较长的红黄色使人有近感，波长较短的蓝青光使人有远感，如表 7 - 12 所示色彩分类与效果[56]。如前所述，综采工作面上照明光色的选择需顾及空间的高度。综采工作面空间狭隘，选用暖色光源会造成缩小和压抑感，形成不舒适的环境。而采用冷色光源可以形成一种室内空间被扩大了的感觉，从而在一定程度上弥补了物理空间的不足。

表 7 - 12　色彩分类与效果

分 类	颜 色	感 觉	效 应	远近感
暖色	红、橙、黄	使人感到阳光、火焰，给人以温暖	兴奋感、提神、刺激，使人情绪饱满、活跃	靠近感
冷色	青、绿、蓝	清凉、寒冷	沉静	远离感
明度高色	黄 色	醒目，明亮	使人注目	

b 显色性

光源颜色的另一种含义是指光源照在物体上所呈现的颜色，即客观效果叫光源的显色性。为了量化表示光源的显色性，引入显色指数 Ra，显色指数可表示待测光源照明下对物体的颜色感觉和在标准光源照明下对物体的颜色感觉相符合的程度。规定太阳光的显色指数为标准值100，光源的显色越接近自然光则 Ra 越接近100。所以选显色指数较高的光源，可将物体的原色真实地反映出来，以达到良好的照明效果。

D 眩光

a 眩光的定义

眩光是在视野中由于亮度的分布或范围不适宜，或在空间、时间上存在着极端的亮度对比，以致造成不舒适和降低物体可见度的视觉条件[52]，是严重的光污染。眩光的产生通常是由眩光源亮度过大，位置、大小、数量不当，光环境中均匀度不够以及与背景亮度对比太强烈等共同作用的结果。眩光会造成注意力分散，并引发视觉疲劳，是影响综采工作面作业人员工作效率的重要的不利因素之一。对眩光的感觉，主要与光源的面积、亮度、光线与视线的夹角（即仰角）、距离及周围背景的亮度等因素有关，其间关系可用下式表示[57]：

$$对眩光的感觉 \propto \frac{面积 \times 亮度^2}{仰角^2 \times 距离^2 \times 周围环境亮度^{0.6}} \quad (7-28)$$

b 眩光的分类

（1）根据眩光源的不同，眩光有直射眩光与反射眩光之分。直射眩光一般由照明光源的亮度过高、对比度过大、位置、角度设计不当所引起；反射眩光是由光滑物体表面反射光或说是由光滑表面内光源的镜像所引起的。

（2）根据对人的影响的不同，又可将眩光分为损害视觉的失能眩光、引起人体不舒适感觉的不舒适眩光和失明眩光三类。

因过强的入射光线给视网膜正常观察的像上叠加上一个它的照度——光幕亮度，降低了视网膜上原来像的亮度衬比，使视网膜无法对焦而散射到其他区域，导致视觉影像对比的降低。同时，眼睛为适应强光缩小瞳孔，阻碍其他表面反射光线的感知，造成瞬间环境细节感知能力丧失、降低人眼视力的现象，称为失能眩光。它是生理实际感受，亦称生理眩光。失能眩光的程度视眩光源的亮度及与观者的距离而定。

不舒适眩光，视野中出现远高于其他表面的亮度（尤其在观看方向上的亮度），所引起的眼睛不适，称为不舒适眩光。它是照明质量评价中一个常用的重要指标，这里指的不舒适是指心理上的感受，生理上的影响不多，故又称为心理眩光。

视线离开眩光源后相当一段时间内看不见其他物体的眩光，称为失明眩光，例如，观看电焊弧光后造成的暂时失明，在综采工作面照明设计中应绝对禁止。

c　综采工作面眩光污染的表示

对于综采工作面眩光污染的表示，不同的国家有不同的方法。而国际照明委员会（CIE）提出的眩光指数 CGI[58]，因比较简单而得到各个国家的赞同。因此我们可以采用眩光指数 CGI 说明不舒适眩光的主观效果，以评价光污染情况，如表 7-13 所示。

$$眩光指数\ CGI = 8\lg2\left[\frac{1 + E_d/500}{E_i + E_d}\sum\frac{L^2 \times \Omega}{P^2}\right] \qquad (7-29)$$

式中　E_d——全部照明装置在观测者眼睛垂直面上的直射照度，lx；

　　　E_i——全部照明装置在观测者眼睛垂直面上的间接照度，lx；

　　　Ω——观测者眼睛同一个灯具构成的立体角；

　　　L——此灯具在观测者眼睛方向上的亮度，cd/m^2；

　　　P——考虑灯具在观测者视线相关位置的一个系数。

测出了眩光指数，我们就可以对综采工作面的光环境进行评价，以采取合适的控制措施。

表 7-13　眩光指数与不舒适眩光感受的关系

眩光等级	眩光效应评判标准	准眩光指数
A	刚好不能忍受	28
B	刚好有不舒适感	22
C	刚好能够接受	18
D	刚刚感觉到	8

7.2.9.2 综采工作面的光环境对人体生理心理的影响

由于井下工作环境限制，综采工作面唯一的光源就是矿灯，这种单一照明的方式是不科学的。例如，在作业的过程中，割煤机司机会遭到其他矿灯光的突然袭击，造成人的突发性暂时失明和视力错觉，会瞬间遮住司机的视野，或使其感到头晕目眩，严重危害司机的视觉功能。

A 生理影响

光污染对人体的危害首先是眼睛，引起视觉疲劳。视觉疲劳不是一开始就有的，而是逐渐积累的。疲劳的积累可以用"容器"模型来形象说明[59]。"容器"模型将疲劳看成是一个具有特定容量的容器内的液体，液面的高低反映疲劳积累的程度，容器的容量大小与人体抗疲劳能力相对应，而导致疲劳的因素则作为液体源在工作过程中不断地倒入容器内。液体的注入导致容器内液面上升，但由于容器容量有限，因此最终必定溢出容器，即疲劳达到人体极限。为了降低液面上升速度，必须控制疲劳源，也可以通过打开容器底部开关的方法减少容器内的液体量。休息就如打开开关，可以通过休息释放疲劳或者减缓疲劳积累的速度。个体抗疲劳能力的差异，就如模型中的容器容量不同，在同样疲劳源注入量的情况下，不同个体承受疲劳的能力显示出明显的差异。"容器"模型较好地说明了疲劳积累的过程，同时能合理的解释疲劳程度与疲劳源、个体差异及休息之间的关系。

普通光污染可对人眼的角膜和虹膜造成伤害，抑制视网膜杆状细胞和锥状细胞等感光细胞功能的发挥从而引起视觉疲劳、视力下降。长时间在强光污染环境下工作和生活的人，白内障的发病率高达45%。长期受到强光和反强光刺激，还可造成晶状体、角膜、结膜、虹膜细胞死亡或发生变异，瞬间的强光照射会使人出现短暂的失明现象。

长期受到强光照射，还可引起偏头痛，诱发心动过速、血压升高、体温起伏、心脑血管疾病等[60]，甚至会出现正常细胞衰亡等症状[61]。持续的强光照射，将会对生物钟产生重大影响[62]，使身体功能和生理节律发生改变。

英国剑桥大学的研究发现，光闪动超过 160Hz 会对人眼造成伤害，在某种场合下，还会引起视觉错觉。如：对割煤机的运动方向、速度产生错觉、引起失误。高速转动的机器等，也会出现"频闪效应"使人产生停止转动、静止的感觉，易造成人体伤害。闪烁的光源让人眼花缭乱，不仅对眼睛不利，而且干扰大脑中枢神经，使人感到头晕目眩，出现恶心呕吐、失眠等症状。因此，闪烁是光污染的一种，应设法避免。

B　心理影响

光污染不仅对人的生理有影响，对人心理也有影响。在强光环境里呆的时间长一点，就会或多或少感觉到心理和情绪上的影响。强光环境会使人头昏心烦，甚至发生失眠、食欲下降、情绪低落、身体乏力等类似神经衰弱的症状，扰乱人体正常的生物钟，精神呈现抑郁，导致工作效率低下，造成心理压力。而如果综采面上光线构造得过分阴暗，则易使人沉闷、忧郁[63]。

C　眩光影响

眩光的出现会影响视度，轻者降低工作效率，重则完全丧失视力，给我们的生活和工作带来非常大的危害。眩光的影响包括：

（1）人的眼睛通常会被吸引到光亮的地方，而使注意力分散；

（2）由于目标与背景对比度较低，影响了易读性；

（3）由于产生镜面反射，反射过来的物体的像使眼睛聚焦不得不经常切换；

（4）对于明亮的反射，眼睛的适应性调节影响观察，并造成视觉疲劳；

（5）心理烦躁等。

在综采工作面上，由于只有矿灯照明，作业人员身体的晃动及头部的扭动使得矿灯的照射方向跳跃。由于综采工作面没有其他照明，在漆黑的背景下，过亮的矿灯极易形成对比眩光。跳跃光和眩光，若直接照到人眼，在视网膜上的温度可达 70℃造成眼睛热损伤。忽明忽暗更会损伤眼结膜、角膜、晶状体，会使视力模糊、结膜充血，引起头疼和眩晕，容易导致事故发生。

7.2.10 作业空间与安全

作业空间是指人在操作机器时所需要的操作活动空间，加上机器、设备以及工具所需的空间的总和。作业空间的大小和作业空间的布局对人的操作及安全具有很大的影响。

狭小的作业空间，将使人体各部分不能充分自由地伸展，人的操作姿势单一，消耗能量增加，容易产生疲劳，导致失误率增高，引发事故的几率增大。不合理的作业空间布局，使机器、设备的操作装置和显示装置不符合人的生理特性，容易出现误操作，而引发人身伤亡事故。

采煤工作面作业空间狭小，刮板输送机和综采支架之间的空间非常有限，人在其中工作时来回行走不便，消耗能量增多，容易出现疲劳，导致失误率和事故率增高。

除了顶板、瓦斯、温、湿度、噪声、照明和作业空间对井下事故发生有影响之外，井下物体色彩对事故的发生也有一定的影响。由于井下设备、设施因锈蚀、矿尘污染等，多为深色，而矿工身穿的多是深蓝色工作服，在黑暗环境中形成模糊配色，人和物都不易辨认，使人容易产生视觉疲劳，反应迟钝，从而导致事故的发生。

7.2.11 有毒有害气体与安全

在煤矿的综采工作面上，存在着大量的有毒有害气体，如甲烷（CH_4）、一氧化碳（CO）、二氧化硫（SO_2）、硫化氢（H_2S）、二氧化氮（NO_2）、氨气（NH_3）、氢气（H_2）等，严重危害作业人员的身心健康，有时甚至会危及生命。

7.2.11.1 一氧化碳

凡含碳的物质燃烧不完全时，都可产生一氧化碳气体，矿井放炮、煤矿瓦斯爆炸事故，矿井采掘或爆破可产大量一氧化碳。在综采工作面上，一氧化碳是危害作业工人健康的最常见的气体。2001年3月7日16时20分左右，三门峡灵宝市义寺山金矿五坑发生特大CO

中毒事故，造成 10 人死亡，21 人中毒，是一起 CO 中毒特大事故。在井下发生的瓦斯爆炸事故中，绝大多数人员伤亡是由 CO 中毒和窒息引起的。

A　CO 的理化性质

一氧化碳（carbon monoxide，CO）纯品为无色、无臭、无味、对呼吸道无刺激的气体。比空气略轻，分子量 28.01，密度 1.25g/L，熔点 -199℃，沸点 -191.4℃。CO 在空气中很稳定，在水中的溶解度甚低，但易溶于氨水。空气混合爆炸极限为 12.5% ~74%。

B　对人体的危害和机理

a　CO 毒作用机制

CO 经呼吸道吸入，再经过肺泡进入血液，大部分（约 85%）与血液红细胞内的血红蛋白（Hb）结合，形成稳定的碳氧血红蛋白（HbCO），小部分（约 10% ~15%）和血管外的血红素蛋白如肌红蛋白、细胞色素氧化酶等结合[64]。由于 CO 与血红蛋白的亲和力比氧与血红蛋白的亲和力大 200 ~300 倍，因此，在 CO 进入机体后能很快与血红蛋白结合生成 HbCO，而 HbCO 的离解速度仅为氧合血红蛋白的 1/3600[65]，所以 CO 与血红蛋白结合减弱了红细胞携带和运输氧气的能力，引起组织缺氧，与中毒程度呈正相关。加之，CO 还能抑制和减缓 HbO_2 正常解离释放氧的能力，加重组织缺氧，导致低氧血症。吸入高浓度 CO 时，还可以与组织细胞内含铁呼吸酶（细胞色素、细胞色素氧化酶等）结合，直接抑制组织细胞的呼吸，由于脑组织对缺氧最为敏感，因此其损害较其他组织重，其中以大脑皮层和苍白球等受到影响最为严重。脑组织的损害主要是由于缺氧使脑内小血管迅速麻痹、扩张，脑内三磷酸腺苷在无氧情况下迅速耗尽，钠泵运转不灵，钠离子蓄积于细胞内皮细胞而诱发脑细胞水肿。缺氧使血管内皮细胞发生肿胀而造成血液循环障碍。缺氧时，脑内酸性代谢产物蓄积，使血管通透性增加而产生脑细胞间质水肿。但是，CO 是一种非蓄积性毒物，其与血红蛋白的结合是紧密的，然而也是可逆的。脱离 CO 暴露后，血液内的 HbCO 发生解离其含量随之下降，释放出的 CO 由呼吸排出。

b　CO 对人体的影响

(1) CO 中毒。CO 中毒的症状轻重与空气中的 CO 浓度、接触时间长短、患者的健康状况有关，通常分为三种：

1) 轻度中毒：患者可出现头痛、头晕、失眠、视物模糊、耳鸣、恶心、呕吐、全身乏力、心动过速、短暂昏厥，血中碳氧血红蛋白含量达 10%～20%。

2) 中度中毒：除上述症状加重外，口唇、指甲、皮肤黏膜出现樱桃红色，多汗，血压先升高后降低，心率加速，心律失常，烦躁，一时性感觉和运动分离（即尚有思维，但不能行动）。症状继续加重，可出现嗜睡、昏迷，血中碳氧血红蛋白约在 30%～40%。经及时抢救，可较快清醒，一般无并发症和后遗症。

3) 重度中毒：除昏迷外，患者初期四肢肌张力增加，或有阵发性强直性痉挛；晚期肌张力显著降低，患者面色苍白或青紫，血压下降，主要表现有各种反射明显减弱或消失，大小便失禁，四肢厥冷，口唇苍白或紫绀，大汗，体温升高，血压下降，瞳孔缩小、不等大或扩大；呼吸浅表或出现潮式呼吸，可发生严重并发症，如脑水肿、肺水肿、心肌损害、休克、酸中毒及肾功能不全等。

昏迷时间的长短，常表示缺氧的严重程度及急性一氧化碳中毒的以后及后遗症的严重程度。一氧化碳的后遗症。中、重度中毒病人有神经衰弱、震颤麻痹、偏瘫、失语、吞咽困难、智力障碍、中毒性精神病，部分患者可发生继发性脑病。

(2) CO 对神经系统的影响。神经系统对缺氧最为敏感，当空气中 CO 浓度引起血液中 HbCO 水平轻微升高时，可引起行为改变和工作能力下降。当血液中 HbCO 浓度为 2% 时，时间辨别能力发生障碍；3% 时，警觉性降低；5% 时，光敏感度降低[64]。

当吸入高浓度 CO 时，可引起脑缺氧和脑水肿，继而发生脑血循环障碍，导致脑组织缺血性软化和脱髓鞘病变。这些病理过程可能与急性 CO 中毒昏迷苏醒后出现的 CO 中毒迟发性脑病有关。近年来，研究发现 CO 能影响中枢神经系统内单胺类神经介质的含量及代谢过程，从而影响神经系统的调节功能。

(3) CO 对心血管系统的影响。CO 还可以加重心血管病患者的症状。当吸入 CO 使血液中 HbCO 含量增加时，心肌通过缺氧反射使冠状血管扩张、血流量增加，而对心肌梗塞患者由于受损的冠状循环难以起代谢作用，加之血液中 HbCO 会对 HbO_2 氧的释放有抑制作用，导致心肌缺氧加重。因此，冠状动脉硬化病人的心肌更容易受 CO 损害。此外，CO 还能促使血管中类脂质沉积量的增加，导致原有的动脉硬化症加重[64]。

C　对 CO 中毒的治疗与护理

（1）将患者移离有毒现场，安置在空气流通的空间，松解衣扣，注意保暖，轻症患者经吸入新鲜空气，可逐渐消除症状。

（2）纠正缺氧。对中毒者早期纠正脑组织缺氧，以防止脑细胞病变进一步加重，这是治疗与护理的重要环节之一。可进行氧疗，对于严重中毒者可行输血或换血治疗，使人体在短时间内得到氧合血红蛋白。

7.2.11.2　硫化氢

综采工作面上的硫化氢主要来自于含硫矿石释出生成。

A　H_2S 的理化性质

硫化氢（Hydrogen sulfide，H_2S），无色气体，有臭鸡蛋味，化学式 H_2S，分子量 34.08，相对密度 1.19g/L。H_2S 熔点 -82.9℃，沸点 -61.8℃，易溶于水，在常温常压下，1 体积水中能溶解 2.6 体积硫化氢，亦溶于醇类，石油溶剂和原油中。可燃上限为 45.5%，下限为 4.3%。

B　H_2S 的危害及机理

硫化氢是窒息性气体，吸入的硫化氢进入血液分布至全身，与细胞内线粒体中的细胞色素氧化酶及这类酶中的二硫键（—S—S—）作用后，使其失去传递电子的能力，影响细胞色素氧化过程，阻断细胞内呼吸，造成全身性细胞缺氧。由于中枢神经系统对缺氧最敏感，因而首先受到损害。由于阻断细胞氧化过程，心肌缺氧，可发生弥漫性中毒性心肌病。硫化氢还可能与体内谷胱甘肽中的巯基结合，使谷胱甘肽失活，影响生物氧化过程，加重了组织缺氧。高浓度（1000mg/m³ 以上）硫化氢，主要通过对嗅神经，呼吸道及颈动脉窦和主动脉体的化学感受器的直接刺激，传入中枢神经系统，先是兴奋，迅即转入抑制，发生呼吸麻痹，以至于"电击样中毒"。硫化氢接触湿润黏膜，与液体中的钠离子反应生成硫化钠，对眼和呼吸道产生刺激和腐蚀，可致眼结膜炎，呼吸道炎症，甚至肺水肿。但硫化氢作用于血红蛋白产生硫化血红蛋白而引起化学窒息。轻度，中度中毒治疗恢复后可不留后遗症，部分严重中毒患者治疗后，可留有一些后遗症，如头痛，失眠，记忆力减退，紧张，焦虑，抑郁，视觉听力减退，四肢麻痹和运动失调，CT 检查显示轻度大脑萎缩。不同浓度硫化氢对人的影响如表 7-14 所示。

表 7-14　不同浓度硫化氢对人的影响

浓度/mg·m^{-3}	接触时间	毒 性 反 应
1400	立即	昏迷并呼吸麻痹而死亡，除非立即人工呼吸急救，于此浓度时嗅觉立即疲劳，其毒性与氰氢酸相似
1000	数秒钟	很快引起急性中毒，出现明显的全身症状。开始呼吸加快，接着呼吸麻痹而死亡
760	15~60min	可能引起生命危险——发生肺水肿、支气管炎及肺炎。接触时间更长者，可引起头痛、头昏、兴奋、步态不稳、恶心、呕吐、鼻和咽喉发干及疼痛、咳嗽、排尿困难等
300	1h	可引起严重反应——眼和呼吸道黏膜强烈刺激症状，并引起神经系统抑制，6~8min 即出现急性眼刺激症状，长期接触可引起肺水肿
70~150	1~2h	出现眼及呼吸道刺激症状，长期接触可引起亚急性或慢性结膜炎，吸入 2~15min 即发生嗅觉疲劳
30~40		臭味强烈，仍能忍耐，这是可能引起局部刺激及全身性症状的阈浓度
4~7		中等强度难闻臭味
0.4		明显嗅出
0.035		嗅觉阈

C　H$_2$S 的治疗与护理

(1) 迅速将患者脱离现场，脱去污染衣物，呼吸心跳停止者立即进行胸外心脏按压及人工呼吸（忌用口对口人工呼吸，万不得已时与病人间隔以数层水湿的纱布）；

（2）尽早吸氧，有条件的地方及早用高压氧治疗；

（3）防治肺水肿和脑水肿；

（4）换血疗法，适用于 H_2S 重度中毒；

（5）眼部刺激处理。

7.2.11.3　二氧化氮

A　NO_2 的理化性质

二氧化氮（nitrogen dioxide，NO_2）是一种棕红色有刺激性臭味的气体，在 21.1℃ 以下时呈暗褐色液体。在 -11℃ 以下温度时为无色固体，加压液体为四氧化二氮。分子量 46.01，熔点 -11.2℃，沸点 21.2℃，蒸气压 101.31kPa（21℃），溶于碱、二硫化碳和氯仿，微溶于水。二氧化氮助燃，有毒，具有腐蚀性和生理刺激作用。

B　NO_2 的危害及机理

NO_2 不仅对呼吸系统有损害作用，而且还可以以亚硝酸根离子和硝酸根离子的形式通过肺部进入血液，在全身分布，引起肾、肝、心等脏器损伤，最后通过尿排出。

a　对呼吸道的刺激作用

NO_2 为刺激性气体，在 $4.1 \sim 12.3 mg/m^3$（$(1 \sim 3) \times 10^{-6}$）时即可嗅出；$20.6 mg/m^3$（$5 \times 10^{-6}$）时，暴露 10min 可使呼吸道阻力增加；$53.4 mg/m^3$（$13 \times 10^{-6}$）时，对鼻和上呼吸道产生明显的刺激作用；在 $411 \sim 617 mg/m^3$（$(100 \sim 150) \times 10^{-6}$）下，暴露 30 ~ 60min，可引起喉头水肿，出现呼吸困难、紫绀甚至窒息而死[64]。人对不同浓度 NO_2 的忍耐能力不同，如表 7 - 15 所示。

表 7 - 15　不同浓度的 NO_2 对人的影响

浓度/mg · m⁻³	对人的影响
70	能忍受几个小时
140	只能支持 30min
220 ~ 290	立刻发生危险
440 ~ 730	危险程度急剧增加
1460	很快致死

NO_2 可以直接进入下呼吸道直至肺的深部，它对上呼吸道及眼结膜的刺激作用较小，而主要作用于下呼吸道、细支气管及肺泡。当 NO_2 到达肺泡时，缓慢地溶于肺泡表面的水液中，形成亚硝酸和硝酸，对肺组织产生强烈的刺激和腐蚀作用，引起肺炎、肺水肿，表现为胸闷、呼吸短促、体温升高、呼吸困难、紫绀、昏迷甚至死亡。NO_2 引起肺炎、肺水肿的主要原因是由于亚硝酸和硝酸对肺黏膜的腐蚀，引起肺部毛细血管壁通透性增加，使血浆蛋白从血管中渗出，一方面使血管内胶体渗透压下降，另一方面，使过多的液体流入组织间隙而导致化学性肺炎和肺水肿。NO_2 能使呼吸道纤毛运动排除异物的能力下降，还降低肺泡吞噬细胞的吞噬能力，引起肺脂质过氧化。

b 对血液的影响

NO_2 进入血液或体液后是以硝酸、亚硝酸及其盐类的形式存在的。亚硝酸盐可以使低铁血红蛋白转变为高铁血红蛋白，继而导致组织缺氧，出现呼吸困难、紫绀、血压下降及中枢神经系统症状。

c 对免疫系统及其他的影响

长期接触 NO_2 可降低肺泡吞噬细胞和血液白细胞的吞噬能力，还能抑制血清中和抗体的形成，从而影响机体的免疫功能。NO_2 还有促癌和致癌作用，主要是 NO_2 进入体内后可以形成亚硝酸盐，而亚硝酸盐的致癌作用早已被医学界所公认。

C NO_2 的治疗与护理

当吸入 NO_2 时，要迅速脱离现场至空气新鲜处，保持呼吸道通畅。如呼吸困难，可进行输氧。如呼吸停止，立即进行人工呼吸。

7.2.11.4 二氧化硫

综采工作面上的二氧化硫主要来自于含硫矿物的氧化与自燃，或在含硫矿物中爆破、从含硫矿层中涌出。

A SO_2 的理化性质

二氧化硫（sulfur dioxide，SO_2）又名亚硫磺酐，是无色有刺激性臭味的有毒气体，分子量 64.07，密度为 2.3g/L，熔点 $-72.7℃$，沸点 $-10℃$，易溶于水，常温常压下一体积水能溶解 40 体积的二氧化硫。在催化剂作用下，易被氧化为三氧化硫，遇水即可变成硫酸。

B　SO_2 的危害机理

（1）SO_2 的刺激作用。SO_2 易溶于水，当通过鼻腔、气管、支气管时，多被管腔内膜水分吸收阻留，变为亚硫酸、硫酸和硫酸盐，使刺激作用增强。上呼吸道的平滑肌内因有末梢神经感受器，遇刺激就会产生窄缩反应，使气管和支气管的管腔缩小，气道阻力增加。呼吸道的纤毛运动和黏膜分泌功能均受到抑制，引起咳嗽，眼睛难受，还会引起慢性鼻炎，咽炎，气管炎，支气管炎，肺气肿，肺纹理增多，弥漫性肺间质纤维化等。

（2）SO_2 和飘尘的联合毒作用。SO_2 和飘尘一起进入人体，飘尘气溶胶微粒能把 SO_2 带到肺的深部，使毒性增加 3～4 倍。SO_2 和飘尘等污染物一起侵入细支气管和肺泡后，一部分随血液输至全身各个器官，造成危害；另一部分则沉积在肺泡内或黏附在肺泡壁上。这些微粒的长期作用会促使肺泡壁纤维增生，如果范围扩大，还会形成肺纤维性变。同时，这些微粒又能刺激和腐蚀肺泡壁，使纤维断裂，形成肺气肿。

（3）SO_2 对健康的其他有害作用。在正常情况下，维生素 B_1 和维生素 C 能形成结合性维生素 C，使之不易被氧化，以满足身体的需要。SO_2 进入人体，便会与血中的维生素 B_1 结合，使体内维生素 C 的平衡失调，从而影响新陈代谢。皮肤接触时，可造成皮肤灼伤、起泡、肿胀、坏死；眼睛接触，可引起流泪、畏光、眼灼疼，引起角膜浑浊，造成瘢翳。长期吸入低浓度 SO_2，可有头昏、头痛、无力、干咳、恶心、失眠、嗅觉和味觉减退等症状，还可引起肺气肿，牙齿酸蚀症和慢性鼻炎等。

7.2.11.5　氨气

A　NH_3 的理化性质

氨气，无色气体，有刺激性恶臭味，分子式 NH_3，分子量 17.03，相对密度 0.7714g/L，可感觉最低浓度为 5.3×10^{-6}。熔点 $-77.7℃$，沸点 $-33.35℃$，自燃点 $651.11℃$。氨气极易溶解于水，室温下极易挥发。氨气与空气混合物爆炸极限 16%～25%（最易引燃浓度 17%）。氨气和空气混合物达到上述浓度范围遇明火会燃烧和爆炸，如有油类或其他可燃性物质存在，则危险性更高。

B NH$_3$ 的危害机理

氨是一种碱性物质，它对所接触的皮肤组织都有腐蚀和刺激作用，可以吸收皮肤组织中的水分，使组织蛋白变性，并使组织脂肪皂化，破坏细胞膜结构。浓度过高时除腐蚀作用外，还可通过三叉神经末梢的反向作用而引起心脏停搏和呼吸停止。氨通常以气体形式吸入人体进入肺泡内，氨被吸入肺后容易通过肺泡进入血液，与血红蛋白结合，破坏运氧功能。少部分氨为二氧化碳所中和，余下少量的氨被吸收至血液可随汗液、尿或呼吸道排出体外。部分人长期接触氨可能会出现皮肤色素沉积或手指溃疡等症状，短期内吸入大量氨气后可出现流泪、咽痛、声音嘶哑、咳嗽、痰带血丝、胸闷、呼吸困难，可伴有头晕、头痛、恶心、呕吐、乏力等症状，严重者可发生肺水肿。

7.2.11.6 氢气

氢气（hydrogen，H$_2$）是一种无色、无味、无毒，易燃、易爆气体。微溶于水，能燃烧，但不助燃。氢气和氧气或空气形成一定比例混合，一经点燃即发生爆炸，爆炸极限 4%～7%。综采工作面上的氢气主要来自于变质煤层中涌出以及井下蓄电池的充电过程中的释放。

7.2.11.7 甲烷

甲烷（methane，CH$_4$），无色无臭气体，闪点 -188℃，熔点 -182.5℃，沸点 -161.5℃，微溶于水。甲烷是极难溶于水的可燃性气体。甲烷在空气里的爆炸极限是 5.3%～14.0%（体积），在氧气里的爆炸极限是 5.4%～59.2%（体积）。

甲烷对人基本无毒，但浓度过高时，使空气中氧含量明显降低，使人窒息。当空气中甲烷达 25%～30% 时，可引起头痛、头晕、乏力、注意力不集中、呼吸和心跳加速、共济失调。若不及时脱离，可导致窒息死亡。如果吸入甲烷，应迅速脱离现场至空气新鲜处，保持呼吸道通畅。如呼吸困难，给输氧，如呼吸停止，立即进行人工呼吸。

7.3　综采面事故与环境因素的灰色关联分析

井下环境的因素很多，主要包括顶板、瓦斯、温度、湿度、噪声、照明、作业空间等，各因素彼此之间的关系以及它们与工伤事故的关系尚未完全明确，彼此之间呈现灰色特性，因而是一灰色系统。应用灰色系统理论，对影响工伤事故的几个环境因素进行关联分析，以找出影响事故的主要环境因素，为预防和控制事故的发生提供科学依据。

7.3.1　灰色关联分析的基本思想和计算方法

7.3.1.1　灰色关联分析的基本思想

灰色关联分析的基本思想是根据序列曲线几何形状的相似程度来判断其联系是否紧密。曲线越接近，相应序列之间的关联度就越大，反之就越小。其实质是动态过程的状态趋势的量化分析[66]。

灰色关联分析克服了数理统计中回归分析等系统分析方法的不足之处，具有不追求大的样本容量、不要求待分析的序列服从某个典型的概率分布、计算量小而且计算过程简单等优点[67]。

7.3.1.2　灰色关联分析的计算方法

A　数据的无量纲化处理

各因素组成的数列，一般来说取值单位各不相同，而单位不同的数据是无法进行比较的，因此必须把原始数据进行无量纲化处理。无量纲化的方法有数据初值化、数据均值化、数据极差化和数据标准化等，常用的是数据均值化和数据初值化。数据均值化是用这个数据列中所有数据的平均值去除所有数据，以得到一个占平均值百分比为多少的新数列。设原始的 $n+1$ 个数列为：$\{x_i^{(0)}(t)\}$，$i=0, 1, \cdots, n$，$t=1, 2, \cdots, m$。则均值化处理后的新数列为：

$$\{x_i^{(1)}(t)\}, \quad x_i^{(1)}(t) = \frac{x_i^{(0)}(t)}{\bar{x}_i} \qquad (7-30)$$

式中，$\bar{x_i}$ 为第 i 个数列的平均值，$\bar{x_i} = \dfrac{\sum\limits_{j=1}^{m} x_i^{(0)}(j)}{m}$。

数据初值化就是数据列中的数据都除以第一个数据，以得到一个相对第一个数据的百分比的新数据列。设原始的 $n+1$ 个数列为：$\{x_i^{(0)}(t)\}$，$i=0, 1, \cdots, n$，$t=1, 2, \cdots, m$。则初值化处理后的新数列为：

$$\{x_i^{(1)}(t)\}, x_i^{(1)}(t) = \frac{x_i^{(0)}(t)}{x_i^{(0)}(1)} \tag{7-31}$$

B　求关联系数

关联系数是考虑数列曲线间几何形状的差别，用曲线之间差值的大小作为衡量关联系数的依据。即：

$$L_{0i}(t) = \frac{\min\limits_{i}\min\limits_{t}|x_0^{(1)}(t) - x_i^{(1)}(t)| + \zeta \max\limits_{i}\max\limits_{t}|x_0^{(1)}(t) - x_i^{(1)}(t)|}{|x_0^{(1)}(t) - x_i^{(1)}(t)| + \zeta \max\limits_{i}\max\limits_{t}|x_0^{(1)}(t) - x_i^{(1)}(t)|} \tag{7-32}$$

式中，$L_{0i}(t)$ 为 x_i 和 x_0 在 t 时刻的关联系数；ζ 为分辨系数，在 $[0, 1]$ 中取值，通常取 0.5；$\min\limits_{i}\min\limits_{t}|x_0^{(1)}(t) - x_i^{(1)}(t)|$ 为两级最小差；$\max\limits_{i}\max\limits_{t}|x_0^{(1)}(t) - x_i^{(1)}(t)|$ 为两级最大差。

C　计算关联度

因为关联系数列中数据很多，信息过于分散，比较不便，所以有必要将各个时刻关联系数集中为一个值。求关联系数列的平均值就是将这种信息集中处理的一种方法。这个平均值就是关联度。

$$r_{0i} = \frac{1}{m} \cdot \sum_{k=1}^{m} L_{0i}(k) \tag{7-33}$$

式中，r_{0i} 为比较数列 x_i 与参考数列 x_0 的关联度。

D　优势分析

当参考列有多个，被比较因素也有多个时，就可以进行优势分析。以下称参考数列为母数列（或母因素 y_i），比较数列为子数列（或子因素 x_i），由母数列和子数列的关联度可构成关联矩阵。通过关联矩阵各元素间的关系，就可以分析哪些因素是优势因素，哪些因素是非优势因素。

假设有 k 个母因素，n 个子因素，则每个母因素对 n 个子因素有 n 个关联度，所有的母因素对子因素的关联度就组成了关联度矩阵 $\boldsymbol{R}$：

$$\boldsymbol{R} = \begin{pmatrix} r_{11} & r_{12} & \cdots & r_{1n} \\ r_{21} & r_{22} & \cdots & r_{2n} \\ \vdots & \vdots & & \vdots \\ r_{k1} & r_{k2} & \cdots & r_{kn} \end{pmatrix}$$

r_{ij} 表示第 i 个母因素与第 j 个子因素的关联度。矩阵中每一行表示同一母因素对不同子因素的影响；每一列表示不同母因素对同一子因素的影响。因此就可以根据矩阵中各个行与各个列关联度的大小来判断子因素与母因素的作用，分析哪些因素是主要影响因素，哪些是次要影响因素。起主要影响的因素称为优势因素，因此相应地就有优势母因素与优势子因素。

如果某一行各元素（关联度）均大于其他各行相应元素，则该行的母因素为优势母因素，比如第 3 行 $[r_{31}, r_{32}, \cdots, r_{3n}]$ 大于其他各行，则母因素 y_3 为优势母因素。如果某一列元素均大于其他各列相应元素，则该列的子因素为优势子因素。

如果 $\boldsymbol{R}$ 中某一个元素大于所有其他元素，则该行的母因素是所有母子因素中最密切的，即影响最大的。

如果只是"对角线"以上元素接近零的矩阵，例如有一关联矩阵：

$$\boldsymbol{R} = \begin{pmatrix} 0.8 & 0.007 & 0.001 & 0.003 \\ 0.7 & 0.65 & 0.004 & 0.006 \\ 0.9 & 0.78 & 0.83 & 0.005 \end{pmatrix}$$

则可近似地写成

$$\boldsymbol{R} = \begin{pmatrix} 0.8 & 0 & 0 & 0 \\ 0.7 & 0.65 & 0 & 0 \\ 0.9 & 0.78 & 0.83 & 0 \end{pmatrix}$$

因为第 1 列元素是满的，故称第 1 个子因素为潜在优势子因素；第 2 列元素中有一个元素为零，第 2 列为次潜在优势子因素；依此类推。

如果"对角线"以下全都是过分小的元素，则称第 1 个母因素为潜在优势母因素；第 2 行元素中有一个元素为 0，第 2 个母因素为次潜在优势母因素；依此类推。

7.3.2 影响综采事故的环境因素及关联度计算

7.3.2.1 影响综采面伤亡事故的环境因素

综采面伤亡事故是各方面多因素综合作用的结果，称之为行为特征量，影响伤亡事故的各因素称为因子。作为一个系统总是在发展变化的，行为特征与诸因素也是随着时间的推移而相互作用变化的。

影响伤亡事故的环境因素很多，主要有瓦斯、温度、湿度、光照、噪声等。根据关联分析中因素选取原则，应选取最能反映系统特征的影响因素。以新庄矿为例，选取下述因素进行灰色关联分析：瓦斯、温度、湿度、噪声、照度。

7.3.2.2 灰色关联度计算

根据上述选取因素，采用以下五个地段的数据：22 采区皮带巷、-600 西轨道巷、-600 东翼皮带巷、皮带暗斜井、22 采区中的 2 个工作面（22091 和 22051）。数据如表 7 - 16 所示。

表 7 - 16 原始数据表

因 素	22 采区皮带巷	-600 西轨道巷	-600 东翼皮带巷	皮带暗斜井	采煤工作面
温度 x_1/℃	22.2	23.6	21.4	22.4	26.3
湿度 x_2/%	86	90	88	84	96
噪声 x_3/dB	78	84	85	87	91
照度 x_4/lx	119	80	106	112	82
瓦斯 x_5/%	0	0.1	0	0	0.4
死亡人数 y_1	0	0	0	0	2
重伤人数 y_2	1	0	0	0	3
轻伤人数 y_3	2	3	1	0	5

应用式（7-1）对原始数据进行均值化处理，结果如表7-17所示。

据式（7-3），分别以运输死亡、重伤和轻伤人数为参考数列，各因素与参考数列的关联系数如表7-18~表7-20所示。

表 7-17　数据均值化处理结果

因素	22 采区皮带巷	-600 西轨道巷	-600 东翼皮带巷	皮带暗斜井	采煤工作面
x_1	0.958	1.018	0.923	0.966	1.135
x_2	0.968	1.014	0.991	0.946	1.081
x_3	0.918	0.988	1	1.024	1.129
x_4	1.192	0.802	1.062	1.122	0.822
x_5	0	1	0	0	4
y_1	0	0	0	0	5
y_2	1.667				3.333
y_3	0.909	1.364	0.455	0	2.273

表 7-18　死亡人数与各因素的关联系数列

因素	22 采区皮带巷	-600 西轨道巷	-600 东翼皮带巷	皮带暗斜井	采煤工作面
x_1	0.686	0.672	0.694	0.684	0.351
x_2	0.683	0.673	0.678	0.688	0.348
x_3	0.695	0.679	0.676	0.671	0.351
x_4	0.637	0.723	0.663	0.651	0.333
x_5	1	0.676	1	1	0.676

表 7-19　重伤人数与各因素的关联系数列

因素	22 采区皮带巷	-600 西轨道巷	-600 东翼皮带巷	皮带暗斜井	采煤工作面
x_1	0.639	0.552	0.576	0.565	0.364
x_2	0.642	0.553	0.559	0.570	0.358
x_3	0.626	0.560	0.557	0.551	0.363
x_4	0.726	0.610	0.542	0.528	0.333
x_5	0.430	0.557	1	1	0.653

表 7 – 20 轻伤人数与各因素的关联系数列

因　素	22 采区皮带巷	– 600 西轨道巷	– 600 东翼皮带巷	皮带暗斜井	采煤工作面
x_1	0.946	0.714	0.649	0.472	0.431
x_2	0.936	0.712	0.617	0.477	0.420
x_3	0.990	0.697	0.613	0.457	0.430
x_4	0.753	0.606	0.587	0.435	0.373
x_5	0.487	0.703	0.655	1	0.333

　　根据式 (7 – 4)，分别计算运输死亡、重伤、轻伤人数与各因素的关联度，汇总成表 7 – 21。

表 7 – 21 伤亡事故人数与各因素的关联度

因　素	温度 x_1	湿度 x_2	噪声 x_3	照度 x_4	瓦斯 x_5
死亡人数 y_1	0.617	0.614	0.614	0.601	0.870
重伤人数 y_2	0.539	0.536	0.531	0.548	0.728
轻伤人数 y_3	0.636	0.632	0.637	0.551	0.642

　　为了分析的方便，将表 7 – 21 改写成矩阵 R。矩阵的每一行表示同一母因素（参考数列也称为母因素）对不同子因素（比较数列也称为子因素）的影响程度；每一列表示不同母因素对同一子因素的影响程度。

$$R = \begin{pmatrix} 0.617 & 0.614 & 0.614 & 0.601 & 0.870 \\ 0.539 & 0.536 & 0.531 & 0.548 & 0.728 \\ 0.636 & 0.632 & 0.637 & 0.551 & 0.642 \end{pmatrix}$$

7.3.3 结果分析

　　在进行系统分析时，研究系统特征行为与相关因素行为的关系，我们主要关心的是系统特征行为序列与各相关因素行为序列关联度的大小顺序，而不完全是关联度在数值上的大小。因此，将各个子因素与同一母因素的关联度按大小排列顺序如下：

死亡人数：$\{x_5 | y_1\} > \{x_1 | y_1\} > \{x_2 | y_1\} > \{x_3 | y_1\} > \{x_4 | y_1\}$

重伤人数：$\{x_5 | y_2\} > \{x_4 | y_2\} > \{x_1 | y_2\} > \{x_2 | y_2\} > \{x_3 | y_2\}$

轻伤人数：$\{x_5 | y_3\} > \{x_3 | y_3\} > \{x_1 | y_3\} > \{x_2 | y_3\} > \{x_4 | y_3\}$

　　（1）第五列中每个关联度值均大于其他列中的对应值，故称瓦斯为优势子因素。这说明瓦斯与死亡、重伤、轻伤这三个母因素的关系最为密切，也就是说，瓦斯对工伤事故的影响最大。

（2）在第一行中，温度与死亡人数的关联度仅次于瓦斯。在煤矿井下高湿热环境中，人体中枢神经系统受到抑制，导致注意力分散，动作的准确性、协调性降低，事故的发生几率增大。根据医学研究的结果，事故率以 19℃ 为最低，气温升高或降低，事故率都相应增加。井下气温大都超过 19℃，尤其是采煤工作面的温度较高，所以发生事故的几率较大。

（3）噪声和湿度与死亡人数的关联度排在第三位和第四位。因为井下噪声源很多，如运输车辆、采掘机械、刮板等，噪声强度大，声压级高，普遍超过国家规定的卫生标准。噪声一方面妨碍诸如口头警告声、声信号、呼喊、车辆与设备音响信号以及语言的传递与联系；另一方面易使人产生烦躁情绪和不安感觉，易分散精力，出现人为失误，从而导致工伤事故的发生。因此，要减少工伤事故，必须采取有效的措施来降低井下噪声强度。井下湿度比较大，尤其是采煤工作面，湿度一般在 95% 以上。在高湿的环境中，人体的热平衡不易维持，尤其在劳动强度比较大时更是如此，极易出现疲劳，人为失误增多，易导致事故的发生。所以，应尽可能降低工作地点的湿度。采煤工作面温度高、噪声大、湿度大是导致死亡事故发生的重要原因。

（4）在第二行中，照度、温度、湿度和噪声与重伤人数的关联度很接近，这说明重伤人数与这四个因素的关系都比较密切。

（5）在第三行中，噪声、温度、湿度与轻伤人数的关联度相差不大，仅次于瓦斯与轻伤人数的关联度。井下很多地方的照明条件比较差，尤其是在采掘工作面、轨道上山、运输上山，依靠矿灯照明，照度低，工人视野小，不易发现周围出现的异常状况，影响工人的相互配合和相互关照，这也是导致事故发生的一个重要原因。

7.4　采煤工作面环境状况的模糊聚类分析

所谓聚类分析，就是将研究或处理的对象按照一定的条件或属性进行分类。聚类分析在生产和生活中有着广泛的应用，如：工业生产中产品质量的分类、农业中对优良品种的分类、环境分类等。

经典聚类分析属于数理统计多元分析的一个分支。但由于现实中同一范畴中的事物之间往往没有十分明确的界限，很难说某事物绝对地属于某类，或绝对地不属于某类。也就是说，分类问题在许多场合都具有模糊性。所以采用模糊数学来处理分类问题就更为恰当，分类的结果也更符合客观实际，效果更好。

7.4.1 模糊聚类分析的基本思想和计算方法

7.4.1.1 模糊聚类分析的基本思想

所谓聚类，就是将事物按某种属性进行分类，事物之间的属性关系可以用事物之间的等价关系来描述。在经典集合中，集合上的等价关系产生等价类，等价类的集合对应着集合的一种划分，集合的划分就是对集合的分类，因此可以用等价关系将样本进行分类。模糊聚类分析[68]就是用模糊等价关系将样本分类，因为模糊等价关系的 λ 截集 R_λ 是普通等价关系，因此就可以在 λ 的水平上将样本进行分类。

7.4.1.2 模糊聚类分析的计算方法

A 数据标准化

设被聚类对象为 A_1，A_2，…，A_n，$U = \{A_1, A_2, \cdots, A_n\}$ 为样本集，考虑的因素（或称样本的指标）为 B_1，B_2，…，B_m，因此 A_i 可由 m 个数据描述，记 A_i 所对应的 m 个数据为 $(x'_{i1}, x'_{i2}, \cdots, x'_{im})$ $(i = 1, 2, \cdots, m)$，对因素 B_k 可测得 n 个数据为 $(x_{1k}, x_{2k}, \cdots, x_{nk})$ $(k = 1, 2, \cdots, m)$。

由于各因素的量纲往往不相同，为了便于分析和比较，需要将各因素的数据标准化。

$$x''_{ik} = \frac{x'_{ik} - \overline{x'_k}}{S_k} \qquad (7-34)$$

式中 $\overline{x'_k}$——第 k 个指标的平均值，

$$\overline{x'_k} = \frac{1}{n} \sum_{i=1}^{n} x'_{ik} \qquad (7-35)$$

S_k——第 k 个指标的标准差，

$$S_k = \sqrt{\frac{1}{n} \sum_{i=1}^{n} (x'_{ik} - \bar{x'_k})^2} \qquad (7-36)$$

$i = 1, 2, \cdots, n;$

$k = 1, 2, \cdots, m_。$

这时得到的标准化数据 x''_{ik} 还不一定都在 $[0, 1]$ 闭区间之内，还需采用下面的极值标准化公式进行处理。

$$x_{ik} = \frac{x''_{ik} - x''_{\min k}}{x''_{\max k} - x''_{\min k}} \qquad (7-37)$$

式中　$x''_{\max k}$——x''_{ik} 中的最大值；

　　　$x''_{\min k}$——x''_{ik} 中的最小值。

这样就得到了 A_i 所对应的标准化数据组 $(x_{i1}, x_{i2}, \cdots, x_{im})$。$i = 1, 2, \cdots, n_。$

B　建立模糊关系

建立模糊关系，也称为标定，就是求出被分类对象间相似程度系数 r_{ij}，从而得到相似矩阵 $\boldsymbol{R} = (r_{ij})_{n \times n}$，即模糊关系。

由 A_i 和 A_j 的标准化数据求相似程度系数的方法很多，有欧氏距离法、数量积法、相关系数法、算术平均最小法等十三种方法。这里只列出常用的算术平均最小法的计算公式。

$$r_{ij} = \frac{\sum_{k=1}^{m} (x_{ik} \wedge x_{jk})}{\frac{1}{2} \sum_{k=1}^{m} (x_{ik} + x_{jk})} \qquad (7-38)$$

C　模糊聚类

如果求出的模糊关系矩阵 $\boldsymbol{R}$ 是模糊等价矩阵，则对有限论域 U，给定 $\lambda \in [0, 1]$，便可以得到一个普通的等价关系 R_λ，也就是说，可以决定一个 λ 水平的聚类。

如果求出的模糊关系矩阵 $\boldsymbol{R}$ 是模糊相似矩阵，则需求该矩阵的传递闭包 $t(R)$，然后根据该等价矩阵进行聚类。

7.4.2　采煤工作面环境状况的模糊聚类分析

新庄矿的采煤工作面分为综采工作面和炮采工作面两类，综采面只有一个 22051，炮采面有 22091 等四个。综采面和炮采面的环境存在着很大的差别，为了进一步了解采煤工作面的综合环境状况，以新庄矿为例，选择综采工作面 22051、炮采工作面 22091 等 5 个工作面为聚类对象。因此，得到聚类的样本集 $U = \{A_1, A_2, A_3, A_4, A_5\}$。

A_1 代表综采面 22051 所处环境；A_2 代表炮采面 21091 所处环境；A_3 代表炮采面 12021 所处环境；A_4 代表炮采面 21071 所处环境；A_5 代表炮采面 12051 所处环境。

由前述可知，在环境诸因素中，瓦斯、温度、湿度、噪声和照度对人及安全的影响较大。所以，选择这五个因素作为聚类指标，从而得到环境特性的指标集 $B = \{B_1, B_2, B_3, B_4, B_5\}$。

B_1 代表温度；B_2 代表湿度；B_3 代表噪声；B_4 代表照度；B_5 代表瓦斯。

对新庄矿五个聚类对象的五个因素值进行了测定，测得的数据如表 7-22 所示，即原始数据 x'_{ik}。

表 7-22 原始数据表

聚类对象	温度 B_1/℃	湿度 B_2/%	噪声 B_3/dB	照度 B_4/lx	瓦斯 B_5/%
综采面 22051 A_1	27.6	92	90	102	0.5
炮采面 21091 A_2	26.2	95	95	83	0.3
炮采面 12021 A_3	26.8	96	95	83	0.4
炮采面 21071 A_4	27.6	94	94	83	0.2
炮采面 12051 A_5	27.3	95	96	83	0.3

7.4.2.1 数据的标准化

根据式（7-6），求平均值 $\overline{x}'_k$。

$\overline{x}'_1 = (27.6 + 26.2 + 26.8 + 27.6 + 27.3)/5 = 27.1$，$\overline{x}'_2 = 94.4$，$\overline{x}'_3 = 94$，$\overline{x}'_4 = 86.8$，$\overline{x}'_5 = 0.34$

根据式（7-7），求方差 S_k。

$$S_1 = \{[(27.6 - 27.1)^2 + (26.2 - 27.1)^2 + (26.8 - 27.1)^2 +$$
$$(27.6 - 27.1)^2 + (27.3 - 27.1)^2]/5\}^{\frac{1}{2}}$$
$$= 0.537，S_2 = 1.356，S_3 = 2.098，S_4 = 7.6，S_5 = 0.102$$

根据式（7-5），求标准值 x''_{ik}。结果如表7-23所示。

表 7-23　标准值表

聚类对象	B_1	B_2	B_3	B_4	B_5
A_1	0.931	-1.770	-1.907	2	1.569
A_2	-1.676	0.442	0.477	-0.5	-0.392
A_3	-0.559	1.180	0.477	-0.5	0.588
A_4	0.931	-0.295	0	-0.5	-1.373
A_5	0.372	0.442	0.953	-0.5	-0.392

根据式（7-8），可求得标准化数据 x_{ik}。

$x_{11} = (0.931 + 1.676) / (0.931 + 1.676) = 1$，其余可类似求出，结果如表7-24所示。

表 7-24　标准化数据 x_{ik} 表

聚类对象	B_1	B_2	B_3	B_4	B_5
A_1	1	0	0	1	1
A_2	0	0.750	0.834	0	0.333
A_3	0.428	1	0.834	0	0.667
A_4	1	0.500	0.667	0	0
A_5	0.786	0.750	1	0	0.333

7.4.2.2　建立模糊关系

根据式（7-9），求 A_i 和 A_j 的相似程度系数 r_{ij}，构成相似矩阵 R。

如：$r_{12} = \dfrac{1 \wedge 0 + 0 \wedge 0.75 + 0 \wedge 0.834 + 1 \wedge 0 + 1 \wedge 0.333}{(1 + 0.75 + 0.834 + 1 + 0.333) / 2} = 0.14$，其余的可分别求出。

$$R = \begin{pmatrix} 1 & 0.14 & 0.37 & 0.39 & 0.38 \\ 0.14 & 1 & 0.79 & 0.57 & 0.80 \\ 0.37 & 0.79 & 1 & 0.63 & 0.81 \\ 0.39 & 0.57 & 0.63 & 1 & 0.78 \\ 0.38 & 0.80 & 0.81 & 0.78 & 1 \end{pmatrix}$$

7.4.2.3　模糊聚类

由于求出的模糊矩阵 R 是相似矩阵，故需求出 R 的传递闭包

$t(R)$，即将 R 变换为等价矩阵。可采用逐次平方法。

$$R^2 = \begin{pmatrix} 1 & 0.39 & 0.39 & 0.39 & 0.39 \\ 0.39 & 1 & 0.80 & 0.78 & 0.80 \\ 0.39 & 0.80 & 1 & 0.78 & 0.81 \\ 0.39 & 0.78 & 0.78 & 1 & 0.78 \\ 0.39 & 0.80 & 0.81 & 0.78 & 1 \end{pmatrix}, \quad R^4 = R^2$$

所以 $t(R) = R^2$ 是模糊等价矩阵。

当 $\lambda = 1$ 时，$R_1 = \begin{pmatrix} 1 & 0 & 0 & 0 & 0 \\ 0 & 1 & 0 & 0 & 0 \\ 0 & 0 & 1 & 0 & 0 \\ 0 & 0 & 0 & 1 & 0 \\ 0 & 0 & 0 & 0 & 1 \end{pmatrix}$

相应的聚类为：$\{A_1\}$，$\{A_2\}$，$\{A_3\}$，$\{A_4\}$，$\{A_5\}$

当 $\lambda = 0.81$ 时，$R_{0.81} = \begin{pmatrix} 1 & 0 & 0 & 0 & 0 \\ 0 & 1 & 0 & 0 & 0 \\ 0 & 0 & 1 & 0 & 1 \\ 0 & 0 & 0 & 1 & 0 \\ 0 & 0 & 1 & 0 & 1 \end{pmatrix}$

相应的聚类为：$\{A_1\}$，$\{A_2\}$，$\{A_3, A_5\}$，$\{A_4\}$

当 $\lambda = 0.80$ 时，$R_{0.80} = \begin{pmatrix} 1 & 0 & 0 & 0 & 0 \\ 0 & 1 & 1 & 0 & 1 \\ 0 & 1 & 1 & 0 & 1 \\ 0 & 0 & 0 & 1 & 0 \\ 0 & 1 & 1 & 0 & 1 \end{pmatrix}$

相应的聚类为：$\{A_1\}$，$\{A_2, A_3, A_5\}$，$\{A_4\}$

当 $\lambda = 0.78$ 时，$R_{0.78} = \begin{pmatrix} 1 & 0 & 0 & 0 & 0 \\ 0 & 1 & 1 & 1 & 1 \\ 0 & 1 & 1 & 1 & 1 \\ 0 & 1 & 1 & 1 & 1 \\ 0 & 1 & 1 & 1 & 1 \end{pmatrix}$

相应的聚类为：$\{A_1\}$，$\{A_2, A_3, A_4, A_5\}$

当 $\lambda = 0.39$ 时，$R_{0.39} = \begin{pmatrix} 1 & 1 & 1 & 1 & 1 \\ 1 & 1 & 1 & 1 & 1 \\ 1 & 1 & 1 & 1 & 1 \\ 1 & 1 & 1 & 1 & 1 \\ 1 & 1 & 1 & 1 & 1 \end{pmatrix}$

相应的聚类为：$\{A_1, A_2, A_3, A_4, A_5\}$

对上述的聚类过程可以用动态聚类图表示，如图 7-7 所示。

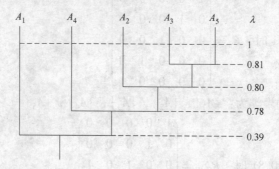

图 7-7　动态聚类图

由上面的模糊聚类过程可以看出，当 λ 取不同的值时，可以得到不同的聚类。聚类结果表明，综采工作面的综合环境状况最好，明显好于炮采工作面。在聚类的时候没有考虑顶板因素，这是因为顶板因素无法量化的缘故。如果再考虑顶板因素在内，则综采工作面的环境更比炮采工作面的好。在炮采工作面中，A_4 好于 A_2，A_2 好于 A_3 和 A_5。如果用舒适和不舒适来表示，综采工作面 22051 的综合环境状况是舒适的，A_3 和 A_5 工作面是不舒适的，A_4 和 A_2 介于两者之间。因此，必须大力改善炮采工作面的环境状况，以减少环境对工伤事故的影响，提高采煤生产的安全性。

7.5　改善采煤工作面环境状况的措施

由环境因素的灰色关联分析和环境状况的模糊聚类分析的结果可知，环境状况的好坏对采煤安全有很大的影响。为了减少工伤事故的发生，提高采煤工作面的安全性，就必须对目前井下的环境状况，尤其是采煤工作面的环境状况，进行改善，以减小环境对采煤安全的影响。

7.5.1 降低瓦斯浓度的措施

瓦斯一直以来是影响煤矿安全的重要因素之一，尤其是近几年来全国发生的重特大瓦斯爆炸事故不断，对人民的生命安全和国家财产造成了巨大的损失。新庄矿自开始开采西翼煤层之后，瓦斯问题日益突出。2005 年因为瓦斯超限综采面已经连续停采长达几星期，工作面风流中的瓦斯浓度经常达到 0.5% 以上，上隅角瓦斯经常超过 0.8%，尤其是 12 月份几次超过 1%，综采面被迫停产。所以必须采取有效措施降低工作面瓦斯浓度。降低瓦斯浓度的措施主要包括瓦斯涌出的治理措施、瓦斯喷出的治理措施和突出的治理措施。

7.5.1.1 瓦斯涌出的治理

瓦斯涌出治理技术分为源治理、按瓦斯危险程度进行分级和分类治理和综合治理[69]。

A 瓦斯涌出分源治理

所谓分源治理，就是针对瓦斯来源个数、各源瓦斯涌出量的大小及其涌出变化规律，通过方案比选，选取经济适用、简便可靠的控制技术进行治理。

a 回采工作面瓦斯涌出治理

当回采工作面所开采的煤层有突出危险性或在给定的日产量条件下工作面的绝对瓦斯涌出量大于通风所允许的瓦斯涌出时，必须采取瓦斯治理技术措施。瓦斯涌出治理的必要性判定指标（单从通风稀释瓦斯角度考虑）如下：

$$Q_回 \geqslant 0.6 \cdot S \cdot V \cdot C/K$$

或

$$q_回 \geqslant 864 \cdot V \cdot C/(K \cdot A)$$

式中 $Q_回$——回采工作面绝对瓦斯涌出量，m^3/min；

$q_回$——回采工作面相对瓦斯涌出量，m^3/t；

S——回采面最小有效通风断面积，m^2；

V——《煤矿安全规程》允许的工作面最大风速，m/s；

C——《煤矿安全规程》允许的工作面最高瓦斯浓度,%。

回采工作面瓦斯涌出的常见治理技术措施有如下几种:

(1) 本煤层采前预抽;

(2) 本煤层边采边抽;

(3) 上、下邻近层卸压瓦斯抽放;

(4) 采空区瓦斯抽放;

(5) 工作面煤壁浅孔注水;

(6) 减少工作面一次截割或爆破煤量;

(7) 限制工作面推进速度;

(8) 选用合理的通风系统;

(9) 加强通风管理,维护好通风设施,实施瓦斯自动监控。

b　采空区瓦斯涌出治理技术

当采空区瓦斯涌出在矿井、采区或回采工作面的瓦斯涌出构成中占有较大的份额、通风能力有限或通风稀释不经济、不合理时,应该优先采用采空区瓦斯治理措施。采空区瓦斯治理技术措施有如下几种:

(1) 加强采空区密闭,减少采空区瓦斯的涌出量(对已采空的采区和工作面而言);

(2) 提高工作面回采率,减少采空区遗煤;

(3) 改变通风系统,改变采空区漏风路线;

(4) 采空区瓦斯抽放,采空区有半封闭采空区和全封闭采空区之分。

c　回采工作面上隅角瓦斯超限治理技术

采用 U 形通风系统的回采工作面上隅角瓦斯最容易超限,往往超过《煤矿安全规程》规定的浓度,甚至处于瓦斯爆炸的浓度区域(5% ~15%),是工作面瓦斯爆炸的多发地带。治理上隅角瓦斯积聚的常用方法有如下几种:

(1) 风障引导风流法。如图 7 – 8 所示安设简单,安全、经济;但引入风量有限,加剧了采空区漏风。

(2) 尾巷排放法。如图 7 – 9 所示,利用已有的巷道,不需要增加设备,易于实施,较经济,应用广泛,但是进入尾巷的瓦斯量难以控制。

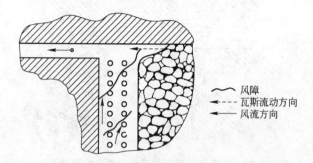

图 7-8 工作面挂风障排放上隅角聚积的瓦斯

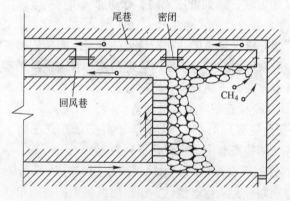

图 7-9 利用尾巷排放上隅角聚积的瓦斯

（3）风筒导风法。利用水力发射器、压气引射器处理聚积瓦斯，如图 7-10 所示。其处理能力大，适应范围广，但是需要安设设备，并占据一定的采掘空间。

（4）充填置换法。将积聚瓦斯的空间用不燃性固体物质充填严密，同时设管抽放。这种方法效果明显又可预防自燃。

（5）调整通风方法。采用后退式 Z 形，Y 形等，预防、排除上隅角聚集瓦斯，有自然发火危险的煤层不宜采用。

（6）瓦斯抽放法。即进行采空区的瓦斯抽放。

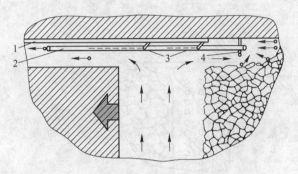

图 7 - 10　利用水力引射器排放上隅角聚积的瓦斯
1—水管；2—导风筒；3—水力引射器；4—风障

（7）其他方法，诸如液压风扇、脉动通风机等等。

B　矿井瓦斯分级分类治理

矿井瓦斯分级管理是矿井瓦斯管理的首要原则。依据矿井不同的瓦斯等级，采取不同的管理制度、管理措施和管理手段是矿井瓦斯分级管理的基本方法，下面分别介绍矿井瓦斯分级管理的基本内容。

a　矿井瓦斯检查制度及人员配备

《煤矿安全规程》第 149 条规定，矿井必须建立瓦斯、二氧化碳和其他有害气体检查制度，它包括下列内容：

（1）划分瓦斯检查地区。通风区要根据矿井通风系统和检查任务的大小分别划分瓦斯检查地区，根据地区确定检查人员，规定巡回路线、检查时间和内容，并制订各区域瓦斯巡回检查计划图表。要求每次巡回检查时间间隔不超过 2.5h，检查时间误差不超过 20min。

（2）瓦斯检查地点。

1）采煤工作面进风流、采煤工作面风流及煤帮和上隅角处、采煤工作面回风流、尾巷等点；

2）矿井总回风或一翼回风、采区回风中；

3）采掘爆破地点附近 20m 范围内、电机附近 20m 范围内、局部通风及开关附近 10m 内；

4）硐室、煤仓、临时停风的掘进巷道、封闭区等。

（3）瓦斯检查次数。

1）采煤工作面瓦斯检查次数：低瓦斯矿井中每班至少2次；高瓦斯矿井中每班至少3次；有煤与瓦斯突出的采掘工作面，有瓦斯喷出危险的采掘工作面和瓦斯涌出较大、变化异常的采掘工作面，都必须有专人经常检查瓦斯，并安设甲烷断电仪；

2）采掘工作面二氧化碳应每班至少检查2次；有煤与二氧化碳突出危险的采掘工作面，二氧化碳涌出量较大、变化异常的采掘工作面，必须有专人经常检查二氧化碳；

3）本班未进行工作的采掘面、可能涌出或积聚瓦斯或二氧化碳的硐室和巷道，每班至少检查1次瓦斯或二氧化碳；

4）井下停风地点栅栏外风流中的瓦斯浓度每天至少检查1次；风墙外的瓦斯浓度每周至少检查1次。

（4）瓦检三对口。瓦斯检查工必须执行瓦斯巡回检查制度和请示报告制度，并认真填写瓦斯检查班报，做到瓦斯检查班报手册、记录牌、调度日志三对口（三种记录上的检查地点、检查日期、每次检查的具体时间、班次、检查的内容和数据、检查人姓名等必须完全一致），严格执行"一炮三检"制度，并对井下所有"一通三防"设施和装置负有维护管理与监督检查的责任。若瓦斯超限时瓦斯检查工有权责令现场人员停工，并撤到安全地点。

（5）瓦斯检查工交接班制度。地区瓦斯检查工要在井下指定地点交接班，跟班瓦斯检查工在工作地点交接班。交接班时，必须交清本班的情况及下班需要注意的问题。如当班发生瓦斯超限，地区瓦斯检查工必须立即采取措施进行处理，未处理完瓦斯时，必须在工作地点交接班。不得空班、漏检、假检。

（6）通风值班人员的工作。通风值班人员必须审阅瓦斯班报，审查瓦斯检查工的工作质量，发现问题及时处理，并向矿调度汇报。

（7）审阅通风瓦斯日报制度。通风瓦斯日报必须送矿长、矿技术负责人审阅，一矿多井的矿必须同时送井长、井技术负责人审阅。对重大的通风瓦斯问题，应制定措施，进行处理。

（8）安全培训制度。加强对瓦斯检查工的培训，不断提高其技术水平和业务能正确掌握瓦斯检查方法和处理瓦斯超限、积累的方法。

　　b　矿井各种装置设置的要求

　　(1) 矿井通风安全监测装置设置的要求。矿井瓦斯等级不同，传感器的设置要求就不同。

　　(2) 矿井电气设备的选用要求。矿井瓦斯等级不同，其电气设备的选用要求就不同，选用时应符合《煤矿安全规程》第 444 条的要求。

　　(3) 掘进工作面安全技术装备系列化标准。矿井瓦斯等级不同，煤巷、半煤岩巷掘进工作面安全技术装备系列化要求就不同，具体内容包括：局部通风机应连续可靠运转；加强瓦斯检查和监测；实行综合防尘；要防爆和防火；安全爆破；隔爆与自救；推广屏蔽电缆、阻燃风筒和局部通风机消音器。

　　(4) 矿用安全炸药选用要求及爆破管理。矿井瓦斯等级不同，选用的煤矿许用炸药的安全等级就不同，应遵守《煤矿安全规程》第 320 条的规定。

　　(5) 通风的要求。应实行分区通风。低、高瓦斯矿井采掘工作面串联时不得超过一次；且要有安全措施；突出矿井严禁串联通风。

　　(6) "四位一体"综合防突措施。突出矿井开采突出煤层时必须采取"四位一体"综合防突措施。

　　C　综合治理

　　综合治理是指以消除采掘工作面瓦斯危险为目标，以确保生产过程中人身安全为宗旨，采取包括瓦斯涌出量预测、瓦斯危险程度评价、瓦斯治理技术措施编制与实施、措施效果检测以及意外危险出现时的人身安全保障措施在内的瓦斯治理综合安全系统措施。

7.5.1.2　瓦斯喷出的防治

　　A　第一类瓦斯喷出的防治方法

　　a　加强地质工作

在预测有第一类瓦斯喷出危险的区域内，必须加强地质工作。采掘施工前一定要设法探明地质情况，例如通过前探钻孔查明采掘区域与岩巷（井）前方的地质构造、溶洞裂缝的位置分布及其瓦斯储量。

对于石灰岩溶洞裂缝和无吸附能力的断层带、砂岩层等的储瓦斯

容积可用下式估算:

$$V = \frac{Qp_a}{p_0 - p_1}$$

式中　V——储瓦斯洞缝的容积, m^3;

　　　Q——现场测试时, 两次测压期间从洞缝排出的瓦斯量, m^3;

　　　p_a——测试地点的大气压力, MPa;

　　　p_0——排放瓦斯之前, 储瓦斯洞缝测得的原始瓦斯压力, MPa;

　　　p_1——排放瓦斯之后, 测得的洞缝残余瓦斯压力, MPa。

对于有吸附能力的岩层(煤层), 按煤(岩)的瓦斯含量与储瓦斯的煤(岩)储量来预计。

b　治理瓦斯的方法及安全措施

根据瓦斯压力、储瓦斯容积和地质采掘条件制订防治瓦斯喷出的设计与安全措施。

利用封堵喷出缝口、引排抽放瓦斯、加强通风等综合方法治理喷出瓦斯。当单纯用通风方法不能使井巷和工作面的瓦斯浓度降到《煤矿安全规程》规定的浓度时, 就应采用综合治理方法, 即除加强通风外, 还要采用隔离瓦斯喷出源, 并通过专门管路把瓦斯引排至确保安全的回风道风流中或地面大气中。

不宜使用引排时, 可采用钻孔抽放, 钻孔直径为 45 ~ 110mm, 也可先砌筑混凝土巷壁或发碹, 然后在碹壁外注水泥浆封固, 壁后插管把瓦斯引至瓦斯管路。

当瓦斯喷出十分强烈不能采用上述方法时, 可把喷出井巷密闭, 通过密闭墙上设置的瓦斯管把瓦斯引出排放到适宜地点。为了排水和取样检查密闭区气体等情况, 在密闭墙上应安设三个直径为 35mm 以上的插管: 一个是引排瓦斯用; 一个是放水用; 一个取样测温用。

c　前探钻孔措施

(1) 岩石井巷前方有喷出瓦斯(CH_4, CO_2 等)危险时, 应打前探钻孔, 钻孔超前工作面距离不得小于 5m, 孔数至少 3 个, 钻孔控制范围要越出井巷侧壁 2 ~ 3m, 钻孔直径不应小于 75mm。

(2) 在有 CH_4 和 CO_2 喷出危险的煤层内掘进巷道时, 可沿煤层边打超前钻孔边掘进, 钻孔超前工作面的距离不得小于 5m, 孔数至少 3 个。

（3）煤层有 CH_4 或 CO_2 喷出危险，当沿其顶、底板岩层中掘进巷道时，可向煤层打前探钻孔，掌握煤岩间距、探明瓦斯压力。

经过打前探钻孔后，发现 CH_4 或 CO_2 喷出量较大时，应打排放瓦斯钻孔。钻孔施工时，应有防治瓦斯危害的安全措施。

d　安全措施

搞好通风、严格瓦斯检查制度，防止瓦斯浓度越限。人员应携带隔绝式自救器。巷道内应铺设压缩空气自救系统，设反向风门放炮时，人员必须全部撤至反向风门外，风门内应切断电源。

B　第二类瓦斯喷出预防方法

《煤矿安全规程》第 178 条规定，开采近距离解放层时，必须采取安全技术措施，防止被解放层初期卸压的沼气突然涌入解放层采掘工作面。

（1）搞好地质工作。除查清地质构造外，还应掌握层间岩性与厚度的变化，邻近层的瓦斯压力与瓦斯含量，地压的大小与顶底板活动规律等，以便制订预防瓦斯喷出、瓦斯爆炸和窒息事故的措施。

（2）根据初期卸压面积估算卸压瓦斯量。按照这个瓦斯量、瓦斯喷出危险性以及层间距确定抽放卸压钻孔的数量及孔位，抽放钻孔可布置成扇形孔（以减少钻场工程量和钻机的运输安装费），孔数一般为 5~6 个。

（3）加强职工业务培训，人人掌握瓦斯喷出预兆，配备自救器，安设压风自救系统，熟悉避灾路线与自救系统的器材使用方法。

（4）搞好顶板管理，加强支架质量检查，悬顶过长而不卸压时应采取人工卸压措施，以防大面积突然卸压造成强烈瓦斯喷出。

（5）搞好工作面通风，加强瓦斯检查，掌握瓦斯涌出动态与抽放瓦斯动态，以便作好瓦斯喷出的预报和预防工作。

7.5.1.3　防治突出措施

防突措施按作用范围分为区域性防突措施和局部性防灾措施。凡是能起到大面积防突作用，即包含了煤层或煤层群大区域的措施称为区域性防突措施，如开采解放层、预抽煤层瓦斯等。凡是起到局部范围防突作用的措施称为局部性防突措施，如超前钻孔、排放钻孔、水力冲孔、水力冲刷、松动爆破、金属骨架等。在采用防突措施时应优先考虑区域性防治突出措施。

A　开采保护层

开采保护层是防突的主要措施，也是最有效和最经济的防突措施，在有条件使用的突出矿井得到广泛的应用。《煤矿安全规程》规定，在突出矿井开采煤层群时，应优先选择开采保护层。开采保护层后，在被保护层中受到保护的区域可按无突出危险区进行采掘作业；在未受到保护的区域，必须采取综合防突措施。

a　开采保护层的作用

所谓保护层是指为消除或削弱相邻煤层的突出（或冲击地压）危险而先开采的煤层（或矿层）。相应的受其保护影响的未被开采的突出危险煤层为被保护层，位于被保护层上部的保护层叫上保护层，位于被保护层下部的保护层叫下保护层，选择保护层应遵循下列原则：

（1）优先选择无突出危险煤层作为保护层。矿井中所有煤层都有突出危险时应选择突出危险程度较小的煤层作保护层。

（2）应优先选择上保护层。选择下保护层开采时，不得破坏被保护层的开采条件。

（3）开采保护层的作用就在于超前开采保护层后，被保护煤层在一定范围内，地应力降低，煤体卸压、变形，透气性增加，瓦斯不断排放，瓦斯压力下降，煤体强度增加，达到防突的目的。

b　被保护范围的确定

被保护范围的划定方法及有关参数应根据对矿井实际考察的结果确定，若无实测数据可参考下面的方法：

（1）有效层间距，是指能够起到有效保护作用的煤层间距离，急倾斜煤层有效垂距：上保护层60m、下保护层80m；缓倾斜和倾斜煤层最大有效垂距：上保护层50m、下保护层100m。

（2）沿倾斜的保护范围，由图7-11所示的卸压角δ_1、δ_2、δ_3、δ_4划定，应实测。若无实测资料，可参照《防治煤与瓦斯突出规定》。

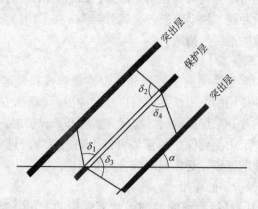

图 7-11　沿倾斜保护范围

（3）沿走向的保护范围，正在开采的保护层采煤工作面，必须超前于被保护层的掘进工作面，其超前距不得少于保护层与被保护层之间法线距离的 2 倍，并不得小于 30m。对已停采的保护层采煤工作面，停采至少 3 个月，并卸压比较充分，该采煤工作面的始采线、采止线处，沿走向的被保护范围可按卸压角 56°～60°划定。

c　开采保护层的注意事项

有条件时最好开采中距离（10～60m）保护层。开采近距离（10m 以内）保护层时，必须采取措施严防被保护层初期卸压的瓦斯突然涌入保护层采掘工作面和误穿煤层。开采保护层时采空区内不得留有煤（岩）柱；特殊情况需留煤（岩）柱时，必须将煤（岩）柱的位置和尺寸准确地标在采掘平面图上。开采保护层时应同时抽放被保护层的瓦斯。

B　预抽煤层瓦斯

单一突出危险煤层和无保护层可采的突出煤层群，可采用预抽煤层瓦斯的方法，即在突出煤层内布置一定数量的钻孔（穿层钻孔或沿层钻孔），经过一定时间抽放后瓦斯含量减少，煤体卸压，煤强度增加，消除突出危险，是一种有效防治突出的方法。采用预抽煤层瓦斯措施防治突出时，钻孔封堵必须严密。穿层钻孔封孔深度应不小于 3m，沿层钻孔的封孔深度应不小于 5m。若用于石门揭煤时，抽放钻孔布置到石门周界外 3～5m 的煤层内，钻孔直径 75～100mm，钻孔孔底间距 2～3m。

C 水力冲孔

水力冲孔是防止突出的一种有效方法。它是以岩柱或煤柱作为安全屏障，向有自喷现象的严重突出煤层打孔，同时以一定的压力向孔内注水，通过钻头的切割和水射流作用，破坏煤体，重新分布应力和释放瓦斯潜能，达到防突目的。

在石门离煤层 4～5m 处开始打钻布孔，钻孔应布置到石门周界外 3～5m 的煤层内，冲孔顺序一般是先冲对角孔后冲边上孔，最后冲中间孔。石门冲出的总煤量不得少于煤层厚度 20 倍的煤量，如冲出的煤量较少时，应在该孔周围补孔。水压一般应大于 3MPa。

水力冲孔也适用于突出煤层的煤巷掘进。在厚度 3m 左右和小于 3m 的突出煤层，按扇形布置 3 个孔，在地质构造破坏带或煤层较厚时，应适当增加孔数，孔底间距控制在 5m 左右，孔深通常为 20～25m，冲孔钻孔超前掘进工作面的距离不得小于 5m，冲孔孔道应沿软分层前进。冲孔前掘进工作面必须架设迎面支架，并用木板和立柱背紧背牢，对冲孔地点的巷道支架必须检查和加固。冲孔后和交接班前都必须退出钻杆，并将导管内的煤冲洗出来，防止煤、水、瓦斯突然喷出伤人。

D 排放钻孔

排放钻孔是在石门掘进离煤层垂距 5～8m 外向突出煤层打多排钻孔以防突出。适用于透气性较好并有足够的排放时间的突出煤层。排放钻孔应布置到石门周界外 3～5m 的煤层内，排放钻孔的直径为 75～100mm，钻孔间距根据实测的有效排放半径而定，一般孔底间距不大于 2m；在排放钻孔的控制范围内，如果预测指标降到突出临界值以下，措施才有效。对于缓倾斜厚煤层，当钻孔不能一次打穿煤层全厚时可采取分段打钻。

E 水力冲刷

水力冲刷是高压水枪冲刷石门工作面前方煤体，形成超前孔洞，使煤体得到卸压和排放瓦斯，以清除石门揭煤时的突出危险性。水力冲刷的主要问题是冲刷出的煤和瓦斯就地排放，形成了工作地点不安全的环境。

F　金属骨架

金属骨架是指插入预先打在石门断面周边钻孔内的钢管或钢轨，是一种超前支架，主要用于揭开具有软煤和软围岩的薄及中厚突出煤层。在距煤层 2~3m 时，在石门上部和两侧周边外 0.5~1.0m 范围内布置骨架孔。骨架钻孔穿过煤层并进入煤层顶（底）板至少 0.5m，钻孔间距不得大于 0.3m，对于软煤要架两排金属骨架，钻孔间距应小于 0.2m。骨架材料可选用 8kg/m 的钢轨、型钢或直径不小于 50mm 的钢管，一端伸入孔底，另一端伸出孔外用金属框架支撑或砌入碹内。揭开煤层后，严禁拆除金属骨架，而且金属骨架防治突出措施应与抽放瓦斯、水力冲孔或排放钻孔等措施配合使用。

G　超前钻孔

超前钻孔是指向掘进工作面前方沿煤层方向打一定数量和长度的钻孔以消除一定范围内的突出危险的措施。一般用在煤层透气较好、煤质较硬的突出煤层中，超前钻孔直径一般为 75~120mm，地质条件变化剧烈地带也可采用直径 42mm 的钻孔。钻孔超前于掘进工作面的距离不得小于 5m；若超前钻孔直径超过 120mm，必须采用专门钻进设备和制定专门的施工安全措施；钻孔应尽量布置在煤层的软分层中，超前钻孔的控制范围，应控制到巷道断面轮廓线外 2~4m，超前钻孔孔数应根据钻孔的有效排放半径确定，钻孔的有效排放半径必须经实测确定。超前钻孔施工前应加强工作面支护，打好迎面支架，背好工作面。

H　松动爆破

松动爆破是在采掘过程中利用炸药在钻孔中爆破，使煤体松动、破碎，产生裂隙，使集中应力区移向煤体深处，以防止突出。煤巷掘进时采用深孔松动爆破，适用于煤质较硬、突出强度较小的煤层。其孔径为 42mm，孔深不得小于 8m，深孔松动爆破应控制到轮廓线外 1.5~2m 的范围，孔数应根据松动爆破有效半径确定。采用深孔松动爆破防突措施，在掘进时必须留有不少于 5m 的超前距。深孔松动爆破的有效影响半径应实测。深孔松动爆破孔的装药长度为孔长减去 5.5~6m，每个药卷（特制药卷）长度为 1m，每个药卷装入一个雷管。装药必须装到孔底。装药后，应装入不小于 0.4m 的水炮泥，水炮泥外侧还应充填长度不小于 2m 的封口炮泥，在装药和充填炮泥时，应防止折断电雷管的脚线。在地质构造破坏带或煤层赋存条件急剧变化处不能按原措施要求实施时，必须打钻查明煤层赋存条件，然后采用直径为 42~75mm 的钻孔进行排放，经措施效果检验有效后，方可采取安全防护措施施工。

采煤工作面的松动爆破，适用于煤质较硬、围岩稳定性较好的煤层。沿工作面每隔 2~3m 打一个孔深不小于 3m 的松动爆破孔，孔径 42mm，每孔装药不得大于 0.5kg，超前距离不得小于 2m。

I 前探支架

前探支架一般是向工作面前方打钻孔，孔内插入钢管或钢轨，其长度可按两次掘进长度再加 0.5m 确定，每掘进一次，打一排钻孔，钻孔间距为 0.2~0.3m。形成两排钻孔交替前进，以防止工作面顶部悬煤垮落而造成突出（倾出）。前探支架可用于松软煤层的平巷工作面。

J 卸压槽

卸压槽是近年来推广使用的一种预防煤与瓦斯突出和冲击地压的方法，它是沿巷道两帮预先切割出一定宽度的缝槽，保持一定的超前距，使巷道前方一段距离内的煤体与煤层母体部分脱离。在卸压槽的保护范围内掘进，可以避免突出或冲击地压的发生。

防治石门突出措施可选用抽放瓦斯、水力冲孔、排放钻孔、水力冲刷或金属骨架等措施。石门揭煤前必须遵守《煤矿安全规程》的有关规定：厚度小于 0.3m 的突出煤层，可直接采用震动爆破或远距离爆破揭穿；有突出危险的新建矿井或突出矿井开拓的新水平的井巷第一次揭穿各煤层时，必须测定煤层瓦斯压力、瓦斯含量及其他与突出危险性相关的参数；石门揭煤要防延期突出。

在突出危险煤层中掘进平巷时应采用超前钻孔、松动爆破、前探支架、水力冲孔等防突措施。但掘进上山时不应采取松动爆破、水力冲孔、水力疏松等措施；在急倾斜煤层中掘进上山时，应采用双上山、伪倾斜上山或直径在 300mm 以上的钻孔等掘进方式，并加强支护。

有突出危险的采煤工作面可采用松动爆破、大直径钻孔、预抽瓦斯等防突措施，并应尽量采用刨煤机或浅截深滚筒式采煤机采煤，急倾斜突出煤层厚度大于 0.8m 时应优先采用伪倾斜正台阶、掩护支架采煤法等。

在过突出孔洞及其附近 30m 范围内采掘时，必须加强支护。

7.5.2　温度、湿度的改善措施

7.5.2.1　矿井高温的防治措施

高温作业环境的改善应从生产工艺和技术、保健措施、生产组织措施等方面加以改善。

A　生产工艺和技术措施

（1）合理设计生产工艺过程。

（2）屏蔽热源。在有大量热辐射的车间，应采用屏蔽辐射热的措施。屏蔽方法有三种：直接在热辐射源表面铺上泡沫类物质；在人与热源之间设置屏风；给作业者穿上热反射服装。

（3）降低温度。主要办法是采用局部空调。

（4）增加气流速度。高温环境下，气流速度的增加与人体散热量的关系是非线性的，在中等以上工作负荷，气流速度大于 2m/s 时，增加气流速度，对人体散热几乎没有影响。因此，盲目地增加气流速度是无益的。

B　保健措施

（1）合理供给饮料和补充营养。高温作业时作业者出汗量大，应及时补充与出汗量相等的水分和盐分，否则会引起脱水和盐代谢紊乱。一般每人每天需补充水 3~5kg，盐 20g。另外还要注意补充适量的蛋白质和维生素 A，B_1，B_2，C 和钙等元素。

（2）合理使用劳保用品。高温作业的工作服，应具有耐热、导热系数小、透气性好的特点。

（3）进行职工适应性检查。因为人的热适应能力有差别，有的人对高温条件反应敏感。因此，在就业前应进行职业适应性检查。凡有心血管器质性病变的人，高血压，溃疡病，肺、肝、肾等病患的人

都不适应于高温作业。

C 生产组织措施

（1）减小作业速度或增加休息次数，以此来减少人体产热量。高温作业条件下，不应采取强制生产节拍，应适当减轻工人负荷，合理安排作息时间，以减少工人在高温条件下的体力消耗。

（2）合理安排休息场所。作业者在高温作业时身体积热，需要离开高温环境到休息室休息，恢复热平衡机能。温度在 20~30℃ 之间最适用于高温作业环境下身体积热后的休息。

（3）职业适应。对于离开高温作业环境较长时间又重新从事高温的作业者，应给予更长的休息时间，使其逐步适应高温环境。

7.5.2.2 矿井高湿的防治措施

目前对煤矿井下高湿度的状况，还没有有效的防治措施，主要有防止在灌浆注水时发生漏水；及时清理水沟，防止在巷道中出现漫水和大量积水，以减少水分蒸发，从而降低井下主要工作地点的湿度。此外，还可以采取以下措施：

（1）加强安全教育，深刻认识高湿的危害，提高自我保护能力；

（2）借鉴国外先进经验，加强对矿工的耐高湿检验；

（3）提高劳动生产率，减少劳动时间，降低劳动强度；

（4）建立通风安全信息系统。

针对矿山通风安全信息多而复杂的特点，对于一些有条件的大中型矿山应当建立矿山通风安全信息系统，对这些复杂的资料进行高效的管理和利用，为矿山通风安全信息管理提供了集成的数据环境和可视化的分析平台，有利于多时相、多源、时空数据的复合和无缝连接，用于指导矿山安全生产和灾害防治，实现矿山通风安全信息管理的现代化[14]，使矿山灾害信息的管理和处理工作更加快捷化、系统化、科学化、规范化。

7.5.3 降低井下噪声的措施

采煤工作面噪声源很多，对不同的噪声源应采取不同的降低噪声的措施。

综采工作面的噪声主要有采煤机割煤时的噪声和刮板输送机运转时的噪声；炮采工作面的噪声主要是打眼时煤电钻的噪声和刮板输送机的噪声。

采煤机的噪声源不固定，因此不能采用隔、消等控制措施，但可以采取以下措施：

（1）煤层注水预湿煤体，使煤软化，降低煤体的强度和硬度，可以降低割煤时截割和破碎的噪声；

（2）选用合理的截齿，降低滚筒转速，减少截齿数，提高采煤机牵引速度，可以有效地降低截割噪声。实践证明[70]，煤层的水分增加3%，煤的单向抗压强度下降32%，硬度 f 下降 0.5 ~ 1.5，截割和破碎噪声可降低 10 ~ 15dB；齿数减少 10% ~ 30%，滚筒转速由104r/min 降至 84r/min，牵引速度由 1m/s 增加到 2m/s，噪声可降低 4 ~ 8dB。如果这两项措施综合使用，便可大大降低采煤工作面的噪声。

刮板输送机机头和机尾相对固定，因此可以采用隔声罩的降噪措施。由于刮板输送机链板是运动的，为了减少缝隙，可以设计活动挡板。实际应用证明[69]，采用此设备后，将噪声由原来的102dB 降至84dB，有效地降低了噪声。

7.5.4　综采工作面粉尘的控制措施

由于粉尘对综采工作面作业工人的危害很大，需采取措施，消除粉尘危害。加强通风是排除呼吸性粉尘的有效方法，此外还有如下几种措施：

（1）水中添加湿润剂。由于水的表面张力较大，对粒径较小的呼吸性粉尘降尘率在30%以下。水中加入湿润剂后，可大大增加水溶液对粉尘的浸润性，从而提高降尘效果。

（2）磁化水抑尘。水经磁化处理后，使水的黏度降低、晶构变小、水珠变细，有利于提高水的雾化程度，增加水与尘粒的接触机会，从而提高降尘效果。磁化水的平均降尘率一般较清水提高1.91 倍。

（3）泡沫除尘。泡沫除尘是用专门的泡沫发生装置向尘源喷射泡沫，刚刚生成的粉尘被无间隙泡沫覆盖得以湿润，失去飞扬能力。泡沫除尘适用于尘源较固定的作业地点，如综采机组、皮带运输机等。泡沫除尘对降低呼吸粉尘效果显著，一般除尘率可达90%以上。

（4）个体防护。在采取防尘技术措施后，井下某些作业场所空气中的粉尘含量仍超过卫生标准，在这种情况下要采取个体防护。个体防护的用具主要有防尘口罩、防尘面罩、防尘呼吸器等。工人佩带这些用具后，既可以呼吸到净化后不含粉尘的空气又不影响正常操作。

7.5.5 改善工作面光照环境的措施

在综采工作面上，作业工人的视野中亮度不均匀，视野中目标和背景的亮度差与背景亮度之比较大，就会感到不舒适。由于环境亮度变暗或变亮，都会引起眼睛的适应性问题和相应的心理问题。这就要求我们采取必要的措施，改善综采工作面的照明条件，控制光污染，降低视觉疲劳。

7.5.5.1 改进照明

当前的综采工作面上只有矿灯照明，在矿灯照射外的地方过于黑暗，造成作业工人视野中目标和背景的亮度差别很大，使人眼多次经历从明处转入暗处的暗适应或从暗处转入明处的明适应，增加了视觉负担，造成视觉疲劳。要解决这个问题，就必须在综采工作面上重新布置光源和灯具，使综采工作面的照明分布均匀，满足最低照度均匀度的要求。其措施包括调整灯具的类型及其分布位置，调整光源。此外，还应该为操作人员提供个别照明调节的能力，使操作人员可以根据个人的视觉需要进行自主控制。增加高色温的冷色光给人以冷静沉稳的感觉，并且可以使视野变得较为宽阔，减轻心理上由于空间狭隘而产生的压抑感。

7.5.5.2 消除眩光

（1）合理安排照明光源的位置。一般来说，照明光源适宜布置在作业人员观察视线的上方。但是如果照明光源安装在操纵台上方位置过低就容易产生直射眩光，若安置在后上方位置过低就容易在综采设备上产生反射眩光。光线照射方向和强弱要合适，避免直射人的眼睛。人眼感觉到的眩光与光源的位置有很大关系，如图 7 - 12 所示，人的视线方向与光源的夹角越小，人眼所感觉到的眩光就越强。当视线方向与光源的夹角超过 60°时，人眼感觉到的眩光就非常微弱了。

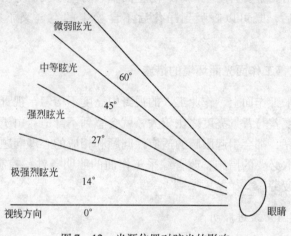

图 7 - 12　光源位置对眩光的影响

（2）合理控制光源亮度。在满足生产要求的前提下，合理控制光源的亮度。一般光源亮度控制在 16cd/cm² 以下，亮度大于 300cd/cm²，应该采用不透明的磨砂灯罩等方式控制光源的亮度。

（3）消除或减少反射眩光。在综采设备上使用涂层或者其他的表面处理措施降低镜面反射。

（4）控制亮度和对比度，防止由于亮度或对比度过高而引起眩光效应。

大部分眩光的干扰都可以通过对光源的重新布置解决。总的来说，工作面的照明光源应该安置得高一些，若能把照明光直接投向顶板，再经过顶板的漫反射，效果就会更好。由于井下工作环境限制，可以在液压支架上涂上漫反射涂料增加光的漫反射效果，来改善综采工作面的照明背景和照明均匀度，保证照明效果又不易造成视觉疲劳。还可以在综采设备上分高度地涂在黑暗中或微光状态下发亮的荧光涂料，如"9·11"中遭受袭击的世贸大楼中就采用这样的涂料，可以使作业人员在行进作业时无需低头，仅用余光就可以判断路面情况，便于集中注意力于综采生产。同时，将液压支架、割煤机等设备漆成白色，操作手柄或按钮呈其他较醒目的颜色，以改善视觉效果。

总之，照明充分体现"以人为本"，在满足生产需要的前提下，以人的视觉生理需求和心理感受为原则，达到照明的视觉功效、视觉安全、视觉舒适，提供有利于作业人员工作的光环境。

参 考 文 献

[1] 李铁磊. 煤矿井下环境对矿工工效与安全的影响. 人-机-环境系统工程研究进展（第一卷）. 北京：北京科学技术出版社，1993.

[2] 孙艳玲，桂祥友. 煤矿热害及其治理 [J]. 辽宁工程技术大学学报，2003，22：35~37.

[3] Berglund L G. Comfort and humidity [J]. ASHRAE, 1998, 40 (8).

[4] 陈晓春，王元. 热舒适、健康与环境 [J]. 暖通空调，2003，33（4）：55~57.

[5] 叶歆. 建筑热环境 [M]. 北京：清华大学出版社，1995.

[6] 陈安国. 矿井热害产生的原因、危害及防治措施 [J]. 中国安全科学学报，2004，14（8）：3~6.

[7] 韦冠俊. 矿山环境工程 [M]. 北京：冶金工业出版社，2001.

[8] 李金柱. 煤炭工业可持续发展的开发与利用 [M]. 北京：煤炭工业出版社，1989.

[9] 河南理工大学课题组. 事故致因的人、机、环境机理研究 [R]. 焦作：河南理工大学，2007.

[10] 陈毅然. 人机工程学 [M]. 北京：航空工业出版社，1990.

[11] 苗平. 湿空气对人体舒适性的影响 [J]. 洁净与空调技术，2003，4：13~16.

[12] 王春. 空气湿度对人体热舒适的影响 [J]. 暖通空调，2004，34（12）：43~45.

[13] 徐小林，李百成. 室内热环境对人体热舒适的影响 [J]. 重庆大学学报，2005，28（4）：102~105.

[14] 秦跃平，王林，程耀，等. 基于 GIS 的通风安全信息系统研究 [J]. 中国矿业，2003，12（11）：56~58.

[15] 纪秀玲，李国忠，戴自祝. 室内热环境舒适性的影响因素及预测评价研究进展 [J]. 卫生研究，2003，32（3）：295~299.

[16] 叶义华. 矿山井下噪声污染特点及噪声治理 [J]. 噪声与振动控制，1996，（1）：34~37.

[17] 李家华. 环境噪声控制 [M]. 北京：冶金工业出版社，2003.

[18] 刘照鹏. 煤矿综采工作面噪声的分析 [J]. 煤矿安全，2004，35（2）：30~33.

[19] 李晓平，赵阳. 生产性噪声的职业病危害分析 [J]. 职业卫生，2004，6：57～60.

[20] 赖树生，周志俊. 同时接触职业有害因素加重噪声的听力损害 [J]. 职业卫生与应急救援，2004，22（3）：139～141.

[21] 王涛，李庆元. 浅谈环境噪声的危害和控制 [J]. 内蒙古环境保护，2005，17（2）：32～33.

[22] 刘桥阳，张业明. 噪声的双重污染性分析 [J]. 云南环境科学，2005，24（增1）：18～19.

[23] 何凤生，王世俊，任引津. 中华职业医学 [M]. 北京：人民卫生出版社，1999，1025～1029.

[24] 张琳. 噪声对作业工人血压的影响 [J]. 职业卫生与应急救援，2004，22（3）：126～127.

[25] 崔博. 噪声对神经行为功能影响的研究进展 [J]. 解放军预防医学杂志，2004，22（5）：399～401.

[26] 梁贵生. 噪声与健康 [J]. 护理研究，2004，18（9）：1510～1511.

[27] 于翔，陈绍南. 发展我国呼吸防尘护具有效减少职业尘害 [C]. 第14届海峡两岸及香港、澳门地区职业安全健康学术研讨会暨中国职业安全健康协会2006年学术年会职业卫生论文集，2006：64～70.

[28] 路乘风，崔政斌. 防尘防毒技术 [M]. 北京：化学工业出版社，2004.

[29] 张殿印，张学义. 除尘技术手册 [M]. 北京：冶金工业出版社，2002.

[30] 孙艳玲，刘烟台，王德江. 煤矿采掘引起粉尘污染与防治 [J]. 辽宁工程技术大学学报，2002，21（4）：520～522.

[31] 时训先，蒋仲安，褚燕燕. 煤矿综采工作面防尘技术研究现状及趋势 [J]. 中国安全生产科学技术，2005，21（1）：41～43.

[32] 马莹. 对粉尘性质的探讨 [J]. 中国锰业，2005，23（1）：48～51.

[33] 李华炜. 煤矿呼吸性粉尘及其综合控制 [J]. 中国安全科学学报，2005，15（7）：67～69.

[34] 张书林. 粉尘的危害及环境健康效应 [J]. 佛山陶瓷，2003，（4）：37～38.

[35] 代群威，董发勤，邓建军，等. 矿物粉尘对人体体表微生态系统平衡影响研究 [J]. 中国矿业，2005，14（1）：34～37.

[36] Zimon A D. Adhesion of Dust and Power. 2nd ed [M]. New York : Consultants Bureau, 1982.

[37] 植建，林坚，谢永杰，等. 某煤矿井下粉尘作业工人10年健康动态观察报告 [J]. 广西预防医学，2005，11（1）：28～30.

[38] 刘秉慈. 人类确定致癌物石英的研究进展 [J]. 中华劳动卫生职业病杂志，2000，18（1）：60.

[39] 周炯亮. 新世纪毒理学研究的几个热点 [J]. 卫生毒理学杂志，2000，14（1）：3～5.

[40] 李翠霞, 李向红, 杨莉. 影响煤工尘肺病人减寿的因素分析 [J]. 广西医科大学学报, 2003, 20 (2): 197~198.

[41] 董雪玲. 大气可吸入颗粒物对环境和人体健康的危害 [J]. 资源·产业, 2004, 6 (5): 50~53.

[42] Costa D L. Particulate matter and cardiopulmonary health: a perspective [J]. Inhalation Toxicol, 2000 (12): 35~44.

[43] Zanobetti A, Gold D. Are there sensitive subgroups for the effects of airborne particles [J]. Envion Health Perspective, 2000, 108 (9): 841~845.

[44] 何平, 王道英, 耿秀萍, 等. 戈壁沙漠地区沙尘对作训人员的影响及分析 [J]. 解放军护理杂志, 2004, 21 (10): 23~24.

[45] 胡大林, 刘移民, 唐冬生, 等. 游离 SiO_2 环境污染与人红细胞膜脂质过氧化损伤 [J]. 中国公共卫生, 2005, 21 (10): 1273~1274.

[46] Swaine D J. Why trace elements are important [J]. Fuel Progressing Technology, 2000, 65~66: 21~23.

[47] 刘桂建, 郑刘根, 高连芬. 煤中某些有害微量元素与人体健康 [J]. 中国非金属矿工业导刊, 2004, 5: 78~80.

[48] 李振福. 城市光污染研究 [J]. 工业安全与保护, 2002, 28 (10): 23~25.

[49] 刘东民, 孙桂林. 安全人机工程学 [M]. 北京: 中国劳动出版社, 1993.

[50] 何学秋等. 安全工程学 [M]. 徐州: 中国矿业大学出版社, 2000.

[51] 黎明, 王笑京, 张纪生. 交通监控中心视觉疲劳因素研究 [J]. 城市交通, 2006, 4 (1): 74~77.

[52] 朱祖祥. 工业心理学 [M]. 台湾: 东华书局, 2001.

[53] 丁玉兰. 人机工程学 [M]. 北京: 北京理工大学出版社, 2004.

[54] 孙林岩. 人因工程 [M]. 北京: 中国科学技术出版社, 2005.

[55] 赵丽, 王俭, 杨华林. 运用电光特性对环境和建筑合理配光 [J]. 西安科技学院学报, 2004, 24 (1): 112~114.

[56] 周中平, 赵寿堂, 朱立, 等. 室内污染检测与控制 [M]. 北京: 化学工业出版社, 2002: 44~49.

[57] 周律, 张孟青. 环境物理学 [M]. 北京: 中国环境科学出版社, 2001: 126~171.

[58] 张宝杰, 乔英杰, 赵志伟, 等. 环境物理性污染控制 [M]. 北京: 化学工业出版社, 2003: 206~235.

[59] 郭伏. 人因工程学 [M]. 沈阳: 东北大学出版社, 2001.

[60] 王亚军. 光污染及其防治 [J]. 安全与环境学报, 2004, 4 (1): 56~58.

[61] 刘景立. 生态城市建设中的光污染问题 [J]. 灯与照明, 2003, 27 (1): 25~27.

[62] 崔元日. 防治光污染保护夜天空 [J]. 灯与照明, 2005, 29 (1): 1~3.

[63] 梁红山. 光污染对人体的危害及预防 [J]. 劳动医学, 2001, 18 (4): 243.

[64] 孟紫强. 环境毒理学 [M]. 北京: 中国环境科学出版社, 2000.

[65] 施惠平, 单宝荣. 急性一氧化碳中毒对人体危害的研究近况 [J]. 中国城乡企业卫生, 2005, (6): 26 ~ 28.

[66] 杨玉中. 煤矿运输事故影响因素的灰色关联分析 [J]. 煤矿安全, 1999, 30 (3): 42 ~ 45.

[67] Niu Guoqing. Grey Interrelated Analysis to Factors Affecting Production and Safety Systems of Mine, Progress in Safety Science and Technology, 2004. 10.

[68] 吴祈宗. 系统工程 [M]. 北京: 北京理工大学出版社, 2006.

[69] 杨玉中, 吴立云, 何俊, 等. 煤矿瓦斯重大灾害预警理论及应用 [M]. 北京: 北京师范大学出版社, 2010.

[70] 张延松. 煤矿井下主要噪声源及其控制技术 [J]. 噪声与振动控制, 1993, (6): 26 ~ 28.

8 综采工作面人－机－环境系统
安全性综合评价

8.1 安全性综合评价概述

在我们日常的生产和生活中，无论是产品质量的评级，还是科技成果的鉴定等等，都属于综合评价的范畴。所谓综合评价，就是对受到多种因素影响的事物或对象，作出一个总的评价。综合评价的结果可以为人们进行决策提供科学的依据[1]。

8.1.1 安全评价的目的

安全评价的目的是查找、分析和预测工程、系统存在的危险、有害因素及可能导致的危险、危害后果和程度，提出合理可行的安全对策措施，指导危险源监控和事故预防，以达到最低事故率、最少损失和最优的安全投资效益。安全评价要达到的目的包括以下四个方面[2]。

（1）促进实现本质安全化生产。通过安全评价，系统地从工程、系统设计、建设、运行等过程对事故和事故隐患进行科学分析，针对事故和事故隐患发生的各种可能原因事件和条件，提出消除危险的最佳技术措施方案，特别是从设计上采取相应措施，实现生产过程的本质安全化，做到即使发生误操作或设备故障，系统存在的危险因素也不会因此导致重大事故发生。

（2）实现全过程安全控制。在设计之前进行安全评价，可避免选用不安全的工艺流程和危险的原材料以及不合适的设备、设施，或当必须采用时，提出降低或消除危险的有效方法。设计之后进行的评价，可查出设计中的缺陷和不足，及早采取改进和预防措施。系统建成以后运行阶段进行的系统安全评价，可了解系统的现实危险性，为进一步采取降低危险性的措施提供依据。

（3）建立系统安全的最优方案，为决策者提供依据。通过安全评价，分析系统存在的危险源及其分布部位、数目，预测事故的概率和事故严重度，提出应采取的安全对策措施等，决策者可以根据评价结果选择系统安全最优方案和管理决策。

（4）为实现安全技术、安全管理的标准化和科学化创造条件。通过对设备、设施或系统在生产过程中的安全性是否符合有关技术标准、规范、相关规定的评价，对照技术标准、规范找出存在的问题和不足，以实现安全技术和安全管理的标准化、科学化。

8.1.2　安全评价的意义

安全评价的意义在于可有效地预防事故发生，减少财产损失以及人员伤亡和伤害。安全评价与日常安全管理和安全监督监察工作不同，安全评价是从技术带来的负效应出发，分析、论证和评估由此产生的损失和伤害的可能性、影响范围、严重程度及应采取的对策措施等。

（1）安全评价是安全生产管理的一个必要组成部分。"安全第一，预防为主，综合治理"是我国安全生产的基本方针，作为预测、预防事故重要手段的安全评价，在贯彻安全生产方针中有着十分重要的作用，通过安全评价可确认生产经营单位是否具备了安全生产条件。

（2）有助于政府安全监督管理部门对生产经营单位的安全生产实行宏观控制。安全评价工作，特别是安全预评价，将有效地提高工程安全设计的质量和投产后的安全可靠程度；投产时的安全验收评价，是根据国家有关技术标准、规范对设备、设施和系统进行符合性评价，提高安全达标水平；系统运转阶段的安全技术、安全管理、安全教育等方面的安全现状评价，可客观地对生产经营单位安全水平作出结论，使生产经营单位不仅了解可能存在的危险性，而且明确如何改进安全状况，同时也为安全监督管理部门了解生产经营单位安全生产现状、实施宏观控制提供基础资料。

（3）有助于安全投资的合理选择。安全评价不仅能确认系统的危险性，而且还能进一步考虑危险性发展为事故的可能性及事故造成损失的严重程度，进而计算事故造成的危害，即风险率，并以此说明系统危险可能造成负效益的大小，以便合理地选择控制、消除事故发生的措施，确定安全措施投资的多少，从而使安全投入和可能减少的负效益达到合理的平衡。

（4）有助于提高生产经营单位的安全管理水平。安全评价可以使生产经营单位的安全管理变事后处理为事先预测、预防。传统安全管理方法的特点是凭经验进行管理，多为事故发生后再进行处理的"事后过程"。通过安全评价，可以预先识别系统的危险性，分析生产经营单位的安全状况，全面地评价系统及各部分的危险程度和安全管理状况，促使生产经营单位达到规定的安全要求。

安全评价可以使生产经营单位的安全管理变纵向单一管理为全面系统管理。安全评价使生产经营单位所有部门都能按照要求认真评价本系统的安全状况，将安全管理范围扩大到生产经营单位各个部门、各个环节，使生产经营单位的安全管理实现全员、全面、全过程、全时空的系统化管理。

系统安全评价可以使生产经营单位的安全管理变经验管理为目标管理[3]。仅凭经验、主观意志和思想意识进行安全管理，没有统一的标准、目标；而安全评价可以使各部门、全体职工明确各自的安全指标要求，在明确的目标下，统一步调，分头进行，从而使安全管理工作做到科学化、统一化、标准化。

（5）有助于生产经营单位提高经济效益。安全预评价可减少项目建成后由于达不到安全的要求而引起的调整和返工建设；安全验收评价，可将一些潜在事故隐患在设施开工运行阶段消除；安全综合评价，可使生产经营单位较好地了解可能存在的危险并为安全管理提供依据。生产经营单位的安全生产水平的提高无疑可带来经济效益的提高。

8.1.3 系统安全评价的原理

系统安全评价的首要任务是探索和掌握系统安全的变化规律，并赋予其量的概念，然后才能据此评价系统安全状况、危险程度和采取必要的安全措施，以达到预期的安全目标。如何掌握这种变化规律和预测可能的结果，很重要的一点就是建立评价模型，并根据所取得的评价数据确定评价结果，给系统安全程度以量的表示。按照评价结果，决定应采取的措施。这些都需要在正确的评价原理指导下才能进行。安全评价基本原理主要包括以下内容。

8.1.3.1 相关原理

系统安全评价的对象是系统。系统有大有小，种类繁多，但其基本特征是一致的。所谓系统，是指由多元素组成的，元素间保持一定关系的，在一定条件下为某种目的而发挥作用的集合体。系统具有的显著特征之一是相关性。系统的总体功能是组成系统的各子系统、单元综合发挥作用的结果。因此，不仅系统与子系统、子系统与单元有着密切的关系，而且各子系统之间、各单元之间也存在着各种各样的相关关系。因此，要保证评价结果能够正确反映系统安全状况，必须明确系统各因素间的相关关系，建立科学的相关模型，并以此进行评价。

每个系统都有其自身的目标或目标体系，而构成系统的所有子系统、单元都是为这一目标或目标体系而共同发挥作用的，如何使系统达到最佳目标就是系统工程要解决的问题。根据这种理解，系统包括：

（1）系统要素集 X，即组成系统的所有元素；

（2）相关关系集 R，即构成系统的各元素间的所有相关关系；

（3）系统要素和相关关系的分布形式 C，即哪些元素彼此相关，哪些相关密切，相关形式属哪种类型等。要使系统达到最佳目标，就要使三者达到最优结合，产生最大输出 E，即

$$E = \max f(X, R, C)$$

而系统的最佳安全状态是在系统最大输出的情况下保证系统安全，即

$$S_{opt} = \max \{ S/E \}$$

因为安全系统终究是系统中的一个子系统，是为系统达到其最佳目标起保障作用的。而且，没有系统总体的发展也不会有安全系统的发展。

对系统安全评价来说，就是要寻求 X、R、C 的最安全的结合形

式，即具有最优结合效果 E 的结构形式及在 E 条件下保证安全的最佳系统。评价的目的就是寻求最佳运行状态下的最佳安全系统。

因此，在评价前要研究与系统安全有关的系统组成要素、要素间的相互关系以及它们在系统各层次中及层次间的分布情况。

要对系统作出准确的安全评价，必须对要素间以及要素与系统间的相关形式和相关程度建立量的关系。即说明哪个要素对系统安全有影响，是直接影响，还是间接影响；哪个对系统安全影响大，大到什么程度；彼此是线性相关，还是非线性相关；是正相关，还是负相关；等等，这些都要搞清楚。这就要在大量历史资料、事故情报的统计分析基础上得出相关模型，进而建立合理的安全评价模型，制定科学的安全评价标准。例如，对企业的安全性评价包括综合安全管理、设备设施的安全状况和环境安全状况三个方面的评价。在考虑安全评价模式和评价标准时，就要考虑三者对企业总体安全性的影响，也要考虑三者之间的相互影响；在考虑设备设施的安全评价时，就应当考虑各种设备设施的危险状况，确定其对企业总体安全性的影响程度；在对某一设备评价时，既要考虑该设备可能发生事故的概率，又要考虑事故损失严重度，而两者之间又表现为什么关系，等等。这些问题都是确定评价标准及评价方法时必须事先考虑的问题。通过确定其相关关系建立评价模型，确定评价内容和方法。

8.1.3.2 类推原理

一般对于具有相同特征的类似系统的安全评价以及评价数据的取得，往往采用类推原理。类推原理主要有以下几种[4]：

（1）平衡推算。它是根据因素间相互依存的平衡关系来推算所缺指标的方法。例如，利用海因利希法则：重伤（死亡）: 轻伤: 无伤害事故 $=1:29:300$，在已知重伤死亡总数的情况下，推算轻伤和无伤害事故的数据；利用事故的直接经济损失与间接经济损失的比例为 $1:4$ 的关系，从直接损失推算间接损失和事故总经济损失；利用事故经济损失约占国民生产总值的 2.5%，由国民生产总值推算国家事故损失等。

（2）代替推算。它是利用具有密切联系的或相似的有关资料、数据，代替或近似代替所缺资料、数据的方法。例如，对新建装置的安全评价，可用与其类似或相同的现有装置的有关资料、数据对其进行评价。

（3）因素推算。它是根据指标间的联系，从已知因素的数据推算未知指标数据的方法。例如，已知系统发生事故的概率 P 和事故损失严重度 S，就可以利用风险率 R 与 P、S 的关系，求得该系统的风险率 R。

（4）抽样推算。它是指根据抽样调查所取得的结果，推算总体特征的方法。这种方法是数理统计分析中常用的方法。它是以部分样本代表整个样本空间来对总体进行统计分析的。

（5）比例推算。根据社会经济现象的内在联系，从某一时期、地区、部门或单位的实际比例，推算另一类似时期、地区、部门或单位有关指标的方法。例如，已知全国冶金系统伤亡人数，可以按人数比例推算非冶金系统的冶金企业伤亡人数。某些发达的工业国家公布的各行业安全指标，也是由前几年统计的事故平均数，确定本年度标准值。

（6）概率推算。概率就是某一随机事件发生的可能性。任何随机事件，在一定条件下发生与否是有规律的，其发生概率是一客观存在的定值。因此，可以用概率来预测现在和未来系统发生事故的可能性大小。在损失严重度一定的情况下，以概率数值的大小来衡量系统的事故风险大小是很科学的。英国的安全评价就称为概率风险评价。美国的商用核电站风险评价报告也是采用概率推算的办法。

8.1.3.3　惯性原理

任何事物的发展都带有一定的延续性，这一特点称为惯性。惯性表现为趋势外推，如从一个单位或部门过去的事故统计资料，寻找出事故变化趋势，推测其未来状况。事故发展的惯性运动也受"外力"影响，使其"加速"或"减速"。例如，增加安全投资，采取安全措施，强化安全管理和安全教育，都可以看做是使事故发展减速的"外力"；相反，减少投资，不进行隐患整改，撤并安全机构，裁减安全技术人员，企业数量和职工人员的增加，削弱安全管理，等等，这些又都可以视为加速事故发展的"外力"。对于企业的安全评价则必须考虑这些"外力"因素的影响，其评价指标必须纳入评价模式。

8.1.3.4　概率推断原理

在一个系统中，由于危险、危害因素以及其他各种变量是呈随机形式变化的，而随机变化的不确定性就给评价工作带来了困难。为此，需要应用概率论和数理统计的方法求出随机事件出现各种状态的概率，然后再根据概率判断准则去推测评价对象的未来状态。在安全评价时，一般要对可能发生的几种结果分别给出概率。

8.1.4　安全评价的原则

安全评价是落实"安全第一，预防为主，综合治理"方针的重要技术保障，是安全生产监督管理的重要手段。安全评价工作以国家有关安全的方针、政策和法律、法规、标准为依据，运用定量和定性的方法对建设项目或生产经营单位存在的职业危险、有害因素进行识别、分析和评价，提出预防、控制、治理对策措施，为建设单位或生产经营单位减少事故发生的风险以及政府主管部门进行安全生产监督管理提供科学依据。

安全评价是关系到被评价项目能否符合国家规定的安全标准，能否保障劳动者安全与健康的关键性工作。由于这项工作不但具有较复杂的技术性，而且还有很强的政策性，因此，要做好这项工作，必须以被评价项目的具体情况为基础，以国家安全法规及有关技术标准为依据，用严肃的科学态度、认真负责的精神、强烈的责任感和事业心，全面、仔细、深入地开展和完成评价任务。系统安全评价时，应注意以下几点：

（1）不可能完全根除一切危害和危险。

（2）可能减少来自现有的危害和危险。

（3）宁可减少全面的危险而不是彻底根除几种选定的危险。

在安全评价工作中必须自始至终遵循合法性、科学性、公正性和针对性原则。

（1）合法性。安全评价是国家以法规形式确定下来的一种安全管理制度。安全评价机构和评价人员必须由国家安全生产监督管理部门予以资质核准和资格注册，只有取得了认可的单位才能依法进行安全评价工作。政策、法规、标准是安全评价的依据，政策性是安全评价工作的灵魂。所以，承担安全评价工作的单位必须在国家安全生产监督管理部门的指导、监督下严格执行国家及地方颁布的有关安全的方针、政策、法规和标准等；在具体评价过程中，全面、仔细、深入地剖析评价项目或生产经营单位在执行产业政策、安全生产和劳动保护政策等方面存在的问题，并且在评价过程中主动接受国家安全生产监督管理部门的指导、监督和检查，力争为项目决策、设计和安全运行提出符合政策、法规、标准要求的评价结论和建议，为安全生产监督管理提供科学依据。

（2）科学性。安全评价涉及学科范围广，影响因素复杂多变。安全预评价，在实现项目的本质安全上有预测、预防性；安全现状评价，在整个项目上具有全面的现实性；验收安全评价，在项目的可行性上具有较强的客观性；专项安全评价，在技术上具有较高的针对性。为保证安全评价能准确地反映被评价项目的客观实际和结论的正确性，在开展安全评价的全过程中，必须依据科学的方法、程序，以严谨的科学态度全面、准确、客观地进行工作，提出科学的对策措施，作出科学的结论。

危险、有害因素产生危险、危害后果需要一定条件和触发因素，要根据内在的客观规律分析危险、有害因素的种类、程度、产生的原因以及出现危险、危害的条件及其后果，才能为安全评价提供可靠的依据。

现有的评价方法均有其局限性。评价人员应全面、仔细、科学地分析各种评价方法的原理、特点、适用范围和使用条件，必要时，还应用几种评价方法进行评价，进行分析综合、互为补充、互相验证，提高评价的准确性，避免局限和失真；评价时，切忌生搬硬套、主观臆断、以偏概全。

从收集资料、调查分析、筛选评价因子、测试取样、数据处理、模式计算和权重值的给定，直至提出对策措施、作出评价结论与建议等，每个环节都必须用科学的方法和可靠的数据，按科学的工作程序一丝不苟地完成各项工作，努力在最大程度上保证评价结论的正确性和对策措施的合理性、可行性和可靠性。

受一系列不确定因素的影响，安全评价在一定程度上存在误差。评价结果是否准确直接影响到决策是否正确，安全设计是否完善，运行是否安全、可靠。因此，对评价结果进行验证十分重要。为不断提高安全评价的准确性，评价单位应有计划、有步骤地对同类装置、国内外的安全生产经验、相关事故案例和预防措施以及评价后的实际运行情况进行考察、分析、验证，利用建设项目建成后的事后评价进行验证，并运用统计方法对评价误差进行统计和分析，以便改进原有的评价方法和修正评价的参数，不断提高评价的准确性、科学性。

（3）公正性。评价结论是评价项目的决策依据、设计依据、能否安全运行的依据，也是国家安全生产监督管理部门在进行安全监督管理时的执法依据。因此，对于安全评价的每一项工作都要做到客观和公正，既要防止受评价人员主观因素的影响，又要排除外界因素的干扰，避免出现不合理、不公正。

评价的正确与否直接涉及被评价项目能否安全运行；涉及国家财产和声誉是否会受到破坏和影响；涉及被评价单位的财产是否受到损失，生产能否正常进行；涉及周围单位及居民是否受到影响；涉及被评价单位职工乃至周围居民的安全和健康。因此，评价单位和评价人员必须严肃、认真、实事求是地进行公正的评价。

安全评价有时会涉及一些部门、集团、个人的某些利益。因此，在评价时，必须以国家和劳动者的总体利益为重，要充分考虑劳动者在劳动过程中的安全与健康，要依据有关标准法规和经济技术的可行性提出明确的要求和建议。评价结论和建议不能模棱两可、含糊其辞。

（4）针对性。进行安全评价时，首先应针对被评价项目的实际情况和特征，收集有关资料，对系统进行全面的分析；其次要对众多的危险、有害因素及单元进行筛选，对主要的危险、有害因素及重要单元应进行有针对性的重点评价，并辅以重大事故后果和典型案例进行分析、评价；由于各类评价方法都有特定适用范围和使用条件，要有针对性地选用评价方法；最后要从实际的经济、技术条件出发，提出有针对性的、操作性强的对策措施，对被评价项目作出客观、公正的评价结论。

8.1.5 安全评价的程序

安全评价程序主要包括：准备阶段，危险、有害因素识别与分析，定性定量评价，提出安全对策措施，形成安全评价结论及建议，编制安全评价报告，如图 8－1 所示。

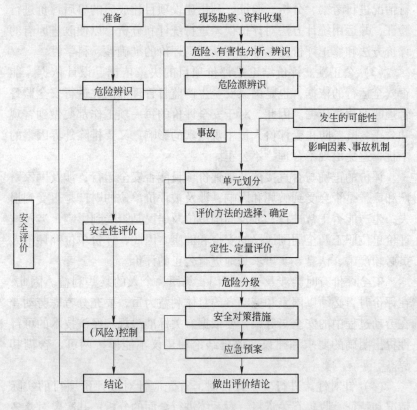

图 8－1 安全评价的基本程序

（1）准备阶段。明确被评价对象和范围，收集国内外相关法律法规、技术标准及工程、系统的技术资料。

（2）危险、有害因素识别与分析。根据被评价的工程、系统的情况，识别和分析危险、有害因素存在的部位、存在的方式、事故发生的途径及其变化的规律。

（3）定性、定量评价。在危险、有害因素识别和分析的基础上，划分评价单元，选择合理的评价方法，对工程、系统发生事故的可能性和严重程度进行定性、定量评价。

（4）安全对策措施。根据定性、定量评价结果，提出消除或减弱危险、有害因素的技术和管理措施及建议。

（5）评价结论及建议。简要地列出主要危险、有害因素的评价结果，指出工程、系统应重点防范的重大危险因素，明确生产经营者应重视的重要安全措施。

（6）安全评价报告的编制。依据安全评价的结果编制相应的安全评价报告。

8.1.6 安全评价的内容

安全评价应解决两类问题：第一类是确认新建和改扩建项目中存在的危险因素的危险性，以便采取适当地降低危险性的措施；另一类是对现有生产工艺、设备状况、环境条件、人员素质和管理水平进行全面衡量，评价其安全可靠性。

系统安全评价的根本问题是确定安全与危险的界限，分析危险因素的危险程度，采取降低危险性的措施，寻求危险与危险控制的平衡。

系统安全评价的内容如图8-2所示[3]，它由两个相互关联的步骤组成：第一步是危险性的确认，在评价安全性之前，必须确认系统的危险性，并尽可能有量的概念；第二步是根据危险的影响范围和社会公认的安全指标对危险性进行具体评价，并采取措施消除或降低系统的危险性，使其达到允许的范围。所以，系统安全评价是一项综合性的工作。

8.1.7 安全评价的限制因素

根据经验和预测技术、方法进行的安全评价，在理论和实践上都还存在很多限制，应该认识到在安全评价结果的基础上作出的安全管

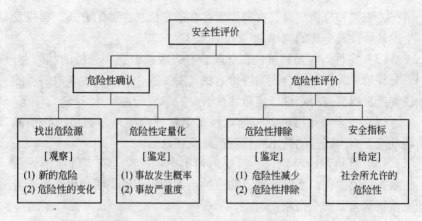

图 8 – 2　系统安全评价的内容

理决策的质量，与对被评价对象的了解程度、对危险可能导致事故的认识程度和采用安全评价方法的准确性等有关。安全评价存在的限制因素主要来自以下两个方面。

（1）评价方法。安全评价方法多种多样，各有其适用对象，各有其优缺点，各有其局限性。例如，许多评价方法是利用过去发生过的事件的概率和危害程度作出推断，而这些事件往往是高风险事件，高风险事件通常发生概率很小，概率值误差很大，如果利用高风险事件概率和危险度预测低风险事件概率和危险度很可能会得出不符合实际的判断。又如，在利用定量评价方法计算绝对风险度时，选取的事件的发生频率和事故严重度的基准标准不准，得出的结果可能会有高达数倍的不准确性，另外，方法的误用也会导致错误的评价结果。

（2）评价人员的素质和经验。许多安全评价结论具有高度主观的性质，评价结果与假设条件密切相关。不同的评价人员使用相同的资料评价同一个对象，可能会由于评价人员的业务素质不同，而得出不同的结果。只有训练有素且经验丰富的安全评价从业人员，才能得心应手地使用各种安全评价方法辅以丰富的经验，得出正确的评价结论。

由于许多事故在评价前并未发生过，安全评价采用定性方法来确定潜在事故的危险性，依靠评价人员个人或集体的智慧来判断可能导致事故的原因及其产生的后果，评价结果的可靠性往往与评价人员的技术素质和经验相关。

8.1.8 系统安全评价应注意的问题

进行系统安全评价时，应注意以下事项：

（1）反映危险性的参数必须考虑全面，不仅应包括物质的一面，而且还要包括社会的一面，例如操作人员的素质不同，会给安全性带来很大的影响。社会、家庭又会影响人的心理状态，在评价时不能忽略这一点。

（2）所用的比较参数，必须确实能用数值反映危险性及其尺度。一般来说，这类参数系指能代表火灾、爆炸和剧毒等危险性的数值。工作地点不良的劳动条件，虽然也能影响操作人员的身体健康，但不致酿成恶性事故，故不包括在内。

（3）评价的结果，应该用综合性的单一数字表达。由于评价时要考虑多方面因素，才能真实地反映安全性的情况，但评价时又不能把诸因素逐个进行比较，由于这样做不会得到有意义的结果，所以只能进行综合评定，用单一的数字表示综合的危险性。为此，必须弄清楚各个参数相互间的关系，并且能用数学模型来表示它们的综合作用。

（4）表示危险性参数的取值范围不应过大，否则使用者会感到无所依从，给推广带来困难。

（5）评价的过程、条理和次序应该清楚，以便用不同的参数进行替换。

（6）计算的方法应力求简单，由于安全评价需反复进行，若太复杂就会增大工程量，加大评价成本。

综上所述，完全满足评价的各项要求是比较困难的，这是因为每一项要求均有不同程度的难点。目前，这项技术正处于开拓和发展阶段。

8.1.9 安全评价的发展概况

8.1.9.1 国外安全评价概况

安全评价技术起源于20世纪30年代，是随着保险业的发展需要而发展起来的。保险公司为客户承担各种风险，必然要收取一定的费用，而收取的费用多少是由所承担的风险大小决定的。因此，就产生了一个衡量风险程度的问题，这个衡量风险程度的过程就是当时的美国保险协会所从事的风险评价。

安全评价技术在 20 世纪 60 年代得到了很大的发展，首先使用于美国军事工业。1962 年 4 月美国公布了第一个有关系统安全的说明书"空军弹道导弹系统安全工程"，以此作为对民兵式导弹计划有关的承包商提出的系统安全的要求，这是系统安全理论的首次实际应用。1969 年美国国防部批准颁布了最具有代表性的系统安全军事标准《系统安全大纲要点》（MIL－STD－822），对完成系统在安全方面的目标、计划和手段，包括设计、措施和评价，提出了具体要求和程序，此项标准于 1977 年修订为 MIL－STD－822A，1984 年又修订为 MIL－STD－822B，该标准对系统整个寿命周期中的安全要求、安全工作项目都作了具体规定。我国于 1990 年 10 月由国防科学技术工业委员会批准发布了类似美国军用标准 MIL－STD－822B 的军用标准《系统安全性通用大纲》（GJB 900—1990）。MIL－STD－822 系统安全标准从一开始实施，就对世界安全和防火领域产生了巨大影响，迅速为日本、英国和欧洲其他国家引进使用。此后，系统安全工程方法陆续推广到航空、航天、核工业、石油、化工等领域，并不断发展、完善，成为现代系统安全工程的一种新的理论、方法体系，在当今安全科学中占有非常重要的地位。

系统安全工程的发展和应用，为预测、预防事故的系统安全评价奠定了可靠的基础。安全评价的现实作用又促使许多国家政府、生产经营单位加强对安全评价的研究，开发自己的评价方法，对系统进行事先、事后的评价，分析、预测系统的安全可靠性，努力避免不必要的损失。

1964 年美国道（Dow）化学公司根据化工生产的特点，首先开发出"火灾、爆炸危险指数评价法"，用于对化工装置的安全评价，该法已修订 6 次，1993 年已发展到第七版。它是以单元重要危险物质在标准状态下的火灾、爆炸或释放出危险性潜在能量大小为基础，同时考虑工艺过程的危险性，计算单元火灾爆炸危险指数（F&EI），确定危险等级，并提出安全对策措施，使危险降低到人们可以接受的程度。由于该评价方法日趋科学、合理、切合实际，所以在世界工业界得到了一定程度的应用，引起各国的广泛研究、探讨，推动了评价方法的发展。1974 年英国帝国化学公司（ICI）蒙德（Mond）部在道化学公司评价方法的基础上引进了毒性概念，并发展了某些补偿系数，提出了"蒙德火灾、爆炸、毒性指标评价法"。1975 年 10 月美国原子能委员会在没有核电站事故先例的情况下，应用系统安全工程分析方法，提出了著名的《反应堆安全研究：美国核动力厂事故风险评价》（WASH－1400），并被以后发生的核电站事故所证实。1976 年日本劳动省颁布了"化工厂安全评价六阶段法"，该法采用了一整套系统安全工程的综合分析和评价方法，使化工厂的安全性在规划、设计阶段就能得到充分的保证，并陆续开发了匹田法等评价方法。由于安全评价技术的发展，安全评价已在现代生产经营单位管理中占有优先的地位。

由于安全评价在减少事故特别是重大恶性事故方面取得了巨大效益，许多国家政府和生产经营单位愿意投入巨额资金进行安全评价。美国原子能委员会 1975 年发表的《反应堆安全研究：美国核动力厂事故风险评价》就用了 70 人/年的工作量，耗资 300 万美元，相当于建造一座 1000MW 核电站投资的百分之一。据统计美国各公司共雇佣了 3000 名左右的风险专业评价和管理人员。美国、加拿大等国就有 50 余家专门进行安全评价的"安全评价咨询公司"，且业务繁忙。当前，大多数工业发达国家已将安全评价作为工厂设计和选址、系统设计、工艺过程、事故预防措施及制订应急计划的重要依据。近年来，为了适应安全评价的需要，世界各国开发了包括危险辨识、事故后果模型、事故频率分析、综合危险定量分析等内容的商用化安全评价计算机软件包。随着信息处理技术和事故预防技术的进步，新的实用安全评价软件不断地进入市场。计算机安全评价软件包可以帮助人们找出导致事故发生的主要原因，认识潜在事故的严重程度，并确定降低危险的方法。

另一方面，20 世纪 70 年代以后，世界范围内发生了许多震惊世界的火灾、爆炸、有毒物质的泄漏事故。例如：1974 年 6 月 1 日，英国林肯郡弗利克斯堡的一家化工厂发生的环己烷蒸气爆炸事故，死亡 28 人，受伤 109 人，直接经济损失达 700 万美元；1975 年荷兰国营矿业公司 10 万吨乙烯装置中的烃类气体逸出，发生蒸气爆炸，死亡 14 人，受伤 106 人，毁坏大部分设备；1978 年 7 月 11 日 14 时 30 分，西班牙巴塞罗那市和巴来西亚市之间的双轨环形线的 340 号通道上，一辆满载丙烷的槽车因充装过量发生爆炸，当时正有 800 多人在风景区度假，烈火浓烟造成 150 人被烧死，120 多人被烧伤，100 多辆汽车和 14 幢建筑物被烧毁的惨剧；1984 年 11 月 19 日墨西哥城液化石油气供应中心站发生爆炸，事故中约有 490 人死亡，4000 多人受伤，另有 900 多人失踪，供应站内所有设施毁损殆尽；1988 年 7 月 6 日晚 9 时 31 分，英国北海石油平台因天然气压缩间发生大量泄漏引起大爆炸，在平台上工作的 230 余名工作人员只有 67 人幸免于难，使英国北海油田减产 12%；1984 年 12 月 3 日凌晨印度博帕尔农药厂发生一起异氰酸甲酯泄漏的恶性中毒事故，有几千人中毒死亡，20 余万人中毒，深受其害，是世界上的大惨案。我国近年也曾发生过火灾、爆炸、毒物泄漏等重大事故。如：1994 年 12 月 8 日新疆克拉玛依友谊馆发生特大火灾，死亡 325 人，受伤住院 130 人；2000 年 12 月 25 日，河南省洛阳市老城区的东都商厦发生特大火灾，造成 309 人丧生，火灾造成直接经济损失 273 万多元；2005 年 2 月 14 日 15 时 01 分，辽宁省阜新矿业（集团）有限责任公司孙家湾煤矿海州立井发生特别重大瓦斯爆炸事故，造成 214 人死亡，30 人受伤，直接经济损失 4968.9 万元。

　　恶性事故造成的人员严重伤亡和巨大的财产损失，促使各国政府、议会立法或颁布规定，规定工程项目、技术开发项目都必须进行安全评价并对安全设计提出明确的要求。日本《劳动安全卫生法》规定由劳动基准监督署对建设项目实行事先审查和许可证制度；美国对重要工程项目的竣工、投产都要求进行安全评价；英国政府规定，凡未进行安全评价的新建生产经营单位不准开工；欧洲共同体（以下简称"欧共体"）1982 年颁布《关于工业活动中重大危险源的指令》，欧共体成员国陆续制定了相应的法律；国际劳工组织（ILO）也先后公布了 1988 年的《重大事故控制指南》、1990 年的《重大工业事故预防实用规程》和 1992 年的《工作中安全使用化学品实用规程》，对安全评价提出了要求。2002 年欧盟未来化学品白皮书中，明确危险化学品的登记注册及风险评价，将其作为政府的强制性指令。

8.1.9.2　我国安全评价概况

20 世纪 80 年代初期，安全系统工程引入我国，受到许多大中型生产经营单位和行业管理部门的高度重视。通过吸收、消化国外安全检查表和安全分析方法，机械、冶金、化工、航空、航天、煤炭等行业的有关生产经营单位开始应用安全分析评价方法，如安全检查表（Safety Check List，SCL）、事故树分析（Fault Tree Analysis，FTA）、故障模式和影响分析（Failure Mode and Effect Analysis，FMEA）、事件树分析（Event Tree Analysis，ETA）、预先危险性分析（Preliminary Hazard Analysis，PHA）、危险与可操作性研究（Hazard and Operability Studie，HAZOP）、作业条件危险性评价（Labor Environment Condition，LEC）等，有许多生产经营单位将安全检查表和事故树分析法应用到生产班组和操作岗位。此外，一些石油、化工等易燃、易爆危险比较大的生产经营单位，应用道化学公司火灾、爆炸危险指数评价方法进行了安全评价，许多行业和地方政府有关部门制定了安全检查表和安全评价标准。

为推动和促进安全评价方法在我国生产经营单位安全管理中的实践和应用，1986 年劳动人事部分别向有关科研单位下达了机械工厂危险程度分级、化工厂危险程度分级、冶金工厂危险程度分级等科研项目。

1987 年机械电子部首先提出了在机械行业内开展机械工厂安全评价，并于 1988 年 1 月 1 日颁布了第一个部颁安全评价标准《机械工厂安全性评价标准》，1997 年进行了修订，并颁布了修订版。该标准的颁布执行，标志着我国机械工业安全管理工作进入了一个新的阶段，修订版则更贴近国家最新安全技术标准，覆盖面更宽，指导性和可操作性更强，计分更趋合理。机械工厂安全性评价标准分为两部分：一是危险程度分级，通过对机械行业 1000 多家重点生产经营单位 30 余年事故统计分析结果，用 18 种设备（设施）及物品的拥有量来衡量生产经营单位固有的危险程度并将其作为划分危险等级的基础；二是机械工厂安全性评价，包括综合管理评价、危险性评价、作业环境评价三个方面，主要评价生产经营单位安全管理绩效，方法是采用了以安全检查表为基础，打分赋值的评价方法。

由原化工部劳动保护研究所提出的化工厂危险程度分级方法，是在吸收道化学公司火灾、爆炸危险指数评价方法的基础上，通过计算物质指数、物量指数和工艺参数、设备系数、厂房系数、安全系数、环境系数等，得出工厂的固有危险指数进行固有危险性分级，用工厂安全管理的等级修正工厂固有危险等级后，得出工厂的危险等级。

《机械工厂安全性评价标准》已应用于我国 1000 多家生产经营单位，化工厂危险程度分级方法和冶金工厂危险程度分级方法等也在相应行业的几十家生产经营单位进行了实践。此外，我国有关部门还颁布了《石化生产经营单位安全性综合评价办法》、《电子生产经营单位安全性评价标准》、《航空航天工业工厂安全评价规程》、《兵器工业机械工厂安全性评价方法和标准》、《医药工业生产经营单位安全性评价通则》等。

1991 年国家"八五"科技攻关课题将安全评价方法研究列为重点攻关项目。由劳动部劳动保护科学研究所等单位完成的"易燃、易爆、有毒重大危险源识别、评价技术研究"，将重大危险源评价分为固有危险性评价和现实危险性评价。后者是在前者的基础上考虑各种控制因素，反映了人对控制事故发生和事故后果扩大的主观能动作用。固有危险性评价主要反映物质的固有特性、危险物质生产过程的特点和危险单元内、外部环境状况，分为事故易发性评价和事故严重度评价。事故易发性取决于危险物质事故易发性与工艺过程危险性的耦合。易燃、易爆、有毒重大危险源的识别、评价方法，填补了我国跨行业重大危险源评价方法的空白，在事故严重度评价中建立了伤害模型库，采用了定量的计算方法，使我国工业安全评价方法的研究初步从定性评价进入定量评价阶段。

与此同时，安全预评价工作在建设项目"三同时"工作向纵深发展的过程中开展起来。1988 年国内一些较早实施建设项目"三同时"的省、市，根据劳动部［1988］48 号文的有关规定，在借鉴国外安全性分析、评价方法的基础上，开始了建设项目安全预评价实践。经过几年的实践，在初步取得经验的基础上，1996 年 10 月劳动部颁发了第 3 号令，规定六类建设项目必须进行劳动安全卫生预评价。预评价是根据建设项目的可行性研究报告内容，运用科学的评价方法，分析和预测该建设项目存在的职业危险、有害因素的种类和危险、危害程度，提出合理可行的安全技术和管理对策，作为该建设项目初步设计中安全技术设计和安全管理、监察的主要依据。与之配套的规章、标准还有劳动部的第 10 号令、第 11 号令和部颁标准《建设项目（工程）劳动安全卫生预评价导则》（LD/T 106—1998）。这些法规和标准对进行预评价的阶段、预评价承担单位的资质、预评价程序、预评价大纲和报告的主要内容等方面作了详细的规定，规范和促进了建设项目安全预评价工作的开展。我国加入世界贸易组织以后，制定的标准与国际标准趋向同一性，建立在高技术含量基础上的政府决策、越来越大的社会评价需求，将对安全评价和安全中介组织的发展提出更新、更高的要求。

2002 年 6 月 29 日中华人民共和国第 70 号主席令颁布了《中华人民共和国安全生产法》，规定生产经营单位的建设项目必须实施"三同时"，同时还规定矿山建设项目和用于生产、储存危险物品的建设项目应进行安全条件论证和安全评价。2002 年 1 月 9 日中华人民共和国国务院令第 344 号发布了《危险化学品安全管理条例》，在规定了对危险化学品各环节管理和监督办法等的同时，第十七条提出了"生产、储存、使用剧毒化学品的单位，应当对本单位的生产、储存装置每年进行一次安全评价；生产、储存、使用其他危险化学品的单位，应当对本单位的生产、储存装置每两年进行一次安全评价"的要求。《中华人民共和国安全生产法》和《危险化学品安全管理条例》的颁布，必将进一步推动安全评价工作向更广、更深的方向发展。

国务院机构改革后，国家安全生产监督管理总局重申要继续做好建设项目安全预评价、安全验收评价、安全现状评价及专项安全评价。2004 年 10 月 20 日，国家安全生产监督管理局发布了《安全评价机构管理规定》，并陆续颁布了一系列配套的办法和工作规则，对安全评价机构及其从业人员的条件、责任、权利、义务和行为准则作出了详尽的具体规定。2007 年 1 月 4 日，国家安全生产监督管理总局发布了《安全评价通则》（AQ8001—2007）、《安全预评价导则》（AQ8002—2007）、《安全验收评价导则》（AQ8003—2007），于 2007 年 4 月 1 日开始实施。通过安全评价人员培训班和专项安全评价培训班、对全国安全评价从业人员进行培训和资格认定，使得安全评价更加有章可依，从业人员素质大大提高，为新形势下的安全评价工作提供了技术和质量保证。

尽管国内外已研究开发出几十种安全评价方法和商业化的安全评价软件包，但由于安全评价不仅涉及自然科学，而且涉及管理学、逻辑学、心理学等社会科学的相关知识，另外，安全评价指标及其权值的选取与生产技术水平、安全管理水平、生产者和管理者的素质以及社会和文化背景等因素密切相关，因此，每种评价方法都有一定的适用范围和限度。定性评价方法主要依靠经验判断，不同类型评价对象的评价结果没有可比性。美国道化学公司开发的火灾、爆炸危险指数评价法，主要用于评价规划和运行的石油、化工生产经营单位生产、贮存装置的火灾、爆炸危险性，该方法在指标选取和参数确定等方面还存在缺陷。概率风险评价方法以人机系统可靠性分析为基础，要求具备评价对象的元部件和子系统以及人的可靠性数据库和相关的事故后果伤害模型。定量安全评价方法的完善，还需进一步研究各类事故后果模型、事故经济损失评价方法、事故对生态环境影响评价方法、人的行为安全性评价方法以及不同行业可接受的风险标准等。

目前，国外现有的安全评价方法适用于评价危险装置或单元发生事故的可能性和事故后果的严重程度；国内研究开发的机械工厂安全性评价方法标准、化工厂危险程度分级、冶金工厂危险程度分级等方法，主要用于同行业生产经营单位的安全评价。

8.2   安全性综合评价的定性方法

安全评价方法现在在国内外已经提出并应用的不少于几十种，几乎每种方法都有较强的针对性。也就是说由于评价对象的多样性，因而也就提出许多种评价方法，综合分析这些方法，可以分成两类：一种是按评价指标的量化程度分为定性方法、定量方法以及定性与定量相结合的方法；另一种是按评价对象进行整合，如物质产品、设备安全评价法（如指数法等），安全管理评价法，系统安全综合评价法。

8.2.1 检查表式安全评价法

安全检查表既是一种系统安全分析方法，又是一种系统安全评价方法。用安全检查表进行系统安全评价，目前已在国内广泛采用。为了使评价工作最终取得系统安全程度方面量的概念，开发了许多行之有效的评价计值方法。

8.2.1.1 逐项赋值法

这种方法应用范围很大，我国初期的安全评价均采用这种方法。机械工业部《机械工厂安全评价标准》就是典型的逐项赋值法。

它是针对安全评价检查表的每项检查内容，按其重要程度不同，由专家讨论赋予一定的分值。评价时，单项检查完全合格者给满分，部分合格者按标准规定给分，完全不合格者记 0 分。这样，逐条逐项检查评分，最后累计所有各项得分，取得系统评价总分。根据标准规定，确定系统安全评价等级。

关于单项评价计分方法，菲利浦公司的消防评价标准直接给出了三个评分系列：0—1—2—3；0—1—3—5 和 0—1—5—7。分别表示完全不合格、基本不合格、基本合格、完全合格的给分标准。

8.2.1.2 加权平均法

这种评价方法是把企业或某一较复杂的大系统的评价，按评价内容分成若干评价表，所有评价表不管评价条款的多少，均按统一计分制分别评价计分。按照各评价表的评价内容对企业或系统安全的影响大小，分别赋予权重系数（一般，各评价表的权重系数之和为 1）。实际评价中，以各评价表评价所得的分值，分别乘以各自的权重系数，求和，就可得到该企业或该系统的安全评价结果。即：

$$m = \sum_{i=1}^{n} k_i m_i \qquad (8-1)$$

式中　m——企业或系统安全评价结果值；

　　　m_i——按某一评价表评价的实测值；

　　　k_i——某一评价表评价计值的权重系数；

　　　n——评价表的个数；

　　　i——评价表的序数。

取得 m 值，就可按评价标准规定确定企业或系统的安全等级。

例如，为某煤矿企业制订的安全评价标准，按评价范围确定了 10 个评价表，分别是：矿长决策评价表、分级管理分线负责制评价表、五种机械五种电动工具评价表、设备安全评价表、区域管理评价表、尘毒治理评价表、教育培训评价表、消防安全评价表、隐患整改评价表、事故指标及事故处理评价表。均采用 100 分制。各表权重系数分别为：0.1，0.1，0.07，0.08，0.05，0.1，0.1，0.05，0.15，0.2。按以上 10 个表对某企业进行评价的结果分别为：100，85，90，94，60，80，80，70，65，80。按式（8-1），该企业安全评价值为

$$m = 0.1 \times 100 + 0.1 \times 85 + 0.07 \times 90 + 0.08 \times 94 + 0.05 \times 60 +$$
$$0.1 \times 80 + 0.1 \times 80 + 0.05 \times 70 + 0.15 \times 65 + 0.2 \times 80 = 80.57$$

若标准规定 80 分以上为安全级，则该矿应评为安全级企业。

加权平均法的权重系数的确定，可采用因素比较法或专家评分法。

8.2.1.3　评价等级加权法

该法是把安全检查表的所有评价项目都视为同等重要。对检查表中的所有检查项目都按标准分别给以优、良、可、劣，或可靠、基本可靠、基本不可靠、不可靠等定性的评定等级。同时赋予不同的定性评定等级以相应的权重，累计求和，取得实际评价值。即

$$S = \sum f_i g_i \qquad (8-2)$$

式中　S——安全评价值；

　　　f_i——评价等级的权重；

　　　g_i——取得某一评价等级的项数。

例如，评价某煤矿安全状况所用的安全检查表共 150 项，按优、良、可、劣评价各项。四个等级的权重依次为 3，2，1，0，评价结

果为：78 项为优，55 项为良，15 项为可，2 项为劣。按式（8-2），评价结果为

$$S = 3 \times 78 + 2 \times 55 + 1 \times 15 + 0 \times 2 = 359$$

根据评价标准确定煤矿的安全评价等级。

8.2.1.4 单项否定计分法

这种评价计分法适用于系统比较复杂、危险点较多、危险性较大的系统安全评价。这时安全评价检查表可以把主要危险列出若干项。评价时只要有一项评价不合格，则认为整个系统安全评价不合格。例如，对锅炉、起重设备、飞机、核设施等系统的安全评价，就可以采用这种评价计分法。

上述四种评价计值法在我国都有一定的应用范围。其中，以逐项赋值法最为简单，应用范围较广。加权平均法的系统性，科学性较强，便于企业按工作范围分别进行评价。评价等级加权法的前提条件是所有评价项目的重要程度相同。单项否定计分法则只适用危险点多，危险性大的系统安全评价。

8.2.2 作业危险条件评价法

作业条件危险性评价是评价人们从事某种作业的危险性评价方法。该法简便易行，已在许多单位取得良好的效果。它特别适用于一个单位的危险点普查，进行危险点分级管理，是控制重大事故的有效途径。

作业条件危险性评价是以系统风险率评价为基础的。众所周知，作业条件危险性大小，取决于三个因素：

L——发生事故的可能性大小；

E——人体暴露在这种危险环境中的频繁程度；

C——一旦发生事故造成人员伤害的严重程度。

但是，要取得这三种因素影响程度的准确数据，却是相当繁琐的过程。为了简化评价过程，采取了评估指标值的办法，给三种影响因素分成若干等级，并赋予适当的指标值。然后，以三个指标值的乘积 D 来评价危险性的大小，即

$$D = LEC \qquad (8-3)$$

D 值大，说明作业条件危险性大，就要采取安全措施，以改变发生事故的可能性，或减少人体暴露的频繁程度，或减轻事故的损失，直至调整到允许的范围。

三种影响因素的不同等级、取值标准，以及危险等级的划分，如表 8 – 1 ~ 表 8 – 4 所示。

表 8 – 1　发生事故的可能性指标值 (L)

L	发生事故的可能性
10	完全可以预料
6	相当可能
3	可能，但不经常
1	可能性小，完全意外
0.5	很不可能，可以设想
0.2	极不可能
0.1	实际不可能

表 8 – 2　暴露于危险环境的频繁程度指标值 (E)

E	暴露的频繁程度
10	连续暴露
6	每天工作时间的暴露
3	每周一次，或偶然暴露
2	每月一次暴露
1	每年几次暴露
0.5	非常罕见的暴露

表 8 – 3　发生事故产生的伤害后果指标值 (C)

C	伤害后果
100	大灾难，许多人死亡
40	灾难，数人死亡
15	非常严重，1 人死亡
7	严重，重伤
3	重大，致残
1	引人注目，需要救护

表8-4 危险等级划分（D）

D	危 险 程 度
>320	极其危险，不能继续作业
160~320	高度危险，要立即整改
70~160	显著危险，需要整改
20~70	一般危险，需要注意
20	稍有危险，可以接受

对于任何有人作业的具体系统都可以按照实际情况选取三种影响因素的指标值，然后按照式（8-3）计算 D 值，根据 D 值大小，可以评价系统的危险程度高低，采取恰当的措施。

例如，某外资企业生产某种品牌的电扇，购置了一种无安全装置的冲压设备，生产过程中发生多起冲手事故。厂方并未因此而对该设备进行改造，采取措施，致使事故仍时有发生。按以往发生事故情况看，一般为压掉手指，最严重的伤害是把整个一只手压掉，但还不致使受伤害者死亡。为了评价这一操作条件的危险性，分别确定三种因素的指标值：

事故发生的可能性 L。对于这种情况，事故发生属"相当可能"，其指标值 $L=6$；

暴露于危险环境的频繁程度 E。工人每天都在这样条件下操作，其指标值 $E=6$；

发生事故产生的伤害后果 C。可能后果处于"重大，致残"和"严重，重伤"之间，其指标值 $C=5$。按式（8-3）得

$$D = 6 \times 6 \times 5 = 180$$

180 处于 160~320 之间，危险等级为"高度危险，需立即整改"的范畴。

这样，就可以对一个企业的所有危险点进行逐个评价。从而掌握各危险点的危险等级及其分布情况，便于分级管理。

问题在于三种因素中事故发生的可能性只有定性的概念，没有定量的标准。如果由多人同时对不同的危险点分别进行评价，很可能产生因人而异的结果，影响评价结果的可比性。对此，各使用单位不妨

在开始之前, 明确确定其定量的取值标准。如,"完全可以预料"是平均多长时间发生一次:"相当可能"为多长时间一次, 等等。这样, 就可以按统一标准评价企业各种作业条件的危险程度。

8.2.3　MES 评价法

MES(Measurement Exposure Sequence)评价法将风险程度 (R) 表示为 $R = LS$, 其中 L 表示事故发生的可能性, S 表示事故后果。人身伤害事故发生的可能性主要取决于人体暴露于危险环境的概率 E 和控制措施的状态 M。对于单纯的财产损失事故, 不必考虑暴露问题, 只考虑控制措施的状态 M。方法程序如图 8 – 3 所示。

MES 评价法的适用范围很广, 不受专业的限制, 可以看做是它对 LEC 评价方法的改进。

8.2.4　MLS 评价法

该法由中国地质大学马孝春博士设计, 是对 MES 和 LEC 评价方法的进一步改进[5]。经过与 LEC、MES 法的对比, 该方法的评价结果更贴近于真实情况。该方法的计算式为

$$R = \sum_{i=1}^{n} M_i L_i (S_{i1} + S_{i2} + S_{i3} + S_{i4})$$

式中　R——危险源的评价结果, 即风险, 无量纲;

　　　n——危险因素的个数;

　　M_i——对第 i 种危险因素的控制与监测措施;

　　L_i——作业区域的第 i 种危险因素发生事故的频率;

　　S_{i1}——由第 i 种危险因素发生事故所造成的可能的一次性人员伤亡损失;

　　S_{i2}——由于第 i 种危险因素的存在, 所带来的职业病损失 (S_{i2} 即使在不发生事故时也存在, 按一年内用于该职业病的治疗费来计算);

　　S_{i3}——由第 i 种危险因素诱发的事故造成的财产损失;

　　S_{i4}——由第 i 种危险因素诱发的环境累积污染及一次性事故的环境破坏所造成的损失。

分数值	控制措施的状态(M)	分数值	人体暴露于危险环境的频繁程度(E)
		10	连续暴露
5	无控制措施	6	每天工作时间暴露
3	有减轻后果的应急措施，包括警报系统	3	每周一次，或偶然暴露
		2	每月一次暴露
1	有预防措施，如机器防护装置等	1	每年几次暴露
		0.5	非常罕见的暴露

$R=MES$

事故后果(S)				
分数	伤害	职业相关病症	设备财产损失	环境影响
10	有多人死亡		>1亿元	有重大环境影响的不可控排放
8	有一人死亡	职业病(多人)	1千万~1亿元	有中等环境影响的不可控排放
4	永久失能	职业病(一人)	100万~1000万元	有较轻环境影响的不可控排放
2	需医院治疗，缺工	职业性多发病	10万~100万元	有局部环境影响的可控排放
1	轻微，仅需急救	身体不适	<3万元	无环境影响

分级依据：$R=MES$

分级	有人身伤害的事故(R)	单纯财产损失事故(R)
一级	>180	30~50
二级	90~150	20~24
三级	50~80	8~12
四级	20~48	4~6
五级	<18	<3

图 8-3 *MES* 分级法

MLS 评价方法充分考虑了待评价区域内的各种危险因素及由其所造成的事故严重度；在考虑了危险源固有危险性外，还有反映对事故是否有监测与控制措施的指标；对事故的严重度的计算考虑了由于事故所造成的人员伤亡、财产损失、职业病、环境破坏的总影响。客观再现了风险产生的真实后果：一次性的直接事故后果及长期累积的事故后果。*MLS* 法比 *LEC* 法和 *MES* 法更加贴近实际，更加易于操作，在实际评价中也取得了较好效果，值得在实践中推广。

8.3 灰熵综合评价模型

灰熵综合评价模型可以分为单层次灰熵综合评价和多层次灰熵综

合评价[6,7]。

8.3.1　灰熵与灰熵增定理

设有限离散序列 $X = \{x_i \mid i = 1, 2, \cdots, n\}$，$\forall\, i$，$x_i \geq 0$，且 $\sum\limits_{i=1}^{n} x_i = 1$，称

$$H(X) = -\sum_{i=1}^{n} x_i \ln x_i，\text{其中：} 0\ln 0 \underline{\underline{\triangle}} 0 \qquad (8-4)$$

为序列 X 的灰熵。

由灰熵的定义可知，灰熵源于有限信息空间，而 Shannon 熵[8]源于无限信息空间。

灰熵增定理　设 X 为有限离散序列 $X = (x_i \mid i = 1, 2, \cdots, n)$，$\forall\, i$，$x_i \geq 0$，且 $\sum\limits_{i=1}^{n} x_i = 1$，$H(X)$ 为序列 X 的灰熵，则任何趋于使 $x_1, x_2, \cdots, x_n$ 均等的变动，即使序列 X 趋于常数列的变动都会使熵增加。

8.3.2　均衡度

由灰熵增定理可知，灰熵是离散序列 X 的分量值均衡程度的测度，灰熵越大序列就越均衡。对于元素个数为 n 的离散序列 X 而言，序列的极大熵是当序列中的各元素均相等时，只与元素个数有关的常数 $\ln n$。因此，序列的均衡度 B 就可以定义为：

$$B = H(X)/H_m，\text{其中 } H_m \text{ 为灰熵极大值} \qquad (8-5)$$

显然，B 越大序列就越均衡，特别地，当 $B = 1$ 时，$H(X) = H_m$，序列为一个常数列。

8.3.3　灰色关联度

灰色关联度是参考序列和比较序列接近程度的测度[9]。关联度由关联系数计算得出，关联系数的计算公式为：

$$L_i(k) = \frac{\min\limits_{i} \min\limits_{k} |v_k^* - v_k^i| + \rho \max\limits_{i} \max\limits_{k} |v_k^* - v_k^i|}{|v_k^* - v_k^i| + \rho \max\limits_{i} \max\limits_{k} |v_k^* - v_k^i|} \qquad (8-6)$$

式中　　　　　　　　ρ——分辨系数，在 $[0, 1]$ 中取值，通常取 0.5；

$\min\limits_{i} \min\limits_{k} |v_k^* - v_k^i|$——两级最小差；

$\max\limits_{i} \max\limits_{k} |v_k^* - v_k^i|$——两级最大差。

灰色关联度可表示为：$r_{oi} = \dfrac{1}{m} \sum\limits_{k=1}^{m} L_i(k)$　　　　　　　$(8-7)$

8.3.4 单层次灰熵综合评价

设 $E = \{e_i | i = 1, 2, \cdots, m\}$ 为评价对象的集合，$S = \{s_j | j = 1, 2, \cdots, n\}$ 为评价指标的集合，不同评价对象的不同指标值矩阵 $V = \{v_{ij} | i = 1, 2, \cdots, m; j = 1, 2, \cdots, n\}$，$e^*$ 为由评价对象集 E 构成的理想对象 $e^* = \{v_j^* | v_j^* = \max\limits_{i} v_{ij} 或 \min\limits_{i} v_{ij} 或实际理想值\}$。评价的具体步骤如下：

(1) 确定理想对象 e^*：

$$e^* = \{v_j^* | v_j^* = \max\limits_{i} v_{ij} \ 或 \ \min\limits_{i} v_{ij}\}$$

(2) 各评价对象与理想对象指标值的预处理。

数据预处理的方法很多，这里仅给出常用的线性变换的计算式：

$$V' = \{v_{ij}' | v_{ij}' = v_{ij}/v_j^*\} \qquad (8-8)$$

(3) 计算评价对象与理想对象的差值。

$C_i = \{c_{ij} | c_{ij} = |v^* - v_{ij}'|\}$，即某一评价对象的差值是一个序列。

(4) 计算灰色关联度。

以理想对象 e^* 为参考序列，各评价对象为比较序列，由公式 $(8-6)$ 和式 $(8-7)$ 计算理想对象与各评价对象的灰色关联度。

(5) 对各评价对象的差值序列归一化。

归一化后的序列为 $C_i' = \{c_{ij}' | c_{ij}' = c_{ij}/\sum\limits_{k=1}^{n} c_{ik}, j = 1, \cdots, n\}$

(6) 计算序列 C_i' 的熵及均衡度。

由式 $(8-4)$，$H(C_i') = -\sum\limits_{j=1}^{n} c_{ij}' \ln c_{ij}'$，$H_m = \ln n$，$B_i = H(C_i')/H_m$

因为灰色关联度是各点关联系数的平均值，所以存在由少数几个关联系数较大的点决定关联度的倾向。而均衡度可以测度各评价对象与理想对象接近的均衡程度，因此考虑均衡度就可以避免这种倾向。

（7）计算均衡接近度并选择方案。

灰色关联度是序列接近度的测度，均衡度是序列均衡度的测度，所以就可以由关联度和均衡度的乘积构造出评价的均衡接近度准则。

$$w = B \times r \tag{8-9}$$

w 值越大的评价对象越均衡接近理想对象，该评价对象就越好（或者说越安全）。这样就可以根据 w 值的大小来评价不同对象的安全性程度。称按 w 值的方法评价对象的准则为均衡接近准则。

由式（8-9）可以计算各评价对象与理想对象的均衡接近度，根据均衡接近准则，按 w 值的大小来评价各对象的安全性。

8.3.5   多层次灰熵综合评价

当评价对象的各指标间分为不同层次时，需要采用多层次综合评价模型。多层次综合评价是在单层次综合评价的基础上进行的，评价方法与单层次相似。第二层次评价结果组成第一层次的评价矩阵，然后考虑第一层次各因素的权重，权重矩阵和均衡接近度矩阵和成为评价结果矩阵。

$$W = A \cdot W_2 \tag{8-10}$$

式中 W_2——第二层次灰熵评价结果组成的均衡接近度矩阵。

由式（8-10）可计算出各评价对象的均衡接近度。多层次综合评价模型如图 8-4 所示。

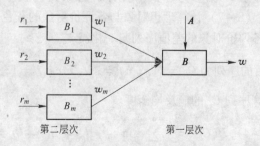

图 8-4   多层次灰熵综合评价模型

8.4 基于熵权的 TOPSIS 方法

8.4.1 TOPSIS 方法概述

TOPSIS（Technique for Order Preference by Similarity to Ideal Solution，TOPSIS）是逼近理想解的排序方法的英文缩写，是一种统计分析方法，它借助多属性（指标）问题的理想解和负理想解对评价对象进行排序[10]。理想解是一个虚拟的最优解，它的各个指标值都达到评价对象中的最优值；而负理想解是虚拟的最差解，它的各个指标都达到评价对象中的最差值。

用理想解求解多属性评价问题的概念简单，只要在属性空间定义适当的距离测度就能计算备选方案与理想解。TOPSIS 法所用的是欧氏距离。至于既用理想解又用负理想解，是因为在仅仅使用理想解时有时会出现某两个评价对象与理想解的距离相同的情况，为了区分这两个评价对象的优劣，引入负理想解并计算这两个评价对象与负理想解的距离，与理想解的距离相同的评价对象离负理想解远者为优。TOPSIS 法的思路可以用图 8-5 来说明。图 8-5 表示两个属性的评价问题，f_1 和 f_2 为加权的规范化属性，均为效益型；评价对象集 X 中的六个对象 x_1 到 x_6，根据它们的加权规范化属性值标出了在图中的

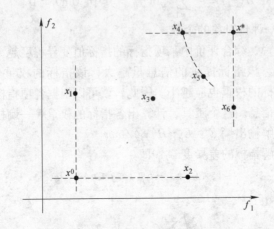

图 8-5 理想解和负理想解示意图

位置，并确定理想解 x^* 和负理想解 x^0。图中的 x_4 和 x_5 与理想解 x^* 的距离相同，引入它们与负理想解 x^0 的距离后，由于 x_4 比 x_5 离负理想解 x^0 远，就可以区分两者的优劣了。

8.4.2 基于熵权的 TOPSIS 方法

设有 m 个评价对象，n 个评价指标，各评价对象的评价指标值组成矩阵 X，x_{ij} 表示第 i 个评价对象的第 j 个指标的指标值。

8.4.2.1 数据的规范化

因为各指标通常具有不同的量纲，无法直接进行比较，所以必须对指标值矩阵进行规范化。规范化的方法很多，这里仅给出常用的标准化方法：

$$y_{ij} = x_{ij} \bigg/ \sum_{i=1}^{m} x_{ij}, j = 1, 2, \cdots, n \qquad (8-11)$$

式中 y_{ij}——第 i 个评价对象的第 j 个指标的规范化值。

8.4.2.2 确定评价指标的熵权

在信息论中，信息熵是系统无序程度的度量。信息熵定义为：

$$H(y_j) = -\sum_{i=1}^{m} y_{ij} \ln y_{ij}, \text{ 其中：} 0\ln 0 \equiv 0 \qquad (8-12)$$

式中 m——评价对象的个数。

一般来说，综合评价中某项指标的指标值变异程度越大，信息熵 $H(y_j)$ 越小，该指标提供的信息量越大，该指标的权重也应越大；反之，该指标的权重也应越小。因此，就可以根据各项指标值的变异程度，利用信息熵这个工具，计算出各指标的权重——熵权[11]。

首先求解输出熵 E_j：$E_j = H(y_j)/\ln m$ $(8-13)$

其次求解指标的差异度 G_j，即

$$G_j = 1 - E_j (1 \leqslant j \leqslant n) \qquad (8-14)$$

最后计算熵权

$$a_j = G_j \bigg/ \sum_{i=1}^{n} G_i, j = 1, 2, \cdots, n \qquad (8-15)$$

8.4.2.3 构造加权规范化矩阵

因为各因素的重要程度不同，所以应考虑各因素的熵权，将规范化数据加权，构成加权规范化矩阵。

$$\mathbf{V} = (v_{ij})_{m \times n} = \begin{pmatrix} a_1 y_{11} & a_2 y_{12} & \cdots & a_n y_{1n} \\ a_1 y_{21} & a_2 y_{22} & \cdots & a_n y_{2n} \\ \vdots & \vdots & & \vdots \\ a_1 y_{m1} & a_2 y_{m2} & \cdots & a_n y_{mn} \end{pmatrix} \quad (8-16)$$

8.4.2.4 确定理想解和负理想解

$$\mathbf{V}^+ = \left\{ (\max_i v_{ij} \mid j \in \mathbf{J}_1), (\min_i v_{ij} \mid j \in \mathbf{J}_2) \mid i = 1, 2, \cdots, m \right\}$$
$$(8-17)$$

$$\mathbf{V}^- = \left\{ (\min_i v_{ij} \mid j \in \mathbf{J}_1), (\max_i v_{ij} \mid j \in \mathbf{J}_2) \mid i = 1, 2, \cdots, m \right\}$$
$$(8-18)$$

式中 $\mathbf{J}_1$——效益型指标集；

$\mathbf{J}_2$——成本型指标集。

8.4.2.5 计算距离

各评价对象与理想解和负理想解的距离分别为：

$$d_i^+ = \sqrt{\sum_{j=1}^n (v_{ij} - v_j^+)^2}, d_i^- = \sqrt{\sum_{j=1}^n (v_{ij} - v_j^-)^2}, \quad i = 1, 2, \cdots, m$$
$$(8-19)$$

8.4.2.6 确定相对接近度

评价对象与理想解的相对接近度为

$$C_i = \frac{d_i^-}{d_i^+ + d_i^-}, \quad i = 1, 2, \cdots, m \quad (8-20)$$

根据相对接近度大小，就可以对评价对象的优劣进行排序。

当评价对象的指标划分成不同层次时，就需要利用多层次评价模型进行评价。多层次评价模型是在单层次评价基础上进行的，单层次评价的结果，即各评价对象的相对接近度组成上一层次的评价矩阵 C_2，此时考虑各因素的权重 A，评价矩阵和权重向量合成为评价结果向量[12]。

$$C = A \cdot C_2 \tag{8 – 21}$$

根据加权相对接近度的大小即可确定评价对象的优劣。

8.5　模糊综合评价法

模糊论首先是由美国控制论专家扎德（L. A. Zadeh）于 1965 年提出的，现已广泛应用于科学技术和实际生活中。它的指导思想是，尽可能全面地考虑影响因素，同时也考虑这些因素所起作用的大小（即权重），通过模糊合成关系得出明确的结论。

8.5.1　模糊数学的基础知识

8.5.1.1　模糊集合的定义及表示

定义 8.1　设论域为 X，x 为 X 中的元素。对于任意的 $x \in X$，给定了如下的映射：

$$X \to [0,\ 1]$$
$$x \mid \to A(x) \in [0,\ 1]$$

则称如下的"序偶"组成的集合 $\underset{\sim}{A} = \{(x \mid A(x))\}$，$\forall x \in X$ 为 X 上的模糊子集合，简称模糊集合。称 $\underset{\sim}{A}(x)$ 为 x 对 $\underset{\sim}{A}$ 的隶属函数，对某个具体的 x 而言，$A(x)$ 称为 x 对 $\underset{\sim}{A}$ 的隶属度。

定义 8.2　设 X 是论域，映射

$$\mu A(\cdot) : X \to [0,1]$$
$$x \mid \to \mu_A(x)$$

称为 X 的模糊子集（合）$\underset{\sim}{A}$（Fuzzy Set），简称 F 集（合）。对 $x \in X$，$\mu_A(x)$ 称为 x 对 A 的隶属度，μ_A 称为 F 集的隶属函数。

模糊集可以用以下几种方法表示：

（1）$\underset{\sim}{A} = \{(x, A(x)) \mid x \in X\}$；

(2) $\underset{\sim}{A} = \left\{ \dfrac{\underset{\sim}{A}(x)}{x} | x \in X \right\}$

(3) $\underset{\sim}{A} = \displaystyle\int_X \dfrac{\underset{\sim}{A}(x)}{x}$ （$\int$ 这里不表示积分）

当 $X = \{x_1, x_2, \cdots, x_n\}$ 为有限集时，也可以表示为

(4) $\underset{\sim}{A} = \dfrac{\underset{\sim}{A}(x_1)}{x_1} + \dfrac{\underset{\sim}{A}(x_2)}{x_2} + \cdots + \dfrac{\underset{\sim}{A}(x_n)}{x_n}$ （这里 + 不是求和）

(5) $\underset{\sim}{A} = (\underset{\sim}{A}(x_1), \underset{\sim}{A}(x_2), \cdots, \underset{\sim}{A}(x_n))$ （向量表示式，$\underset{\sim}{A}(x) = 0$ 的项不可略去）

8.5.1.2 模糊集合的运算

定义 8.3 设 $\underset{\sim}{A}$、$\underset{\sim}{B} \in F(X)$：

(1) 若 $\forall x \in X$，有 $\underset{\sim}{A}(x) \leqslant \underset{\sim}{B}(x)$，称 $\underset{\sim}{A}$ 含于 $\underset{\sim}{B}$ 或 $\underset{\sim}{B}$ 包含 $\underset{\sim}{A}$，记为 $\underset{\sim}{A} \subset \underset{\sim}{B}$。

(2) 若 $\forall x \in X$，有 $A(x) = B(x)$，称 $\underset{\sim}{A}$ 与 $\underset{\sim}{B}$ 相等，记为 $\underset{\sim}{A} = \underset{\sim}{B}$。

命题 $F(X)$ 上的包含关系"$\subset$"有以下性质：

(1) $\forall \underset{\sim}{A} \in F(X)$，$\varnothing \subset \underset{\sim}{A} \subset X$。

(2) 自反性：$\forall \underset{\sim}{A} \in F(X)$，$\underset{\sim}{A} \subset \underset{\sim}{A}$。

(3) 反对称性：$\forall \underset{\sim}{A}$、$\underset{\sim}{B} \in F(X)$，若 $\underset{\sim}{A} \subset \underset{\sim}{B}$ 且 $\underset{\sim}{B} \subset \underset{\sim}{A}$，则 $\underset{\sim}{A} = \underset{\sim}{B}$。

(4) 传递性：$\forall \underset{\sim}{A}$、$\underset{\sim}{B}$、$\underset{\sim}{C} \in F(X)$，若 $\underset{\sim}{A} \subset \underset{\sim}{B}$ 且 $\underset{\sim}{B} \subset \underset{\sim}{C}$，则 $\underset{\sim}{A} \subset \underset{\sim}{C}$。

定义 8.4 设 $\underset{\sim}{A}$、$\underset{\sim}{B} \in F(X)$，则它们的交、并、补运算可定义如下：

(1) $\underset{\sim}{A}$ 与 $\underset{\sim}{B}$ 的并集，记为 $\underset{\sim}{A} \cup \underset{\sim}{B}$，其隶属函数为：

$$(\underset{\sim}{A} \cup \underset{\sim}{B})(x) = \underset{\sim}{A}(x) \vee \underset{\sim}{B}(x), \forall x \in X$$

其中"$\vee$"表示取上确界。

(2) $\underset{\sim}{A}$ 与 $\underset{\sim}{B}$ 的交集，记为 $\underset{\sim}{A} \cap \underset{\sim}{B}$，其隶属函数为：

$$(\underset{\sim}{A} \cap \underset{\sim}{B})(x) = \underset{\sim}{A}(x) \wedge \underset{\sim}{B}(x), \forall x \in X$$

其中"$\wedge$"表示取下确界。

(3) $\underset{\sim}{A}$ 的余模糊集，记为 $\underset{\sim}{A}^c$，其隶属函数为：

$$\underset{\sim}{A}^c(x) = 1 - \underset{\sim}{A}(x), \forall x \in X$$

设 T 为任意指标集，$\{\underset{\sim}{A_t} | t \in T\} \subset F(X)$，其并和交运算分别定义为：

$$A = \bigcup_{t \in T} A_t \Leftrightarrow \forall x \in X, A(x) = \bigvee_{t \in T} A_t(x)$$

$$B = \bigcap_{t \in T} A_t \Leftrightarrow \forall x \in X, B(x) = \bigwedge_{t \in T} A_t(x)$$

8.5.2　模糊综合评价模型

模糊综合评价的数学模型可分为一级综合评价模型和多级综合评价模型两类[13]。

8.5.2.1　一级综合评价模型

A　建立因素集

因素就是评价对象的各种属性或性能，在不同场合，也称为参数指标或质量指标，它们综合地反映出对象的质量。人们就是根据这些因素进行评价的。所谓因素集，就是影响评价对象的各种因素组成的一个普通集合，即 $U = \{u_1, u_2, \cdots, u_n\}$。这些因素通常都具有不同程度的模糊性，但也可以是非模糊的。各因素与因素集的关系，或者 u_i 属于 U，或者 u_i 不属于 U，二者必居其一。因此，因素集本身是一个普通集合。

B　建立备择集

备择集，又称为评价集，是评价者对评价对象可能作出的各种总的评价结果所组成的集合，即 $V = \{v_1, v_2, \cdots, v_m\}$。各元素 v_i 代表各种可能的总评价结果。模糊综合评价的目的，就是在综合考虑所有影响因素的基础上，从备择集中得出一最佳的评价结果[14]。

显然，v_i 与 V 的关系也是普通集合关系，因此，备择集也是一个普通集合。

C　建立权重集

在因素集中，各因素的重要程度是不一样的。为了反映各因素的重要程度，对各个因素 u_i 应赋予一相应的权数 $a_i(i = 1, 2, \cdots, n)$。由各权数所组成的集合 $A = \{a_1, a_2, \cdots, a_n\}$ 称为因素权重集，简称权重集。

通常各权数 a_i 应满足归一性和非负性条件，即：

$$\sum_{i=1}^{n} a_i = 1 \ (a_i \geq 0)$$

各种权数一般由人们根据实际问题的需要主观地确定，没有统一的格式可以遵循。常用的方法有：统计实验法、分析推理法、专家评分法、层次分析法、熵权法等。

D　单因素模糊评价

单独从一个因素出发进行评价，以确定评价对象对备择集元素的隶属度便称为单因素模糊评价。

单因素模糊评价，即建立一个从 U 到 $F(V)$ 的模糊映射：

$$\underset{\sim}{f}:U\rightarrow F(V),\forall u_i\in U,u_i\,|\!\rightarrow\underset{\sim}{f}(u_i)=\frac{r_{i1}}{v_1}+\frac{r_{i2}}{v_2}+\cdots+\frac{r_{im}}{v_m}$$

式中　r_{ij}——u_i 属于 v_j 的隶属度。

由 $f(u_i)$ 可得到单因素评价集 $\boldsymbol{R}_i=\{r_{i1},\ r_{i2},\ \cdots,\ r_{im}\}$。

以单因素评价集为行组成的矩阵称为单因素评价矩阵。该矩阵为一模糊矩阵。

$$\underset{\sim}{\boldsymbol{R}}=\begin{pmatrix}r_{11}&r_{12}&\cdots&r_{1m}\\r_{21}&r_{22}&\cdots&r_{2m}\\\vdots&\vdots&&\vdots\\r_{n1}&r_{n2}&\cdots&r_{nm}\end{pmatrix}$$

E　模糊综合评价

单因素模糊评价仅反映了一个因素对评价对象的影响，这显然是不够的。要综合考虑所有因素的影响，便是模糊综合评价。

由单因素评价矩阵可以看出：$\underset{\sim}{\boldsymbol{R}}$ 的第 i 行反映了第 i 个因素影响评价对象取备择集中各个元素的程度；$\underset{\sim}{\boldsymbol{R}}$ 的第 j 列则反映了所有因素影响评价对象取第 j 个备择元素的程度。如果对各因素作用以相应的权数 a_i，便能合理地反映所有因素的综合影响。因此，模糊综合评价可以表示为

$$\underset{\sim}{\boldsymbol{B}}=\underset{\sim}{\boldsymbol{A}}\circ\underset{\sim}{\boldsymbol{R}}=(a_1,\ a_2,\ \cdots,\ a_n)\begin{pmatrix}r_{11}&r_{12}&\cdots&r_{1m}\\r_{21}&r_{22}&\cdots&r_{2m}\\\vdots&\vdots&&\vdots\\r_{n1}&r_{n2}&\cdots&r_{nm}\end{pmatrix}=(b_1,\ b_2,\ \cdots,\ b_m)$$

$$(8-22)$$

式中，b_j 称为模糊综合评价指标，简称评价指标。其含义为：综合考虑所有因素的影响时，评价对象对备择集中第 j 个元素的隶属度。权重矩阵与单因素评价在合成时，可以选用下述几种评价模型之一。

模型 I：$M(\wedge, \vee)$　即

$$b_j = \bigvee_{i=1}^{n}(a_i \wedge r_{ij}) \qquad (8-23)$$

由于取小运算使得 $r_{ij} > a_i$ 的 r_{ij} 均不考虑，a_i 成了 r_{ij} 的上限，当因素较多时，权数 a_i 很小，因此将丢失大量的单因素评价信息。相反，因素较少时，a_i 可能较大，取小运算使得 $a_i > r_{ij}$ 的 a_i 均不考虑，r_{ij} 成了 a_i 的上限，因此，将丢失主要因素的影响。取大运算均是在 a_i 和 r_{ij} 的小中取其最大者，这又要丢失大量信息。所以，该模型不宜用于因素太多或太少的情形。

模型 II：$M(\cdot, \vee)$，即

$$b_j = \bigvee_{i=1}^{n}(a_i \cdot r_{ij}) \qquad (8-24)$$

a_i 和 r_{ij} 为普通乘法运算，不会丢失任何信息，但取大运算仍将丢失大量有用信息。

模型 III：$M(\wedge, \oplus)$，即

$$b_j = \sum_{i=1}^{n}(a_i \wedge r_{ij}) \qquad (8-25)$$

该模型在进行取小运算时，仍会丢失大量有价值的信息，以致得不出有意义的评价结果。

模型 IV：$M(\cdot, \oplus)$，即

$$b_j = \sum_{i=1}^{n}(a_i \cdot r_{ij}) \qquad (8-26)$$

该模型不仅考虑了所有因素的影响，而且保留了单因素评价的全部信息，适用于需要全面考虑各个因素的影响和全面考虑单因素评价结果的情况。

F　评价指标的处理

得到评价指标之后，可以按如下三种方法处理，来确定综合评价的结果[15]。

（1）最大隶属原则。

取与最大的隶属度相对应的备择元素 v_0 为评价的结果，即

$$V = \max \{b_1, b_2, \cdots, b_n\} \qquad (8-27)$$

最大隶属原则仅考虑最大评价指标的贡献，并未考虑其他指标提供的信息，会造成大量有用信息丢失。如果最大隶属度对应的元素不止一个时，按照最大隶属原则就很难确定具体的评价结果。

（2）加权平均法。

以 b_j 为权重，对各个备择元素 v_j（若 v_j 为一个区间数，可取其中值）进行加权平均，其值则为模糊综合评价结果，即

$$V = \sum_{j=1}^{n} (b_j v_j) \Big/ \sum_{j=1}^{n} b_j \qquad (8-28)$$

有时，为了突出占优势等级的作用，也可以利用各隶属度 b_j 的幂为权取加权平均的方法，即

$$V = \sum_{j=1}^{n} (b_j^k v_j) \Big/ \sum_{j=1}^{n} b_j^k \qquad (8-29)$$

其中，指数 k 可根据具体情况确定。

加权平均法最终所得的结果是一个确定点，它是考虑了各种模糊因素以后得到的非模糊的综合评价的结果。

（3）模糊分布法。

这种方法直接把评价指标作为评价结果；或者将评价指标归一化，用归一化的评价指标作为评价结果。

归一化的模糊综合评价集 B' 为

$$\underset{\sim}{B'} = \left(\frac{b_1}{b}, \ \frac{b_2}{b}, \ \cdots, \ \frac{\widetilde{b_n}}{b} \right) = (b'_1, \ b'_2, \ \cdots, \ b'_n) \qquad (8-30)$$

其中，$b = \sum_{j=1}^{n} b_j$，$\sum_{j=1}^{n} b'_j = 1$。

各个评价指标，具体反映了评价对象在所评价的特性方面的分布状态，使评价者对评价对象有更深入的了解，并能作各种灵活的处理。这是采用模糊分布法的一大优点。

8.5.2.2 多级综合评价模型

将因素集 U 按属性的类型划分成 s 个子集，记作 U_1，U_2，$\cdots$，

U_s，根据问题的需要，每一个子集还可以进一步划分。对每一个子集 U_i，按一级评价模型进行评价。将每一个 U_i 作为一个因素，用 $\underset{\sim}{B_i}$ 作为它的单因素评价集，又可构成评价矩阵：

$$\underset{\sim}{R} = \begin{pmatrix} \underset{\sim}{B_1} \\ \underset{\sim}{B_2} \\ \vdots \\ \underset{\sim}{B_s} \end{pmatrix}$$

于是有第二级综合评价：

$$\underset{\sim}{B} = \underset{\sim}{A} \circ \underset{\sim}{R} \qquad\qquad (8-31)$$

二级综合评价的模型如图 8 – 6 所示。

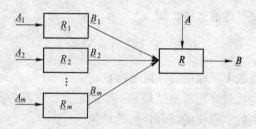

图 8 – 6   二级模糊综合评价模型图

8.6   基于 AHP – 可拓理论的综合评价模型

8.6.1   利用 AHP 确定评价指标的权重

目前权重确定方法很多，如基于专家评分的专家评分法、德尔菲法、熵权系数法、层次分析法等，每种方法各有自己的特点，有不同的适用条件。如熵权系数法要求评价对象必须不止 1 个，专家评分法和德尔菲法的主观性比较强等等。在该评价模型中评价指标权重的确定采用层次分析法。

层次分析法（Analytical Hierarchy Process，简称 AHP）是美国著名运筹学家、匹兹堡大学教授 T. L. Satty 在 20 世纪 70 年代初提出的。它是处理多目标、多准则、多因素、多层次的复杂问题，进行决策分析、综合评价的一种简单、实用而有效的方法，是一种定性分析和定量分析相结合的系统分析方法[16,17]。

8.6.1.1 层次分析法的基本原理

利用层次分析法分析问题时，首先将所要分析的问题层次化，根据问题的性质和所要达到的总目标，将问题分解为不同的组成因素，并按照这些因素间的相互关联影响以及隶属关系将因素按不同层次聚集组合，形成一个多层次分析结构模型，最后将该问题归结为最底层相对最高层（总目标）的比较优劣的排序问题，借助这些排序，最终可以对所分析的问题做出评价或决策。

层次分析法简化了系统分析和计算，把一些定性的因素进行定量化，是分析多目标、多准则、多因素的复杂系统的有力工具。它具有思路清晰、方法简便、适用面广、系统性强等特点，便于普及推广，可成为人们工作和生活中思考问题、解决问题的一种方法。

8.6.1.2 层次分析法的步骤

运用层次分析法分析问题时一般需要经历以下四个步骤：
（1）建立层次分析结构模型；
（2）构造判断矩阵；
（3）层次单排序及一致性检验；
（4）层次总排序及一致性检验。
以下对各主要步骤进行详细讨论。

A　建立层次分析结构模型

利用层次分析法分析问题时，首先就是建立系统的递阶层次结构模型。这一步是建立在对所分析问题及其所处环境的充分理解、分析的基础之上的，所以这项工作应由运筹学工作者与管理人员、专家等密切合作完成。

对于一般的系统，层次分析法模型的层次结构大体分为三类：

最高层：又称为顶层、目标层，表示系统的目的，即进行系统分析要达到的总目标。一般只有一个。

中间层：又称为准则层。表示采取某些措施、政策、方案等来实现系统总目标所涉及到的一些中间环节，这些环节通常是需要考虑的准则、子准则。这一层可以有多个子层，每个子层可以有多个因素。

最底层：又称为措施层、方案层。表示为实现目标所要选用的各种措施、决策、方案等。

在层次分析结构模型中，用线标明上一层因素与下一层因素之间的联系。如果某个因素与下一层次的所有因素都有联系，这种关系叫做完全层次关系。而更多的情况是上一层因素只与下一层因素中的部分因素有联系，这种关系叫做不完全层次关系。

B　构造判断矩阵

层次分析的信息主要是人们对于每一层次中各因素的相对重要性做出判断。这些判断通过引入合适的标度进行定量化，就形成了判断矩阵。判断矩阵表示相对于上一层次的某一个因素，本层次有关因素之间相对重要性的比较。

一般情况下，直接确定有关因素的相对重要性是很困难的，因此层次分析法提出用两两比较的方式建立判断矩阵。

设与上层因素 z 关联的 n 个因素为 x_1, x_2, $\cdots$, x_n, 对于 i, $j = 1$, 2, $\cdots$, n, 以 a_{ij} 表示 x_i 与 x_j 关于 z 的影响之比值。于是得到这 n 个因素关于 z 的两两比较的判断矩阵 A。

$$A = \begin{pmatrix} a_{11} & a_{12} & \cdots & a_{1n} \\ a_{21} & a_{22} & \cdots & a_{2n} \\ \vdots & \vdots & & \vdots \\ a_{n1} & a_{n2} & \cdots & a_{nn} \end{pmatrix}$$

为了便于操作，Satty 建议使用 1 ~ 9 及其倒数共 17 个数作为标度来确定 a_{ij} 的值，习惯上称为 9 标度法。9 标度法的含义如表 8 – 5 所示。

表 8 – 5　9 标度法

含义	x_i 与 x_j 同样重要	x_i 比 x_j 稍重要	x_i 比 x_j 重要	x_i 比 x_j 强烈重要	x_i 比 x_j 极重要
a_{ij} 取值	1	3	5	7	9
		2	4	6	8

表 8 – 5 中的第 2 行描述的是从定性的角度，x_i 与 x_j 相比较重要程度的取值，第 3 行描述了介于每两种情况之间的取值。由于 a_{ij} 描述了两因素重要程度的比值，所以 1~9 的倒数分别表示相反的情况，即 $a_{ij} = 1/a_{ji}$。

显然，两两比较形成的判断矩阵 **A**（亦称为正互反矩阵）具有下列性质：

对于任意 i，$j = 1$，2，…，n，

（1）$a_{ij} > 0$；

（2）$a_{ji} = 1/a_{ij}$；

（3）$a_{ii} = 1$。

C　层次单排序及一致性检验

所谓层次单排序，是指根据判断矩阵计算出某层次因素相对于上一层次中某一因素的相对重要性权值。可以用上一层次各个因素分别作为其下一层次各因素之间相互比较判断的准则，即可做出一系列的判断矩阵，从而计算得到下一层次因素相对上一层次因素的多组权值。

在给定准则下，由因素之间两两比较判断矩阵导出相对排序权重的方法有许多种，其中提出最早、应用最广、又有重要理论意义的特征根法受到普遍的重视。

特征根法的基本思想是，当矩阵 **A** 为一致性矩阵时，其特征根问题 $Aw = \lambda w$ 的最大特征值所对应的特征向量归一化后即为排序权向量。

最大特征根及其特征向量的精确算法可以用线性代数中求矩阵特征根的方法求出所有的特征根，然后再找一个最大特征根，并找出它对应的特征向量。当判断矩阵的阶数较高时，此方法就要求解 **A** 的 n 次方程且要把所有的 n 个特征根都找到，才能比较其大小，这给计算带来了一定的困难。鉴于判断矩阵有它的特殊性，一般情况下采用比较简便的方根法近似计算。

方根法的基本过程是将判断矩阵 **A** 的各行向量采用几何平均，然后归一化，得到排序权重向量。计算步骤如下：

（1）计算判断矩阵各行元素乘积的 n 次方根。

$$M_i = \left(\prod_{j=1}^{n} a_{ij} \right)^{1/n}, \quad i = 1, 2, \cdots, n$$

（2）对向量 M 归一化。

$$w_i = M_i \Big/ \sum_{j=1}^{n} M_j, \quad i = 1, 2, \cdots, n$$

$W = (w_1, w_2, \cdots, w_n)^{\mathrm{T}}$ 即为所求的特征向量。

（3）计算判断矩阵的最大特征值。

$$\lambda_{\max} = \frac{1}{n} \sum_{i=1}^{n} \frac{(Aw)_i}{w_i}$$

式中，$(Aw)_i$ 为 Aw 的第 i 个分量。

容易证明，当正互反矩阵 A 为一致性矩阵时，方根法可得到精确的最大特征值与相应的特征向量。

利用两两比较形成判断矩阵时，由于客观事物的复杂性及人们对事物判别比较时的模糊性，不可能给出精确的两个因素的比值，只能对它们进行估计判断。这样判断矩阵中给出的 a_{ij} 与实际的比值有偏差，因此不能保证判断矩阵具有完全的一致性。于是 Satty 在构造层次分析法时，提出了满意一致性概念，即用 $\lambda_{\max}$ 与 n 的接近程度作为一致性程度的尺度（有定理可以保证一致性矩阵的最大特征值等于矩阵的阶数）。

对判断矩阵进行一致性检验的步骤为：

（1）计算判断矩阵的最大特征值 $\lambda_{\max}$。

（2）计算一致性指标（Consistency Index）：

$$C.\,I. = \frac{\lambda_{\max} - n}{n - 1}$$

（3）查表求相应的平均随机一致性指标 R.I.（Random Index）。

平均随机一致性指标可以预先计算制成表，其计算过程为：取定阶数 m，随机取 9 标度数构造正互反矩阵求其最大特征值，计算 m 次（m 足够大）。由这 m 个最大特征值的平均值可得随机一致性指标：

$$R.\,I. = \frac{\tilde{\lambda}_{\max} - n}{n - 1}$$

Satty 以 $m = 1000$ 得到表 8 – 6。

表 8-6　$m=1000$ 时的一致性指标

矩阵阶数	3	4	5	6	7	8	9	10	11	12	13
R.I.	0.58	0.90	1.12	1.24	1.32	1.41	1.45	1.49	1.51	1.54	1.56

（4）计算一致性比率 C.R.（Consistency Ratio）

$$C.R. = \frac{C.I.}{R.I.}$$

（5）判断。

当 $C.R. < 0.1$ 时，认为判断矩阵 A 有满意一致性；反之，当 $C.R. \geqslant 0.1$ 时，认为判断矩阵 A 不具有满意一致性，需要进行修正。

D　层次总排序及一致性检验

所谓层次总排序，是指某一层次的所有因素相对于最高层（总目标）的重要性权值。依次沿递阶层次结构由上而下逐层计算，即可计算最底层因素（如待选的项目、方案、措施等）相对于最高层（总目标）的相对重要性权值或相对优劣的排序值。

设已计算出第 $k-1$ 层 n_{k-1} 个因素相对于总目标的权值向量为：

$$w^{(k-1)} = (w_1^{(k-1)}, w_2^{(k-1)}, \cdots, w_{n_{k-1}}^{(k-1)})^{\mathrm{T}}$$

再设第 k 层的 n_k 个因素关于第 $k-1$ 层的第 j 个因素的层次单排序权重向量为：

$$w_j^k = (w_{1j}^k, w_{2j}^k, \cdots, w_{n_k j}^k)^{\mathrm{T}}, \quad j = 1, 2, \cdots, n_{k-1}$$

上式对第 k 层的 n_k 个因素是完全的。当某些因素与 $k-1$ 层第 j 个因素无关时，相应的权重为 0，于是得到 $n_k \times n_{k-1}$ 矩阵

$$W^k = \begin{pmatrix} w_{11}^k & w_{12}^k & \cdots & w_{1n_{k-1}}^k \\ w_{21}^k & w_{22}^k & \cdots & w_{2n_{k-1}}^k \\ \vdots & \vdots & & \vdots \\ w_{n_k 1}^k & w_{n_k 2}^k & \cdots & w_{n_k n_{k-1}}^k \end{pmatrix}$$

于是可得到第 k 层 n_k 个因素关于最高层的相对重要性权值向量为：

$$w^{(k)} = W^k \times w^{(k-1)}$$

将上式分解可得

$$w^{(k)} = W^k \times W^{k-1} \times \cdots \times W^3 \times w^{(2)}$$

把上式写成分量的形式有：

$$w_i^{(k)} = \sum_{j=1}^{n_{k-1}} w_{ij}^k w_j^{(k-1)}, i = 1, 2, \cdots, n_k$$

层次总排序得到的权值向量是否可以被满意接受，需要进行综合一致性检验。

设以第 $k-1$ 层的第 j 个因素为准则的一致性指标为 $C.I._j^k$，平均随机一致性指标为 $R.I._j^k$（$j = 1, 2, \cdots, n_{k-1}$）。那么第 k 层的综合指标分别为：

$$C.I.^{(k)} = (C.I._1^k, C.I._2^k, \cdots, C.I._{n_{k-1}}^k) w^{(k-1)} = \sum w_j^{(k-1)} C.I._j^k$$

$$R.I.^{(k)} = (R.I._1^k, R.I._2^k, \cdots, R.I._{n_{k-1}}^k) w^{(k-1)} = \sum w_j^{(k-1)} R.I._j^k$$

$$C.R.^{(k)} = \frac{C.I.^{(k)}}{R.I.^{(k)}}$$

当 $C.R.^{(k)} < 0.1$ 时，认为层次结构在第 k 层以上的判断具有整体满意一致性；反之，当 $C.R.^{(k)} \geq 0.1$ 时，认为层次结构在第 k 层以上的判断不具有整体满意一致性，需要修正判断矩阵。

在实际应用中，整体一致性检验常常不必进行，主要原因是对整体进行考虑是很困难的；另外，若单层次排序下具有满意一致性，而整体不具有满意一致性时，判断矩阵的调整非常困难。因此，一般情况下，可不予进行整体一致性检验。

综上所述，层次分析法计算过程的流程图如图 8－7 所示。

8.6.2   可拓理论概述

可拓理论是广东工业大学的蔡文研究员于 1983 年首次将物元理论和可拓集合理论相结合提出的一门新兴学科，它用形式化工具，从定性和定量的角度研究解决复杂问题的规律和方法[18,19]。

可拓理论的理论基础有三个：一个是研究基元（包括物元、事元和关系元）及其变换的基元理论；一个是作为定量化工具的可拓集合理论；另一个是可拓逻辑，它们共同构成了可拓论的理论内涵。这三个理论与其他领域的理论相结合产生了相应的新知识，形成了可

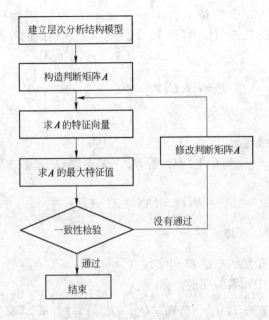

图 8 – 7 AHP 的流程图

拓论的应用外延。以可拓论为基础，发展了一批特有的方法，如物元可拓方法、物元变换方法和优度评价方法等。这些方法与其他领域的方法相结合，产生了相应的可拓工程方法。可拓论与管理科学、控制论、信息论以及计算机科学相结合，使可拓工程方法开始应用于经济、管理、决策、评价和过程控制中。

可拓理论中的物元模型是一个动态模型，参变量既可以是时间，也可以是其他变量，如压力、速度等。动态模型能够很好地拟合现实系统，尤其是复杂的、动态变化的过程。下面介绍几个涉及到的可拓理论的基本概念。

8.6.2.1 物元

在可拓学中，物元是以事物、特征及事物关于该特征的量值三者所组成的有序三元组，记为 $R = ($事物，特征，量值$) = (N, C, V)$。它是可拓学的逻辑细胞。

事物 N，n 个特征 c_1，c_2，$\cdots$，c_n，及 N 关于特征 c_i（$i=1$，2，$\cdots$，n）对应的量值 v_i（$i=1$，2，$\cdots$，n）所构成的阵列：

$$\boldsymbol{R} = (N, \boldsymbol{C}, \boldsymbol{V}) = \begin{pmatrix} N, & c_1, & v_1 \\ & c_2, & v_2 \\ & \vdots & \vdots \\ & c_n, & v_n \end{pmatrix}$$

称为 n 维物元。

在物元 $\boldsymbol{R} = (N, \boldsymbol{C}, \boldsymbol{V})$ 中，若 N，V 是参数 t 的函数，称 $\boldsymbol{R}$ 为参变量物元，记作

$$\boldsymbol{R}(t) = (N(t), \boldsymbol{C}, v(t))$$

8.6.2.2　可拓集合

设 U 为论域，K 是 U 到实域（$-\infty$，$+\infty$）的一个映射，T 为给定的对 U 中元素的变换，称

$$\widetilde{A}(T) = \{(u, y, y') \mid u \in U, y = K(u) \in (-\infty, +\infty),$$
$$y' = K(Tu) \in (-\infty, +\infty)\}$$

为论域 U 上关于元素变换 T 的一个可拓集合，$y = K(u)$ 为 $\widetilde{A}(T)$ 的关联函数。

8.6.2.3　距

为了描述类间事物的区别，在建立关联函数之前，规定了点 x 与区间 $X_0 = <a, b>$ 的距为

$$\rho(x, X_0) = \left| x - \frac{a+b}{2} \right| - \frac{b-a}{2}$$

8.6.2.4　关联函数

设 $X_0 = <a, b>$，$X = <c, d>$，$X_0 \subset X$，且无公共端点，令

$$K(x) = \frac{\rho(x, X_0)}{D(x, X_0, X)}$$

则

（1）$x \in X_0$，且 $x \neq a$，$b \leftrightarrow K(x) > 0$；

(2) $x = a$ 或 $x = b \leftrightarrow K(x) = 0$;

(3) $x \notin X_0$, $x \in X$, 且 $x \neq a$, b, c, $d \leftrightarrow -1 < K(x) < 0$;

(4) $x = c$ 或 $x = d \leftrightarrow K(x) = -1$;

(5) $x \notin X$, 且 $x \neq c$, $d \leftrightarrow K(x) < -1$:

称 $K(x)$ 为 x 关于区间 X_0, X 的关联函数。

式中，$D(x, X_0, X)$ 为点 x 关于区间套的位值。

$$D(x, X_0, X) = \begin{cases} \rho(x, X) - p(x, X_0), & x \notin X_0 \\ 1, & x \in X_0 \end{cases}$$

8.6.3 安全性综合评价的物元模型

设综合性评价问题为 P，共有 m 个评价对象 R_1, R_2, $\cdots$, R_m，n 个评价指标 c_1, c_2, $\cdots$, c_n，则此问题可以利用物元表示为

$$P = R_i \times r, \quad R_i \in (R_1, R_2, \cdots, R_m)$$

R_i 为评价对象，$R_i = (N_i, C, V_i) = \begin{pmatrix} N_i, & c_1, & v_{i1} \\ & c_2, & v_{i2} \\ & \vdots & \vdots \\ & c_n, & v_{in} \end{pmatrix}$; r 为条

件物元，$r = \begin{pmatrix} N, & c_1, & V_1 \\ & c_2, & V_2 \\ & \vdots & \vdots \\ & c_n, & V_n \end{pmatrix}$。

8.6.4 可拓综合评价模型

可拓综合评价的基本思想是[20,21]：根据日常管理中积累的数据资料，把评价对象的优劣划分为若干等级，由数据库或专家意见给出各等级的数据范围，再将评价对象的指标代入各等级的集合中进行多指标评定，评定结果按它与各等级集合的综合关联度大小进行比较，综合关联度越大，就说明评价对象与该等级集合的符合程度越佳。

（1）确定经典域与节域。

令

$$R_{0j} = (N_{0j},\ \boldsymbol{C},\ \boldsymbol{V}_{0j}) = \begin{pmatrix} N_{0j}, & c_1, & V_{0j1} \\ & c_2, & V_{0j2} \\ & \vdots & \vdots \\ & c_n, & V_{0jn} \end{pmatrix} = \begin{pmatrix} N_{0j}, & c_1, & <a_{0j1},\ b_{0j1}> \\ & c_2, & <a_{0j2},\ b_{0j2}> \\ & \vdots & \vdots \\ & c_n, & <a_{0jn},\ b_{0jn}> \end{pmatrix}$$

其中 N_{0j} 表示所划分的第 j 个等级，c_i（$i=1,2,\cdots,n$）表示第 j 个等级 N_{0j} 的特征（即评价指标），V_{0ji} 表示 N_{0j} 关于特征 c_i 的量值范围，即评价对象各优劣等级关于对应的特征所取的数据范围，此为一经典域。

令

$$R_D = (D,\ \boldsymbol{C},\ \boldsymbol{V}_D) = \begin{pmatrix} D, & c_1, & V_{D1} \\ & c_2, & V_{D2} \\ & \vdots & \vdots \\ & c_n, & V_{Dn} \end{pmatrix} = \begin{pmatrix} D, & c_1, & <a_{D1},\ b_{D1}> \\ & c_2, & <a_{D2},\ b_{D2}> \\ & \vdots & \vdots \\ & c_n, & <a_{Dn},\ b_{Dn}> \end{pmatrix}$$

其中 D 表示优劣等级的全体，V_{Di} 为 D 关于 c_i 所取的量值的范围，即 D 的节域。

（2）确定待评物元。

对评价对象 p_i，把测量所得到的数据或分析结果用物元表示，称为评价对象的待评物元。

$$R_i = (p_i,\ \boldsymbol{C},\ \boldsymbol{V}_i) = \begin{pmatrix} p_i, & c_1, & v_{i1} \\ & c_2, & v_{i2} \\ & \vdots & \vdots \\ & c_n, & v_{in} \end{pmatrix},\ i=1,2,\cdots,m$$

式中　p_i——第 i 个评价对象；

　　　v_{ij}——p_i 关于 c_j 的量值，即评价对象的评价指标值。

（3）首次评价。

对评价对象 p_i，首先用非满足不可的特征 c_k 的量值 v_{ik} 评价。若 $v_{ik} \notin V_{0jk}$，则认为评价对象 p_i 不满足"非满足不可的条件"，不予评价；否则进入下一步骤。

（4）确定各特征的权重。

权重的确定采用 AHP 方法，如前所述。

（5）建立关联函数，确定评价对象关于各安全等级的关联度。

$$K_j(v_{ki}) = \frac{\rho(v_{ki}, V_{0ji})}{\rho(v_{ki}, V_{0Pi}) - \rho(v_{ki}, V_{0ji})} \qquad (8-32)$$

式中　$\rho(v_{ki}, V_{0ji})$——点 v_{ki} 与区间 V_{0ji} 的距离，

$$\rho(v_{ki}, V_{0ji}) = \left| v_{ki} - \frac{a_{0ji} + b_{0ji}}{2} \right| - \frac{1}{2}(b_{0ji} - a_{0ji}) \qquad (8-33)$$

（6）关联度的规范化。

关联度的取值是整个实数域，为了便于分析和比较，将关联度进行规范化。

$$K'_j(v_{ki}) = \frac{K_j(v_{ki})}{\max_{1 \le i \le m} |K_j(v_{ki})|} \qquad (8-34)$$

（7）计算评价对象的综合关联度。

考虑各特征的权系数，将规范化的关联度和权系数合成为综合关联度。

$$K_j(p_k) = \sum_{i=1}^{n} \alpha_i K'_j(v_{ki}) \qquad (8-35)$$

式中　p_k——第 k 个评价对象。

（8）安全性等级评定。

若 $K_k(p) = \max\limits_{k \in (1,2,\cdots,m)} K_j(p_i)$，则评价对象 p 的安全性属于等级 k。

当评价对象的各指标间分为不同层次或评价指标较多而使权系数过小时，需要采用多层次综合评价模型。多层次综合评价是在单层次综合评价的基础上进行的，评价方法与单层次相似。第二层次评价结果组成第一层次的评价矩阵 $\boldsymbol{K}_1$，然后考虑第一层次各因素的权系数 $\boldsymbol{A}$，权系数矩阵和综合关联度矩阵合成为评价结果矩阵[22]。

$$\boldsymbol{K} = \boldsymbol{A} \cdot \boldsymbol{K}_1 \qquad (8-36)$$

8.7 基于粗糙集－属性数学的综合评价模型

8.7.1 利用粗糙集理论确定评价指标的客观权重

8.7.1.1 粗糙集理论概述

粗糙集（rough sets）[23]理论最初是由波兰数学家 Z. Pawlak 于 1982 年提出的，是一种新的处理模糊和不确定性知识的数学工具。其主要思想就是在保持分类能力不变的前提下，通过知识约简，导出问题的决策或分类规则。目前，粗糙集理论已被成功地应用于机器学习、决策分析、过程控制、模式识别与数据挖掘等领域。

下面介绍几个涉及到的粗糙集理论的基本概念。

A 粗糙集

令 $X \subseteq U$，当 X 能用属性子集 B 确切地描述（即是属性子集 B 所确定的 U 上的不分明集的并）时，称 X 是 B 可定义的，否则称 X 是 B 不可定义的。B 可定义集也称作 B 精确集，B 不可定义集也称为 B 非精确集或 B Rough 集（在不发生混淆的情况下也简称 Rough 集）。

B 上、下近似集

对每个概念 X（样例子集）和不分明关系 B，包含于 X 中的最大可定义集和包含 X 的最小可定义集，都是根据 X 能够确定的。前者称为 X 的下近似集（记为 $B_{-}(X)$），后者称为 X 的上近似集（记为 $B^{-}(X)$）。下近似集就是所有那些被包含在 X 里面的等价类的并集；上近似集就是所有那些与 X 有交的等价类的并集。下近似和上近似也可以写成下面等价的形式：

$$B_{-}(X) = \cup \{Y_i \mid (Y_i \in U \mid \text{IND}(B) \land Y_i \subseteq X)\} = \{x \mid (x \in U \land [x]_B \subseteq X)\}$$
$$B^{-}(X) = \cup \{Y_i \mid (Y_i \in U \mid \text{IND}(B) \land Y_i \cap X \neq \varnothing)\} = \{x \mid (x \in U \land [x]_B \cap X \neq \varnothing)\}$$

其中，$U \mid \text{IND}B = \{X \mid (X \subseteq U \land \forall x \forall y \forall b \ (b \ (x) \ = b \ (y)))\}$ 是不分明关系 B 对 U 的划分，也是论域 U 的 B 基本集的集合。

C 精度

假定集合 X 是论域 U 上的一个关于知识 B 的 Rough 集，定义其 B 精度（在不发生混淆的情况下，也简称精度）为

$$d_B(X) = |B_-(X)| / |B^-(X)| \qquad (8-37)$$

式中，$X \neq \varnothing$，如果 $X = \varnothing$，则定义 $d_B(X) = 1$。

由此可见，Rough 集 X 的精度是一个区间 $[0, 1]$ 上的实数，它定义了 Rough 集 X 的可定义程度，即集合 X 的确定度。

D　分类精度

设集合簇 $F = \{X_1, X_2, \cdots, X_n\}$（$U = \bigcup\limits_{i=1}^{n} X_i$）是论域 U 上定义的知识，B 是一个属性子集，定义 B 对 F 近似分类的精度 $d_B(F)$ 为

$$d_B(F) = \frac{\sum\limits_{i=1}^{n} |B_-(X_i)|}{\sum\limits_{i=1}^{n} |B^-(X_i)|} \qquad (8-38)$$

E　分类质量

设集合簇 $F = \{X_1, X_2, \cdots, X_n\}$（$U = \bigcup\limits_{i=1}^{n} X_i$）是论域 U 上定义的知识，B 是一个属性子集，定义 B 对 F 近似分类的质量 $r_B(F)$ 为

$$r_B(F) = \sum\limits_{i=1}^{n} |B_-(X_i)| / |U| \qquad (8-39)$$

B 对 F 近似分类的精度描述的是当使用知识 B（属性子集 B）对对象进行分类时，在所有可能的决策中确定决策所占的比例；B 对 F 近似分类的质量是应用知识 B 对对象进行分类时，能够确定决策的对象在论域中所占的比例。

8.7.1.2　基于 Rough 集的指标权系数的确定

利用 Rough 集，我们就可以对属性的重要性[24]（即权系数）进行度量，这个度量是根据论域中的样例来得到的，不依赖于人的先验知识，所以采用这种方法得到的指标权系数是客观权系数。

对于 F 是属性集 B 导出的分类，属性子集 B' 在属性集 B 中的重要性（$B' \subseteq B$，如果属性集 B 是默认的，如 B 为条件属性全集，则可简称为属性子集 B' 的重要性）定义为

$$\alpha = r_B(F) - r_{B \backslash B'}(F) \qquad (8-40)$$

这表示当我们从属性集 B 中去掉属性子集 B' 对 F 近似分类的质量的影响。当属性子集 B' 为单因素集时，所求的即是该因素的权系数。

8.7.2   基于属性数学的综合评价模型

8.7.2.1   属性数学的基础知识

设 X 为研究对象的全体，称为对象空间。X 中元素的某类性质记为 F，称为属性空间。属性空间 F 中的一种情况称为一个属性集[25]，属性集都可看成是 F 的子集。

对属性集，可以定义属性集运算。A 与 B 的和 $A \cup B$，定义为"或具有 A 属性，或具有 B 属性"。A 与 B 的交 $A \cap B$，定义为"既具有 A 属性，又具有 B 属性"。A 与 B 的差 $A - B$，定义为"有 A 属性而不具有 B 属性"。A 的余集 $\overline{A}$，定义为"不具有 A 属性"。属性集中的空集 $\varnothing$，定义为"不具有任何属性"。如果属性集 A 与 B 满足 $A \cap B = \varnothing$，则称 A 与 B 不相交。$A \cap B = \varnothing$ 的含意是"不可能既具有 A 属性又具有 B 属性"。我们知道，$A \cup \overline{A}$ 表示"或具有 A 属性，或不具有 A 属性"，实际上它包含了各种情况，因此，$A \cup \overline{A} = F$。

对于包含关系，B 包含 A 或 A 包含于 B，记为 $A \subset B$，定义为"具有 A 属性，则一定具有 B 属性"。对于包含关系，也可用"和"或"交"运算来定义。$A \subset B$ 定义为 $A \cup B = B$，或者 $A \cap B = A$。由于 $\varnothing \cap A = \varnothing$，所以任何属性 A 都包含空集 $\varnothing$。

设 x 为研究对象空间 X 中的一个元素。我们用 "$x \in A$" 表示 "x 具有属性 A"。"$x \in A$" 仅是一种定性的描述，通常更需要定量地刻画 "x 具有属性 A" 的程度。用一个数来表示 "$x \in A$" 的程度，这个数记为 $\mu\ (x \in (A))$ 或 $\mu_x(A)$，称为 $x \in A$ 的属性测度。为方便起见，通常要求属性测度在 $[0, 1]$ 之内取值。对于属性测度不在 $[0, 1]$ 内取值的，可采用简单的变换转换到 $[0, 1]$ 之内。

根据属性集和属性测度的定义可知，它们和模糊集是截然不同的，主要区别在于：

（1）属性集和模糊集的区别。属性集是一种属性，可以看成是一种抽象集，而模糊集是一个函数（X 到 $[0, 1]$ 的一个映射）。这个函数称为隶属函数。模糊集的相等、包含关系完全由隶属函数决定，属性集的相等、包含关系完全由属性集本身的含意确定，与数值毫无关系。用数值代替属性就会完全掩盖属性本身的特点，这是属性集理论与模糊集理论在研究出发点上最本质的区别。

（2）属性测度与模糊集的区别。属性测度 $\mu_x(A)$ 作为 x 的函数，取值在 $[0, 1]$ 之内，因此，它也是一个隶属函数。但是属性测度 $\mu_x(A)$ 作为属性集 A 的函数，它必须满足可加性规则。而模糊集是隶属函数定义的，无须满足可加性规则。这无论是在概念上还是应用方面，都带来很大差别。例如，$(C_1, C_2, \cdots, C_K)$ 是 F 的一个分割，对属性测度 $\mu_x(C_i)$，要求 $\sum_{i=1}^{k} \mu_x(C_i) = 1$，对隶属函数 $\mu_{C_i}(x)$，则并不要求其和为 1。

8.7.2.2 属性综合评价系统

综合评价问题可以用综合评价系统来描述。系统的输入为评价对象的 m 个指标的测量值，系统的输出为某一评价结果，即对该评价对象属于哪一等级的判别或预测。综合评价系统又可分为三个子系统。第一个子系统为单指标性能函数分析。按照指标值的大小和评价类的关系确定性能函数，根据测量值计算出性能函数值。第二个子系统为多指标综合性能函数分析。把各个单指标性能函数分析，综合成一个性能函数的分析。第三个子系统为识别分析。根据第二个子系统输出的结果，给出识别准则，以判别评价对象属于哪一个评价结果。

设 X 为研究对象空间，$X_1, X_2, \cdots, X_n$ 为 X 中 n 个对象，对每个对象测量 m 个指标 $I_1, I_2, \cdots, I_m$。第 i 个对象 X_i 的第 j 个指标 I_j 的测量值为 X_{ij}。由于评价对象的特性完全由测量值反映，所以对象 X_i 可以表示为一个 m 维向量 $X_i = (X_{i1}, \cdots, X_{im})$。设对 X 中的元素有 K 个评价结果 $C_1, C_2, \cdots, C_K$，或有 K 个决策 $C_1, C_2, \cdots, C_K$。如何判断 X_i 属于哪一类或对 X_i 选择哪一个决策呢？该问题就可以看成是一个综合评价系统问题或综合决策系统问题。整个系统又可分为三个子系统[26]：单指标性能函数分析子系统，多指标综合性能函数分析系统，识别子系统。

A 单指标属性测度分析子系统

现在考虑单个指标 I_j。对象 X_i 的第 j 个指标 I_j 的测量值为 X_{ij}，"$X_{ij} \in C_k$"表示"X_{ij} 属于第 k 类 C_k"，它的属性测度为 $\mu_{ijk} = \mu (X_{ij} \in C_k)$。按照属性测度的性质，$\mu_{ijk}$ 要满足

$$\sum_{k=1}^{k} \mu_{ijk} = 1, 1 \leqslant i \leqslant n, 1 \leqslant j \leqslant m$$

对指标 I_j，属性测度要根据具体的问题、实验数据、专家经验和一定的数学处理方法来确定。一种常用的方式就是给出属性测度函数，图 8-8 所显示的就是矿井总风压和等积孔的属性测度函数的一种形式。

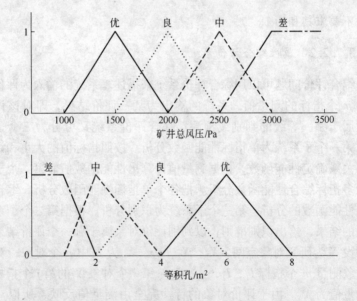

图 8-8 通风系统中风压和等积孔的属性测度函数

B 多指标综合属性测度分析子系统

对对象 X_i，已知它对各个单指标 I_j（$1 \leqslant j \leqslant m$）的属性测度 $\mu_{ijk} = \mu (X_{ij} \in C_k)$，如何由 μ_{ijk} 综合成 X_i 的属性测度 $\mu_{ik} = \mu (X_i \in C_k)$ 呢？

一般可采取加权求和的方法，即由单指标属性测度经加权求和得到综合属性测度

$$\mu_{ik} = \mu(x_i \in C_k) = \sum_{j=1}^{m} \alpha_j \mu(x_{ij} \in C_k), 1 \leqslant k \leqslant K \quad (8-41)$$

式中，α_j 为第 j 个指标 I_j 的权系数，$\alpha_j \geqslant 0$，且 $\sum_{j=1}^{m} \alpha_j = 1$。权系数 α_j 反映了第 j 个指标 I_j 的重要性，它可以利用 Rough 集的属性重要性确定，也可以由专家和试验数据确定。当不能判断哪一个指标更重要时，可以采取平均权，即取 $\alpha_j = 1/m$，综合属性测度为平均属性测度

$$\mu_{ik} = \frac{1}{m} \sum_{j=1}^{m} \mu_{ijk}, 1 \leqslant k \leqslant K \quad (8-42)$$

当已知对象 X_i 的单指标属性测度 μ_{ijk} 和综合属性测度 μ_{ik} 时，指标 I_j 的重要性就体现在 K 维向量 $(\mu_{ij1}, \mu_{ij2}, \cdots, \mu_{ijk})$ 和 $(\mu_{i1}, \mu_{i2}, \cdots, \mu_{ik})$ 的近似程度，越近似表明指标 I_j 越能反映总体情况，权系数就应越大。下面给出两个相似权公式，第一个公式由属性相关系数计算得出

$$r_j = \frac{1}{n} \sum_{i=1}^{n} (\mu_{ij1}, \mu_{ij2}, \cdots, \mu_{ijk})(\mu_{i1}, \mu_{i2}, \cdots, \mu_{ik})^T = \frac{1}{n} \sum_{i=1}^{n} \sum_{k=1}^{K} \mu_{ijk} \mu_{ik}$$

$$(8-43)$$

$$\alpha_j = \frac{r_j}{\sum_{i=1}^{m} r_i}, 1 \leqslant j \leqslant m \quad (8-44)$$

第二个公式由误差计算得出

$$e_j = \frac{1}{n} \sum_{i=1}^{n} \sum_{k=1}^{K} |\mu_{ijk} - \mu_{ik}|^2 \quad (8-45)$$

$$\alpha_j = \frac{\frac{1}{e_j + \varepsilon}}{\sum_{i=1}^{m} \frac{1}{e_j + \varepsilon}}, 1 \leqslant j \leqslant m \quad (8-46)$$

其中 ε 为一个小的正数。式（8-44）和式（8-46）中的 α_j 皆称为属性权系数。

由已知的各评价对象的数据就可以按式（8 - 44）或式（8 - 46）计算出各属性的权系数 α_j。

C　识别子系统

在已经求得对象 X_i 的属性测度 $\mu_{ik} = \mu(X_i \in C_k)$，$1 \leq k \leq K$，之后，如何识别 X_i 属于哪一个警度类 C_j 或对 X_i 如何选择决策方案 C_j？一般情况下可以采用最小代价准则或置信度准则。

最小代价准则　设 X 中的元素属于 C_l 而判别为 C_k 的代价为 d_{lk}，则对象 X_i 判别为 C_k 的全部代价 β_{ik} 可表示为

$$\beta_{ik} = \sum_{l=1}^{K} d_{lk}\mu_{il} \qquad (8-47)$$

如果

$$\beta_{ik0} = \min_{1 \leq k \leq K} \beta_{ik} \qquad (8-48)$$

则认为 X_i 属于 C_{k0} 类。

如果认为正确判别无需付出代价，即 $d_{ll} = 0$，而错误判别的代价皆相同，取 $d_{lk} = 1(l \neq k)$。则式（8 - 47）就变为

$$\beta_{ik} = \sum_{\substack{1 \leq l \leq K \\ l \neq k}} \mu_{il} = 1 - \mu_{ik} \qquad (8-49)$$

式（8 - 48）变为

$$\beta_{ik0} = \min_{1 \leq k \leq K} \beta_{ik} = 1 - \max_{1 \leq k \leq K} \mu_{ik} \qquad (8-50)$$

这时，最小代价准则就变成了最大属性测度准则。由此可知，最大属性测度准则只是最小代价准则的一种最简单的特例。

现实生产和生活中的许多评价问题也都是程度评价问题。例如，企业的安全水平，矿井瓦斯突出的危险程度，矿工对安全技能的掌握程度等。这些程度可分成不同的级别，这些级别之间是可以比较的。因此，对有些属性集可建立"强"序或"弱"序关系。

当属性集 A 比属性集 B "强"时，记为 $A > B$。当属性集 A 比 B "弱"时，记为 $A < B$。这种"强"序或"弱"序有传递性，即，若 $A > B$，$B > C$，则 $A > C$；若 $A < B$，$B < C$，则 $A < C$。属性集是否具有强弱关系，由具体问题确定。

如果（C_1，C_2，…，C_k）为属性空间 F 的分割，并且 $C_1 >$

$C_2 > \cdots > C_k$ 或 $C_1 < C_2 < \cdots < C_k$，则称 $(C_1, C_2, \cdots, C_k)$ 为有序分割。

对有序评价类 $(C_1, C_2, \cdots, C_K)$，要识别样品 X_i 属于哪一类，需采用置信度准则。

置信度准则 设 $(C_1, C_2, \cdots, C_K)$ 为有序分割，$C_1 > C_2 > \cdots > C_K$，λ 为置信度，$0.5 < \lambda \le 1$。如果

$$k_0 = \min\left\{ k : \sum_{l=1}^{k} \mu_{il} \ge \lambda, 1 \le k \le K \right\}$$

则认为样品 X_i 属于 C_{k0} 类。

上述准则是要求"强"的类占相当大的比例。置信度 λ 一般取在 0.6 到 0.7 之间。

8.8 基于神经网络的综合评价模型

8.8.1 人工神经网络的基本原理

人工神经网络是基于生物学的神经元网络的基本原理而建立的一种智能算法。自 1943 年 W. S. McCulloch 和 W. Pitts 建立第一个人工神经网络模型以来，神经网络的发展突飞猛进。20 世纪 80 年代，J. J. Hopfield 将人工神经网络成功应用于组合优化问题，为神经优化奠定了基础。1986 年 McClelland 和 Rumelhart 等提出了 PDP（Parallel Distributed Processing）理论，尤其是发展了多层前向网络的误差反向传播学习算法（Back Propagation，简称 BP 算法），为多层前向网络的学习问题开辟了有效途径，并成为迄今应用最普遍的学习算法。目前，人工神经网络已广泛应用到优化计算、机器学习、信号处理、模式识别等领域。

人工神经网络是由许多并行运算的、功能简单的单元组成，这些单元类似于生物神经系统的神经元，人工神经网络是一个非线性动力系统，其特色在于信息的分布式存储和并行协同处理，虽然单个神经元的结构极其简单，功能有限，但大量神经元构成的网络系统所能实现的行为却是极其丰富多彩的。神经网络模型各种各样，它们是从不同的角度对生物系统不同层次的描述和模拟，有代表性的网络模型有感知器、BP 网络、RBF 网络、双向联想记忆（BAM）、Hopfield 模型

等。

根据网络的结构，神经网络又可分为前馈神经网络和反馈神经网络。前馈型 BP 网络即误差逆传播神经网络是能实现映射变换的前馈型网络中最常使用的一类网络，也是人们研究最多、认知最清楚的一类网络，可实现高度非线性的函数逼近、模式识别和综合评价。

前馈三层 BP 神经网络被认为最适用于模拟输入、输出的近似关系，它通常由输入层、输出层和隐含层组成，其信息处理分为前向传播和后向学习两步进行，网络的学习是一种误差从输出层到输入层向后传播并修正数值的过程，学习的目的是使网络的实际输出逼近某个给定的期望输出。其具体原理如下所述。

8.8.1.1 前馈三层 BP 神经网络

前馈三层 BP 神经网络是目前使用较多的网络结构，它由输入层、一个或多个隐含层和输出层以前向的方式连接而成，层内神经元互不连接。以单隐含层前向网络为例（图 8 – 9）。

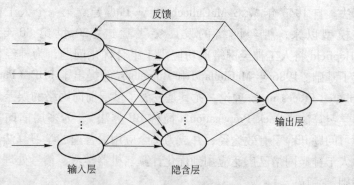

图 8 – 9 三层前向 BP 神经网络

设有 n 个输入层神经元，m 个输出层神经元，p 个隐含层神经元，n 和 m 分别为输入变量 x 和输出变量 y 的维数，则隐含层神经元的输出为：

$$x_i^1 = f(\sum_{j=1}^{n} w_{ij}^0 x_j + w_{i0}^0), \ i = 1, 2, \cdots, p$$

式中，$\sum_{j=1}^{n} w_{ij}^{0} x_j + w_{i0}^{0}$ 代表对 n 个输入层神经元进行加权求和，w_{ij}^{0} 为输入层神经元 j 对隐含层神经元 i 兴奋影响程度的权系数，w_{i0}^{0} 为隐含层神经元 i 的兴奋阈值。f 是一个具有无记忆性的非线性激励函数，用以改变神经元的输出，常用的激励函数有：

(1) 阈值函数；

(2) 线性函数；

(3) 对数 sigmoid 函数；

(4) 正切 sigmoid 函数。（如表 8 - 7 所示）。

表 8 - 7　几种典型的神经元激励函数形式

激励函数名称	函数表达式	函数曲线
阈值函数	$f(x) = \begin{cases} 1, & x \geq 0 \\ 0, & x < 0 \end{cases}$	
线性函数	$f(x) = kx$	
对数 Sigmoid 函数	$f(x) = 1/(1 + e^{-x})$	
正切 Sigmoid 函数	$f(x) = \tanh(x)$	

同理，有输出层神经元的输出为：

$$y_k = f(\sum_{j=1}^{p} w_{jk}^1 x_j^1 + w_{k0}^0), \ k = 1,2,\cdots,m$$

8.8.1.2　BP 反向传播算法

反向传播（BP）算法是目前应用最为广泛的一种神经网络学习算法，其实际是运用梯度下降法（GDR）修改权矢量：

$$\Delta W_{ij}(n+1) = \eta \delta_j o_i + \alpha \Delta W_{ij}(n)$$

式中　　η——学习步长；

　　　　A——记忆因子或动量因子，$\alpha \in (0, 1)$。

神经元的输入—输出转换采用 Sigmoid 函数：

$$f(x) = \frac{1}{\exp(-\beta x + \theta)}$$

式中　　β——神经元的非线性敏感度因子；

　　　　θ——神经元的阈值。

BP 算法基本思想是，根据样本的希望输出与实际输出之间的平方误差，利用梯度下降法，从输出层开始，逐层修正权系数。每个修正期分两个阶段：前向传播阶段和反向传播阶段。在正向传播过程，输入模式从输入层经隐含单元（非线性神经元）逐层处理，并传向输出层（线性神经元），每一层神经元的状态只影响下一层神经元的状态。如果输出层不能得到期望的输出，则转入反向传播，将误差信号沿原来的连接通路返回，通过修改各神经元的权值，使得误差信号最小[27]。

给定训练样本集 $\{(x_{k,1},x_{k,2},\cdots,x_{k,n};d_{k,1},d_{k,2},\cdots,d_{k,m})\,|\,k=1,2,\cdots,N\}$，BP 算法的基本步骤如下：

步骤 1：用随机数初始化所有的权系数，选定步长 $\eta > 0$。

　　　　$l \leftarrow 1$，l 用于计迭代次数，最大的迭代次数取为 L；

　　　　$p \leftarrow 1$，p 用于计样本数；

　　　　$e \leftarrow 0$，e 用于累计误差，允许误差取为 $E_{\max}$。

步骤 2：输入一样本 x^p 及其希望输出 d^p，计算各层输出。

　　　　$O_i \leftarrow x_i$，$i = 1, 2, \cdots, n$。$d \leftarrow d^p$

先计算隐含层 j 各节点的输出：

$$y_j = \sum_{i=1}^{n+1} w_{j,i} O_i, \text{ 其中}, O_{n+1} = 1, O_j = f(y_j), j = 1, 2, \cdots, s$$

再计算输出层 k 各节点的输出：

$$y_k = \sum_{j=1}^{s+1} w_{k,j} O_k, \text{ 其中}, O_{s+1} = 1, O_k = f(y_k), k = 1, 2, \cdots, m$$

步骤3：计算输出层误差。

$$e \leftarrow e + \sum_{k=1}^{m} (d_k - O_k)^2$$

步骤4：计算局部梯度。

$$\delta_k = (d_k - O_k) f'(y_k) \qquad \delta_j = f'(y_j) \sum_{k=1}^{m} w_{k,j} \delta_k$$

步骤5：修正输出层权值和隐含层权值。

$$w_{j,i} \leftarrow w_{j,i} + \eta \delta_j O_i, j = 1, 2, \cdots, s; i = 1, 2, \cdots, n+1$$

步骤6：如果 $p < N$，令 $p \leftarrow p+1$，转步骤2；否则转步骤7。

步骤7：$l \leftarrow l+1$，若 $l > N$，迭代结束；否则

如果 $e < E_{max}$，迭代结束；

如果 $e \geqslant E_{max}$，则 $e \leftarrow 0$，转步骤2，进入下一轮迭代。

上述计算过程如图8-10所示。

8.8.2 基于 BP 神经网络评价的基本步骤

安全性综合评价系统构造可视为构建一个包括输入层、隐含层和输出层的三层 BP 神经网络。就其网络结构而言，输入层神经元个数由输入指标决定，输出层神经元个数由输出类别决定，至于隐含层神经元个数一般为经验值。这样的网络结构与一般的评价系统十分相似，输入量对应评价指标，隐含层节点对应安全状况指标，输出则为评价结果。所以说，BP 神经网络非常适合用来进行综合评价。

应用 BP 神经网络进行综合评价，设有 n 个历史样本，对应 p 个评价指标，原始数据矩阵如下：

$$X = \begin{pmatrix} \boldsymbol{x}_1^{\mathrm{T}} \\ \boldsymbol{x}_2^{\mathrm{T}} \\ \vdots \\ \boldsymbol{x}_n^{\mathrm{T}} \end{pmatrix} = \begin{pmatrix} x_{11} & x_{12} & \cdots & x_{1p} \\ x_{21} & x_{22} & \cdots & x_{2p} \\ \vdots & \vdots & & \vdots \\ x_{n1} & x_{n2} & \cdots & x_{np} \end{pmatrix}$$

$$\boldsymbol{D} = (d_1, d_2, \cdots, d_n)^{\mathrm{T}}$$

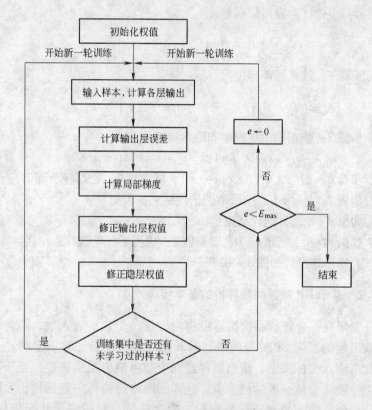

图 8 - 10 BP 神经网络算法框图

应用 BP 网络进行综合评价的基本步骤如下：

(1) 数据预处理。

由于各指标数据差别较大，首先对其进行归一化预处理，使其在 [-1, 1] 区间内。

$$x_{ij}^* = 2 \times \frac{x_{ij} - \min\limits_{i=1}^{n} x_{ij}}{\max\limits_{i=1}^{n} x_{ij} - \min\limits_{i=1}^{n} x_{ij}} - 1, \quad i = 1, 2, \cdots, n; j = 1, 2, \cdots, p$$

$$d_i^* = 2 \times \frac{d_i - \min\limits_{i=1}^{n} d_i}{\max\limits_{i=1}^{n} d_i - \min\limits_{i=1}^{n} d_i} - 1, \quad i = 1, 2, \cdots, n$$

（2）样本的训练。

从 n 个历史样本中选择 m 个作为训练样本，以 $p \times m$ 维矢量 $\boldsymbol{x}_t^* = (\boldsymbol{x}_1^*, \boldsymbol{x}_2^*, \cdots, \boldsymbol{x}_m^*)$ 为输入，其中 $\boldsymbol{x}_i^* = (x_{i1}^*, x_{i2}^*, \cdots, x_{ip}^*)^{\mathrm{T}}$，$m < n$，$l \times m$ 维矢量为输出，隐含层取 r 个隐节点，建立三层前馈型 BP 网络，即网络结构为 p-r-l。隐含层和输出层的传递函数分别取正切 Sigmoid 函数和线性函数，应用动态梯度下降法对权值和阈值进行调整，应用动量梯度下降反向传播算法对网络进行训练。

（3）样本的仿真。

应用所建网络对包含有 m 个样品的训练样本进行仿真，并对训练输出矢量 $\hat{\boldsymbol{d}}$ 进行反归一化恢复

$$\tilde{d}_i = 0.5 \times (\hat{d}_i + 1) \times (\max d_i - \min d_i) + \min d_i, \quad i = 1, 2, \cdots, m$$

（4）网络的检验。

对网络的仿真输出和目标矢量进行线性回归，得到目标矢量对网络输出的相关系数，检验网络性能优劣。若相关性较差，通过调整隐含节点数、训练周期、目标误差等，直至训练结果满意。

（5）网络的验证。

将 $n-m$ 个验证样本的输入矢量 $\boldsymbol{x}_p^* = (\boldsymbol{x}_{m+1}^*, \boldsymbol{x}_{m+2}^*, \cdots, \boldsymbol{x}_n^*)$ 置于网络中，进行仿真预测，得到预测输出矢量并进行反归一化，将该结果与 $\boldsymbol{d}_p^* = (d_{m+1}^*, d_{m+2}^*, \cdots, d_n^*)$ 进行线性回归，计算相关系数以检验网络推广能力。如果验证通过，说明所建网络泛化能力较强，可用于进行综合评价；否则，通过调整训练样本 m 的大小、隐含节点数、训练周期、目标误差等重建网络进行训练、测试，直到满意为止。

（6）应用网络进行评价。

利用验证通过的网络即可进行评价对象的综合评价。

8.9   采煤工作面安全性灰熵综合评价

以新庄矿为例，对采煤工作面的安全性进行灰熵综合评价。

8.9.1   确定评价对象集

新庄矿的煤炭开采方式主要分为综采和炮采。对采煤工作面的安全性进行评价就是对综采和炮采两个子系统进行评价。故评价对象集为

$$E = \{e_1, e_2\}$$

式中 e_1——综采子系统，这里选取 22051 综采面；

   e_2——炮采子系统，这里选取 22091 工作面。

8.9.2   建立评价指标集

影响采煤安全性的因素很多，从人－机－环境系统工程的角度可以分为人、机、环境三大因素，即指标集 $S = \{S_1, S_2, S_3\}$，此为第一层次的因素。影响人、机、环境的因素为第二层次的因素。影响人的因素很多，主要选取平均年龄 S_{11}，平均工龄 S_{12}，平均受教育年限 S_{13} 和平均专业培训时间 S_{14}，即 $S_1 = \{S_{11}, S_{12}, S_{13}, S_{14}\}$；影响机的因素选取完好率 S_{21}、待修率 S_{22} 和故障率 S_{23}，即 $S_2 = \{S_{21}, S_{22}, S_{23}\}$；影响环境的因素选取温度 S_{31}、湿度 S_{32}、照度 S_{33}、噪声 S_{34} 和瓦斯 S_{35}，即 $S_3 = \{S_{31}, S_{32}, S_{33}, S_{34}, S_{35}\}$。每个评价对象的指标集均由这两层因素构成。指标体系层次结构关系如图 8－11 所示。

各评价对象的人、机、环境各指标的原始值如表 8－8～表 8－10所示。

表 8－8   采煤工作面人的因素的原始数据

人的因素	平均年龄	平均工龄 /年	平均受教育 年限/年	平均专业培训 时间/天
综采面 e_1	26.5	6.7	9.3	112
炮采面 e_2	29.3	5.9	8.8	115

表 8-9 采煤工作面机的因素的原始数据

机的因素	完好率/%	待修率/%	故障率/%
综采面 e_1	97.9	2.0	8.1
炮采面 e_2	98.1	2.3	9.4

表 8-10 采煤工作面环境因素的原始数据

环境因素	温度/℃	湿度/%	噪声/dB	照度/lx	瓦斯/%
综采面 e_1	27.6	92	90	102	0.5
炮采面 e_2	26.2	95	95	83	0.3

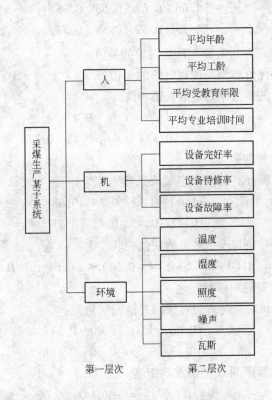

图 8-11 综合评价指标体系层次结构图

8.9.3 第二层次灰熵综合评价

8.9.3.1 人的因素的灰熵综合评价

（1）确定理想对象。人的因素中，年龄反映人的生理机能状况，根据生理学可知，年龄越接近 25 岁越好；其他三个指标显然越长（大）越好。因此，可确定出理想对象为 $e_1^* = \{25, 10, 16, 150\}$。

（2）原始数据的预处理。根据式（8－8），人的因素的原始数据预处理后为：

$$V' = \begin{pmatrix} 1.00 & 1.00 & 1.00 & 1.00 \\ 1.06 & 0.67 & 0.58 & 0.75 \\ 1.17 & 0.59 & 0.55 & 0.77 \end{pmatrix} \begin{matrix} e_1^* \\ e_1 \\ e_2 \end{matrix}$$

（3）计算评价对象与理想对象的差值。

计算各评价对象与理想对象的差值 $C_i = \{ c_{ij} \mid c_{ij} = \mid v^* - v_{ij}' \mid \}$，各评价对象的差值序列组成差值矩阵

$$C = (C_i) = \begin{pmatrix} 0.06 & 0.33 & 0.42 & 0.25 \\ 0.17 & 0.41 & 0.45 & 0.23 \end{pmatrix}$$

（4）计算灰色关联度。

由式（8－6）计算灰色关联系数矩阵为：

$$L = \begin{pmatrix} 1.00 & 0.52 & 0.44 & 0.60 \\ 0.72 & 0.45 & 0.42 & 0.63 \end{pmatrix}$$

各评价对象与理想对象的灰色关联度为：

$$r_{o1} = (1.00 + 0.52 + 0.44 + 0.60)/4 = 0.64, r_{o2} = 0.56$$

（5）对差值矩阵归一化。

对各评价对象与理想对象的差值归一化为：

$$C' = \begin{pmatrix} 0.06 & 0.31 & 0.40 & 0.23 \\ 0.13 & 0.33 & 0.36 & 0.18 \end{pmatrix}$$

（6）计算序列 C' 的熵及均衡度。

由式（8－4）得：$H(C_1') = -(0.06\ln 0.06 + 0.31\ln 0.31 + 0.40\ln 0.40 + 0.23\ln 0.23) = 1.24$，$H(C_2') = 1.31$，$H_m = \ln 4 =$

1.386，$B_1 = H(C'_1)/H_m = 1.24/1.386 = 0.90$，$B_2 = 0.95$。

（7）计算均衡接近度。

由式（8-9）可得各评价对象与理想对象的均衡接近度分别为：$w_1 = 0.90 \times 0.64 = 0.58$，$w_2 = 0.53$。根据判断准则可知，$e_2 > e_1$。

8.9.3.2 机的因素的灰熵综合评价

（1）确定理想对象。机的因素中，完好率越大越好，待修率和故障率越小越好。因此，可确定出理想对象为 $e_2^* = (100\%, 1\%, 2\%)$。

（2）原始数据的预处理。根据式（8-8），机的因素的原始数据预处理后为：

$$V' = \begin{pmatrix} 1.00 & 1.00 & 1.00 \\ 0.979 & 2.00 & 4.05 \\ 0.981 & 2.30 & 4.70 \end{pmatrix} \begin{matrix} e_2^* \\ e_1 \\ e_2 \end{matrix}$$

（3）计算评价对象与理想对象的差值。计算各评价对象与理想对象的差值 $C_i = \{c_{ij} | c_{ij} = |v^* - v_{ij}'|\}$，各评价对象的差值序列组成差值矩阵

$$C = (C_i) = \begin{pmatrix} 0.021 & 1.00 & 3.05 \\ 0.019 & 1.30 & 3.70 \end{pmatrix}$$

（4）计算灰色关联度。由式（8-6）计算灰色关联系数矩阵为：

$$L = \begin{pmatrix} 1.00 & 0.66 & 0.38 \\ 1.00 & 0.59 & 0.34 \end{pmatrix}$$

各评价对象与理想对象的灰色关联度为：

$r_{o1} = (1.00 + 0.66 + 0.38)/3 = 0.68$，$r_{o2} = 0.64$

（5）对差值矩阵归一化。对各评价对象与理想对象的差值归一化为：

$$C' = \begin{pmatrix} 0.005 & 0.25 & 0.745 \\ 0.004 & 0.26 & 0.736 \end{pmatrix}$$

（6）计算序列 C' 的熵及均衡度。由式（8-4）得：$H(C'_1) = -(0.005\ln 0.005 + 0.25\ln 0.25 + 0.745\ln 0.745) = 0.59$，$H(C'_2) = 0.60$，

$H_m = \ln 4 = 1.386$，$B_1 = H(C'_1)/H_m = 0.59/1.386 = 0.426$，$B_2 = 0.433$。

（7）计算均衡接近度。由式（8 - 9）可得各评价对象与理想对象的均衡接近度分别为：$w_1 = 0.68 \times 0.426 = 0.29$，$w_2 = 0.28$。根据判断准则可知，$e_1 > e_2$。

8.9.3.3　环境因素的灰熵综合评价

（1）确定理想对象。环境因素中，温度越接近 19℃ 越好；湿度在 40% ~ 60% 的范围内人感觉比较舒服，故可取 50%；噪声既不能太大，也不能太小，故最优指标可取 30dB；照度越大越好，只要不产生眩光，故最优指标可取为 130；瓦斯浓度当然越小越好，故最优指标取 0.1% 。因此，可确定出理想对象为 $e_3^* = (19, 50\%, 30, 130, 0.1\%)$。

（2）原始数据的预处理。根据式（8 - 8），环境因素的原始数据预处理后为：

$$V' = \begin{pmatrix} 1.00 & 1.00 & 1.00 & 1.00 & 1.00 \\ 1.45 & 1.84 & 3.00 & 0.78 & 5.00 \\ 1.38 & 1.90 & 3.17 & 0.64 & 3.00 \end{pmatrix} \begin{matrix} e_3^* \\ e_1 \\ e_2 \end{matrix}$$

（3）计算评价对象与理想对象的差值。计算各评价对象与理想对象的差值 $C_i = \{c_{ij} | c_{ij} = |v^* - v_{ij}'|\}$，各评价对象的差值序列组成差值矩阵

$$C = (C_i) = \begin{pmatrix} 0.45 & 0.84 & 2.00 & 0.22 & 4.00 \\ 0.38 & 0.90 & 2.17 & 0.36 & 2.00 \end{pmatrix}$$

（4）计算灰色关联度。由式（8 - 6）计算灰色关联系数矩阵为：

$$L = \begin{pmatrix} 0.91 & 0.78 & 0.56 & 1.00 & 0.37 \\ 0.93 & 0.77 & 0.53 & 0.94 & 0.56 \end{pmatrix}$$

各评价对象与理想对象的灰色关联度为：

$r_{o1} = (0.91 + 0.78 + 0.56 + 1.00 + 0.37)/5 = 0.73$，$r_{o2} = 0.75$。

（5）对差值矩阵归一化。对各评价对象与理想对象的差值归一化为：

$$C' = \begin{pmatrix} 0.06 & 0.11 & 0.27 & 0.03 & 0.53 \\ 0.07 & 0.15 & 0.37 & 0.06 & 0.35 \end{pmatrix}$$

（6）计算序列 C' 的熵及均衡度。由式（8-4）得：

$$H(C'_1) = -(0.06\ln0.06 + 0.11\ln0.11 + 0.27\ln0.27 + 0.03\ln0.03$$
$$+ 0.53\ln0.53) = 1.21, H(C'_2) = 1.37$$

$$H_m = \ln5 = 1.61, B_1 = H(C'_1)/H_m = 1.21/1.61 = 0.75, B_2 = 0.85$$

（7）计算均衡接近度。由式（8-9）可得各评价对象与理想对象的均衡接近度分别为：$w_1 = 0.73 \times 0.75 = 0.55$，$w_2 = 0.64$。根据判断准则可知，$e_2 > e_1$。

8.9.4 第一层次灰熵综合评价

人、机、环境因素的灰熵评价结果组成均衡接近度矩阵 W_2。此时应考虑人、机、环境各因素的权重，通过专家调查确定出人、机、环境的权重矩阵为：$A = (0.65, 0.15, 0.2)$。

则由式（8-10）可得第一层次的综合评价为：

$$W = A \cdot W_2 = (0.65 \quad 0.15 \quad 0.2)\begin{pmatrix} 0.58 & 0.53 \\ 0.29 & 0.28 \\ 0.55 & 0.64 \end{pmatrix} = (0.53 \quad 0.51)$$

根据判断准则可知，综采面 22051 的整体安全性好于炮采工作面 22091。

8.9.5 灰熵综合评价的结果分析

通过对采煤工作面的安全性进行灰熵综合评价，可以得到如下一些认识。

（1）综合考虑人、机和环境三方面的因素，综采工作面 22051 的安全性好于炮采工作面 22091 的安全性，但两者相差不大。

（2）虽然综采工作面和炮采工作面的安全性评价结果相差不大，但由于在评价指标中未包含顶板因素，所以如果包含顶板因素在内，则综采面的安全性要远远好于炮采工作面。因为综采面几乎不会出现顶板事故，但炮采面的顶板事故是比较多的。

（3）从第二层次综合评价的结果可以看出采煤工作面中人、机、环境的综合状况。综采面的作业人员的整体素质要好于炮采工作面，但综采面的环境状况比炮采面 22091 差，这主要是综采面的瓦斯浓度大的缘故。综采面和炮采面在机械设备方面相差不多，几乎一样。因此，要提高采煤工作面的安全性，必须大力提高采煤工作面作业人员的素质，特别是文化素质和专业培训，即使是综采工作面，初中文化程度的比例高达 95.5%，工人素质低是事故多发的根本原因之一。此外设备故障率比较高，这也是影响采煤安全的一个重要因素，所以必须提高工人对机械设备的维修水平，降低设备故障率，从而提高机的可靠性，提高系统的安全性。

（4）根据综合评价的结果，对综采工作面和炮采工作面分别制定一些有效措施，提高人的整体素质，提高机正常工作的可靠性，改善环境状况，以提高运输子系统的安全性，进而提高整个采煤系统的安全性，减少采煤事故的发生，彻底改变采煤工作面事故多发的局面。

8.10　采煤工作面安全性 TOPSIS 评价

仍以新庄矿综采面和炮采面为例，评价对象和评价指标及原始数据参见表 8 – 8 ~ 表 8 – 10 所示，利用基于熵权的 TOPSIS 方法进行安全性评价。

8.10.1　第二层次综合评价

8.10.1.1　人的因素的综合评价

（1）数据的规范化。根据式（8 – 11），规范化后的矩阵为：

$$Y = \begin{pmatrix} 0.475 & 0.532 & 0.514 & 0.493 \\ 0.525 & 0.468 & 0.486 & 0.507 \end{pmatrix}$$

（2）计算各指标的熵权。根据式（8 – 12）~ 式（8 – 15），可计算出各指标的熵权为：$A_1 = (0.336, 0.539, 0.102, 0.023)$

（3）构造加权规范化矩阵。根据式（8 – 16），得加权规范化矩阵：

$$V = \begin{pmatrix} 0.160 & 0.286 & 0.052 & 0.012 \\ 0.177 & 0.252 & 0.050 & 0.012 \end{pmatrix}$$

（4）确定理想解和负理想解。人的因素中，年龄反映人的生理机能状况，根据生理学可知，年龄越接近 25 岁越好；其他三个指标显然越长（大）越好。所以理想解和负理想解分别为：

$$V^+ = \{25,10,16,150\}, V^- = \{30,5,6,100\}$$

（5）计算距离。根据式（8-19），分别计算各评价对象与理想解和负理想解的距离：

$$d_1{}^+ = 0.146, d_1{}^- = 0.078, d_2{}^+ = 0.182, d_2{}^- = 0.042$$

（6）确定相对接近度。根据式（8-20），各评价对象与理想解的相对接近度分别为：

$C_{11} = 0.347$，$C_{12} = 0.187$。根据判断准则可知，$e_1 > e_2$。

8.10.1.2 机的因素的综合评价

（1）数据的规范化。根据式（8-11），规范化后的矩阵为：

$$Y = \begin{pmatrix} 0.499 & 0.465 & 0.463 \\ 0.501 & 0.535 & 0.537 \end{pmatrix}$$

（2）计算各指标的熵权。根据式（8-12）~式（8-15），可计算出各指标的熵权为：$A_2 = (0.0001, 0.4686, 0.5313)$。

（3）构造加权规范化矩阵。根据式（8-16），得加权规范化矩阵：

$$V = \begin{pmatrix} 0.00005 & 0.218 & 0.246 \\ 0.00005 & 0.251 & 0.285 \end{pmatrix}$$

（4）确定理想解和负理想解。机的因素中，完好率越大越好，待修率和故障率越小越好。所以理想解和负理想解分别为：

$$V^+ = \{100\%, 1\%, 2\%\}, V^- = \{90\%, 5\%, 12\%\}$$

（5）计算距离。根据式（8-19），分别计算各评价对象与理想解和负理想解的距离：

$$d_1{}^+ = 0.215, d_1{}^- = 0.348, d_2{}^+ = 0.266, d_2{}^- = 0.305$$

（6）确定相对接近度。根据式（8-20），各评价对象与理想解的相对接近度分别为：

$C_{21} = 0.618, C_{22} = 0.534$。根据判断准则可知，$e_1 > e_2$。

8.10.1.3 环境因素的综合评价

（1）数据的规范化。根据式（8-11），规范化后的矩阵为：

$$Y = \begin{pmatrix} 0.513 & 0.492 & 0.486 & 0.551 & 0.625 \\ 0.467 & 0.508 & 0.514 & 0.449 & 0.375 \end{pmatrix}$$

（2）计算各指标的熵权。根据式（8－12）~式（8－15），可计算出各指标的熵权为：$A_3 = (0.009, 0.003, 0.010, 0.140, 0.838)$。

（3）构造加权规范化矩阵。根据式（8－16），得加权规范化矩阵：

$$V = \begin{pmatrix} 0.005 & 0.002 & 0.005 & 0.077 & 0.524 \\ 0.004 & 0.002 & 0.005 & 0.063 & 0.314 \end{pmatrix}$$

（4）确定理想解和负理想解。环境因素中，温度越接近 19℃ 越好，湿度 60% 以上越小越好，噪声越小越好，照度越大越好，瓦斯越小越好。所以理想解和负理想解分别为：

$$V^+ = \{19,\ 50\%,\ 30,\ 130,\ 0.1\%\},\quad V^- = \{30,\ 100\%,\ 100,\ 70,\ 1\%\}$$

（5）计算距离。根据式（8－19），分别计算各评价对象与理想解和负理想解的距离：

$$d_1{}^+ = 0.419,\quad d_1{}^- = 0.524,\quad d_2{}^+ = 0.212,\quad d_2{}^- = 0.733$$

（6）确定相对接近度。根据式（8－20），各评价对象与理想解的相对接近度分别为：

$$C_{31} = 0.555,\quad C_{32} = 0.775。根据判断准则可知，e_2 > e_1。$$

8.10.2　第一层次综合评价

第二层次的评价结果组成第一层次的评价矩阵，此时考虑第一层次各因素的权重，权重的确定采用层次分析法（计算过程略），$A = \{0.65,\ 0.15,\ 0.20\}$。则第一层次的综合评价为：

$$C = A \cdot C_2 = (0.65 \quad 0.15 \quad 0.20) \begin{pmatrix} 0.347 & 0.618 & 0.555 \\ 0.187 & 0.534 & 0.775 \end{pmatrix}^{\mathrm{T}}$$

$$= (0.429 \quad 0.357)$$

根据判断准则可知，$e_1 > e_2$。

由上述评价过程及结果可知，采煤工作面灰熵综合评价结果和基于熵权的 TOPSIS 评价结果一致，均说明综采工作面的整体安全性由于炮采工作面。

参 考 文 献

[1] 杨玉中, 吴立云, 石琴谱. 井下运输安全性的灰色综合评判 [J]. 工业安全与防尘, 1999, 25 (9): 40~44.

[2] 景国勋, 杨玉中. 煤矿安全系统工程 [M]. 徐州: 中国矿业大学出版社, 2009. 4.

[3] 景国勋, 施式亮. 系统安全评价与预测 [M]. 徐州: 中国矿业大学出版社, 2009. 8.

[4] 景国勋, 杨玉中, 张明安. 煤矿安全管理 [M]. 徐州: 中国矿业大学出版社, 2007. 11.

[5] 罗云, 樊运晓, 马晓春. 风险分析与危险性评价 [M]. 北京: 化学工业出版社, 2004.

[6] 杨玉中, 吴立云, 张强. 综采工作面安全性多层次灰熵综合评价 [J]. 煤炭学报, 2005, 30 (5): 598~602.

[7] 杨玉中, 吴立云, 张强. 基于灰熵的不确定型决策方法及其应用 [J]. 工业工程与管理, 2006, 11 (2): 92~94.

[8] 姜丹. 信息理论与编码 [M]. 合肥: 中国科技大学出版社, 1992.

[9] Wu Liyun, Yang Yuzhong, Jing Guoxun. Grey comprehensive judgment on colliery transportation system [A]. Progress in Safety Science and Technology Volume4: Proceedings of the 2004 International Symposium on Safety Science and Technology [C]. 2004, 2006~2010.

[10] 岳超源. 决策理论与方法 [M]. 北京: 科学出版社, 2003.

[11] 杨玉中, 张强, 吴立云. 基于熵权的 TOPSIS 供应商选择方法 [J]. 北京理工大学学报, 2006, 26 (1): 31~35.

[12] 吴立云, 杨玉中, 张强, 等. 综采工作面安全性评价的逼近理想解 (TOPSIS) 方法 [J]. 中国安全科学学报, 2006, 16 (4): 109~113.

[13] 杨玉中, 吴立云. 胶带运输系统安全性的模糊综合评判 [J]. 数学的实践与认识, 2008, 38 (3): 29~35.

[14] 杨玉中, 石琴谱. 电机车运输安全性的模糊综合评判 [J]. 工业安全与防尘, 2000, 26 (2): 6~10.

[15] 景国勋, 孔留安, 杨玉中, 等. 矿山运输事故人 – 机 – 环境致因与控制 [M]. 北京: 煤炭工业出版社, 2006.10.

[16] Yurdakul, Mustafa. AHP approach in the credit evaluation of the manufacturing firms in Turkey [J], International Journal of Production Economics, 2004, 88 (3): 269~289.

[17] 吴祈宗. 系统工程, 北京: 北京理工大学出版社, 2006.

[18] 蔡文, 杨春燕, 林伟初. 可拓工程方法 [M]. 北京: 科学出版社, 2000.

[19] 蔡文, 杨春燕, 何斌. 可拓逻辑初步 [M]. 北京: 科学出版社, 2003.

[20] 杨玉中, 张强. 煤矿运输安全性的可拓综合评价 [J]. 北京理工大学学报, 2007, 27 (2): 184~188.

[21] 杨玉中, 吴立云, 黄卓敏. 矿井通风系统评价的可拓方法 [J]. 中国安全科学学报, 2007, 17 (1): 126～130.

[22] 杨玉中, 吴立云, 景国勋. 基于可拓理论的综采工作面安全性评价 [J]. 辽宁工程技术大学学报 (自然科学版), 2008, 27 (2): 180～183.

[23] 刘清. Rough 集及 Rough 推理 [M]. 北京: 科学出版社, 2001.8.

[24] 王国胤. Rough 集理论与知识获取 [M]. 西安: 西安交通大学出版社, 2001. 5.

[25] 程乾生. 属性数学——属性测度和属性统计 [J]. 数学的实践与认识, 1998, 28 (2): 97～107.

[26] 程乾生. 属性集和属性综合评价系统 [J]. 系统工程理论与实践, 1997, 9: 1～9.

[27] 周开利, 康耀红. 神经网络模型及其 MATLAB 仿真程序设计 [M]. 北京: 清华大学出版社, 2005: 224～225.

冶金工业出版社部分图书推荐

书　名	作　者			定价(元)
项目融资理论与实务	张正华		编著	26.00
工程经济学理论与实务	张正华	杨先明	编著	48.00
管理学概论	杨红娟		主编	29.00
矿业经济学	李祥仪	李仲学	编著	15.00
中小企业信息化管理实践	宋建军		编著	20.00
企业现场管理	李　力		编著	19.00
制造企业资源整合管理	周晓晔		著	20.00
建筑工程经济与项目管理	李慧民		主编	28.00
粒子群优化算法	李　丽	牛　奔	著	20.00
基于监管的审计定价研究	李补喜		著	22.00
煤业集团绿色供应链管理	杨玉中		等著	25.00
矿山重大危险源辨识、评价及预警技术	景国勋	杨玉中	著	42.00
高校后勤社会化改革理论与实务	王立国		编著	22.00
企业年金方案设计实务	宋效中	王立国	等著	25.00
中华文化——学与行	苏　峰		主编	18.00
中西文化比较	贺　毅		主编	23.00
水资源系统运行与优化调度	邹　进		等编著	10.00
产业政策与产业竞争力研究	张泽一		著	25.00
产业集群专业化分工形态与管理	赫连志巍		著	20.00
现代设备管理	王汝杰	石博强	著	56.00
工程项目管理与案例	盛天宝		等编著	36.00